U0094547

尼山学者工程专项经费资助

孝经全解

韩星 著

人民东方出版传媒
People's Oriental Publishing & Media
东方出版社
The Oriental Press

图书在版编目（CIP）数据

孝经全解 / 韩星 著 . —北京：东方出版社，2023.10
ISBN 978-7-5207-3593-3

Ⅰ.①孝⋯　Ⅱ.①韩⋯　Ⅲ.①《孝经》—注释　Ⅳ.①B823.1

中国国家版本馆 CIP 数据核字（2023）第 145329 号

孝经全解

（XIAOJING QUANJIE）

作　　者：韩　星
策　　划：张永俊
责任编辑：张永俊　王金伟
出　　版：东方出版社
发　　行：人民东方出版传媒有限公司
地　　址：北京市东城区朝阳门内大街 166 号
邮　　编：100010
印　　刷：北京文昌阁彩色印刷有限责任公司
版　　次：2023 年 10 月第 1 版
印　　次：2023 年 10 月第 1 次印刷
开　　本：710 毫米 × 1000 毫米　1/16
印　　张：18
字　　数：253 千字
书　　号：ISBN 978-7-5207-3593-3
定　　价：68.00 元
发行电话：（010）85924663　85924644　85924641

版权所有，违者必究

如有印装质量问题，我社负责调换，请拨打电话：（010）85924602　85924603

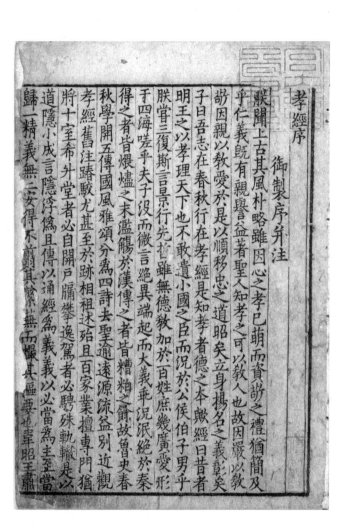

孝經序

御製序并注

朕聞上古其風朴略雖因心之孝已萌而資孝之禮猶簡及
乎仁義既有親譽益著聖人知孝之可以教人也故因嚴以教
勖因親以教愛於是以順移忠之道昭矣立身揚名之義彰矣
子曰吾志在春秋行在孝經是知孝者德之本歟經曰昔者
明王之以孝理天下也不敢遺小國之臣而況於公侯伯子男乎
朕嘗三復斯言景行先哲雖無德教加於百姓庶幾廣愛刑
于四海嗟乎夫子没而微言絕異端起而大義乖況泯絕於秦
得之者皆煨燼之末濫觴於漢傳之者皆糟粕之餘故魯史春
秋學開五傳國風雅頌分為四詩去聖逾遠源流益別近觀
孝經舊注踳駁尤甚至於跡相祖述殆且百家業擅專門猶
將十室希仝堂者必自開戶牖攀逸駕者必騁殊軌轍是以
道隱小成言隱浮偽且傳以通經為義義以必當為主至當
歸一精義無二安得不翦其繁蕪而撮其樞要也韋昭王肅

唐玄宗《御注孝经》书影（北宋天圣、明道间刊本，日本宫内厅书陵部藏）

進孝經集傳序

哈佛大學漢和圖書館珍藏印

臣觀孝經者道德之淵源治化之綱領也

六經之本皆出孝經而小戴四十九篇大

戴三十六篇儀禮十七篇皆爲孝經疏義

蓋當時師偭商參之徒習觀夫子之行事

誦其遺言尊聞行知苹爲禮論而其至要

所在備於孝經觀戴記所臏君子之教也

及送終時思之顙多繫孝經者蓋孝爲教

明·黃道周輯《孝經集傳》書影（明崇禎刊本，哈佛大學漢和圖書館藏）

序 言

梁漱溟先生尝言："中国文化是'孝'文化。"诚哉斯言！不了解孝文化源流，很难对传统文化作出客观、深入的裁评。其实孝文化是全人类共有的文化现象，并非中国独有，犹太文化"摩西十戒"第五条戒律就是"当孝敬父母"。但是，由于东西方历史背景不一样，孝文化的特点和社会影响力也存在巨大差异。譬如，古希腊的"四主德"（智慧、勇敢、节制和正义）以及基督教的"三主德"（信、望、爱）都没有提及孝。凯特·斯丹德利（Kate Standley）所著《家庭法》论述了儿童的基本权利和父母对孩子的责任，却没有论及子女对父母的义务，也没有罗列子女对父母的责任。20世纪80年代，西方发生了一场与孝文化有关的社会讨论。以美国的诺曼·丹尼尔斯（Noman Daniels）和英格利希（J. English）等为代表的西方学者否认孝在人性中的根基，将孝道看作陈旧过时的伦理观念。父母与子女的道德基础是"爱和友谊"，一旦"爱和友谊"消失，父母与子女之间的道德关系也就不复存在。由此，他们从哲学与伦理学高度对"孝作为伦理学的一个概念是否可能"提出质疑。东西方孝文化的相通性和差异性，恰恰为现代学者深入研究孝文化提供了无限可能。

韩星教授嘱咐我为他的新书《孝经全解》写一篇序言，我借此机会谈谈对《孝经》的感悟。我认为《孝经》谈孝有两大特点：

首先，孝是天经地义。《孝经》说"夫孝，天之经也，地之义也，民之行也"。但是，为何说"孝"就是"天之经，地之义"呢？在《孝经》一书中，看不到作者如何对这一问题作完整的哲学论证。但汉代大儒董仲舒对于孝为何是"天之经，地之义"进行了形而上的论证，或许可以看作对《孝经》思想的继承与发展。董仲舒认为，人与物相比较，具有两大特点：一是偶天地，二是具有道德观念。董仲舒说"人之德行"源自"天理"，由此而衍生的一个问题是：孝由"天生"如何可能？董仲舒从阴阳与五行理论两个方面进行了论证。

一是阴阳理论。阴阳之道有两个方面的内涵：其一，阴阳相合。"凡物必有合。阴者阳之合，妻者夫之合，子者父之合，臣者君之合，物莫无合，而合各有阴阳。"父子之合源自阴阳之合，"合"意味着亘古不移和互为前提，父子关系由此获得了存在的神圣性。其二，阴阳相兼。"阳兼于阴，阴兼于阳，夫兼于妻，妻兼于夫，父兼于子，子兼于父，君兼于臣，臣兼于君。"阴阳之气无所不在，阴阳之道无所不摄。父子之义出自阴阳之道，阴阳不可易，父子之义也不可易。

二是五行理论。"故五行者，乃孝子忠臣之行也。"董仲舒从阴阳五行、天人感应哲学出发，认为五行理论中蕴含父子之道。

子女为何要孝敬父母？"法夏养长木，此火养母也。"

父子之间为何要相隐？"法木之藏火也。"

子女为何应谏亲？"子之谏父，法火以揉木也。"

子为何应顺于父？"法地顺天也。"

既然以孝为代表的道德观念起源于天，是"天之道"在人类社会的外显，那么，如何协调天人之道，人之道如何遵循天之道而行，就成为人类自身必须正确认识与处理的现实问题。在中国思想史上，从道德形上学高度论证孝是天经地义，《孝经》作者开其端，董仲舒接踵而起基本完成了这一哲学论证过程。

其次，"孝本论"建构的尝试。孝与仁的关系，孰为体？孰为用？在孔子去世之后，孔门弟子之间显然出现了分歧。《孝经》文本存在一个值得学界深思的问题：无论是今文《孝经》，抑或古文《孝经》，始终没有出现"仁"

字。"仁"在《论语》中出现 109 次、在《孟子》中出现 145 次，在 20 世纪 90 年代发现的郭店楚墓竹简中，辨认出的"仁"字约有 70 处。但是，"仁"作为儒家思想的核心观念，居然不见于《孝经》今古文。这一文化现象耐人寻味，其中必然隐藏着作者独特的哲学思考与社会政治旨趣。在孔孟思想体系中，仁是全德，位阶高于其他德目。但是，在《孝经》思想体系中，孝已经取代仁，上升为道德的本源。孝是"至德要道"（《孝经·开宗明义章》），郑玄《注》点明：所谓"至德要道"就是"孝悌"。不仅如此，《孝经》一书最大的亮点在于：作者力图从形上学的高度，将孝论证为哲学本体。"夫孝，天之经也，地之义也，民之行也。""经"与"义"含义相同，都是指天地自然恒常不变的法则、规律。孝是天经地义，将"孝"论证为宇宙精神本体，这是人类的人文表达，其实质是以德性指代本体。从"天性"探讨父子之道，意味着不再局限于从道德视域论说道德，而是上升到哲学的高度论说道德。孝不再是道德论层面的观念，而是伦理学层面的范畴，甚至已成为宇宙论层面的精神本体。孔子说"仁者安仁"，以仁为安，意味着以仁为乐，情感的背后已隐伏人性的光芒。《孝经》作者也从人性论高度证明孝存在的正当性，在逻辑上与孔子的思路有所相近。为何"人之行，莫大于孝"？明代吕维祺对此有所诠释："天以生物覆帱为常，故曰经也。地以承顺利物为宜，故曰义。得天之性为慈爱，得地之性为恭顺，即此是孝，乃民之所当躬行者，故曰民之行。"① 天地自然之性与人之性同出一源，相互贯通。天的德性是"慈爱"，地的德性是"恭顺"，天地之性统合起来在人性的实现，显现为"孝"。孝已上升为本体，并且升华为宇宙精神，义、礼、智、信、友、悌等成为孝本体统摄之下的具体德目。孔安国指出，"先王之德行"涵摄孝、悌、忠、信、仁、义、礼、典等八方面。孝是本体与全德这一思想在《大戴礼记》"曾子十篇"中也多有体现："故居处不庄，非孝也；事君不忠，非孝也；莅官不敬，非孝也；朋友不信，非孝也；战陈无勇，非孝也。"（《大戴礼记·曾子

---

① （明）吕维祺：《孝经大全》卷七，《孝经文献集成》第 3 册，广陵书社 2011 年版，第 1430 页。

大孝》）孝涵摄庄（恭）、忠、敬、信、勇五种德行，《大戴礼记》"曾子十篇"的孝论与《孝经》多有相互发明之处。在孔子孝论中，孝主要是家庭伦理，父慈子孝，"立爱自亲始"。孝不是全德，更不是仁的本体。"孝弟也者，其为仁之本与"，代表的只是弟子有子的思想，更遑论在版本学上"仁"究竟是"仁"还是"人"尚有待讨论。[①] 因此，《孝经》作者并非单纯发"思古之幽情"，更不是单纯地"复古"，而是有自己独特的哲学思考与人文诉求。换言之，《孝经》作者将仁边缘化纯属"主观故意"，目的是从哲学高度建构孝本论。既然孝已经被建构为本体与宇宙精神，《孝经》作者的哲学尝试在于：立足于为天下立法的高度，跨越家庭伦理的边界，将孝观念的外延无限膨胀与扩充，使之衍化为涵盖自然、社会与人伦的道德理性、价值本源与文化依托。具体而论，在社会政治领域，孝成为判别是非善恶的最高价值原则。明乎此，才能理解《孝经》作者为何提出"以孝治天下"。但是，通过剖析与梳理《孝经》的内在逻辑，不难发现《孝经》思想体系中隐藏着一个逻辑矛盾：孝，作为家庭伦理之一维，其存在的正当性基于血缘自然亲情，其存在的合理边际范围在于家庭。有父子血缘亲情，方有孝存在的正当性；显发作用于家庭宗族边际之内，孝才有存在的合理性。换言之，在血缘亲情家庭中，孝才具有存在的合法性；孝一旦跨越父子血缘亲情的边界，向陌生人社会无限扩张与蔓延，甚至把它作为人与人、人与社会、人与自然关系大经大法的观念把握，一个哲学上与逻辑上的困难随之而生：在陌生人社会，孝作为本体如何可能？这一问题，有待于今天的读者认真加以思考。

儒家孝道从汉代开始已全面深刻地影响了社会大众的生活方式、价值观，甚至也左右了国家的意识形态和制度建设。观念是有力量的！儒家孝道直接影响了汉代人才选拔制度——"举孝廉"。汉代高标"以孝治天下"，儒家思想深刻而全方位地影响了汉代政治制度和法律制度，尤其在人才选拔制度方面，奠定了古代社会的价值导向。汉武帝元光元年（前134），"初令

---

① 敦煌抄本 2618 号作"人"。程树德《论语集释》也认为当作"人"，云："经传中'仁''人'二字互用者多，'仁'特为'人'之借字，不止此一事也。"

郡国举孝廉各一人"（《汉书·武帝纪》）。汉武帝时代除了已有的"贤良"科目外，又增设了"孝廉""秀才"等新科目。何谓"孝廉"？颜师古注云："孝，谓善事父母者；廉，谓清洁有廉隅者也。"（《汉书·武帝纪》颜师古注）汉代察举科目分为常科与特科两大类，常科是指每年都要举行的常设之科目，特科是指特别指定之科目。从公元前134年开始，孝廉成为岁举的常科。不仅如此，事实上孝廉在汉代是一项范围极其广泛、地位非常重要的察举科目。应劭《汉官仪》说："丞相故事，四科取士。一曰德行高妙，志节清白；二曰学通行修，经中博士；三曰明达法令，足以决疑，能案章覆问，文中御史；四曰刚毅多略，遭事不惑，明足以决，才任三辅令。皆有孝悌、廉公之行。"所谓"四科取士"，实际上就是汉代察举的四项基本标准。但是，在这四项标准之上，还存在一条更为根本性的原则："孝悌、廉公之行。"因此，尽管汉代察举制度科目繁多，名称各异，但都必须遵循孝悌这一最高标准。正因为孝廉常科在汉代选举制度中地位重要，所以后世甚至以孝廉来称代整个汉代选举制度。两汉政府在鼓励年轻人以孝廉入仕的同时，又从法律上明确不孝者不得入仕。"使天下诵《孝经》，选吏举孝廉。"（《后汉书·荀爽传》）此外，汉代法律又规定，在职官吏违反孝行者须受免职处罚。《汉书·薛宣传》载，汉哀帝初即位，博士申咸上疏言薛宣不孝："毁宣不供养行丧服，薄于骨肉，前以不忠孝免，不宜复列封侯在朝省。"结果，薛宣被罢免。官吏任职期间，如遇父母去世，必须请假回家服丧，称为"告宁"，否则将受到行政处罚。汉代"告宁"的期限前后不一，早期为三十六天，后改为三年。《汉书·翟方进传》载，翟方进为丞相时，"身既富贵，而后母尚在，方进内行修饰，供养甚笃。及后母终，既葬三十六日，除服起视事，以为身备汉相，不敢逾国家之制"。

正因为儒家孝道深刻影响了古代中国的人才选拔制度，在新文化运动中遭受猛烈批判在所难免。这一社会批判思潮具有思想解放的积极意义。在这场以传播"民主"与"科学"、反对封建专制主义为宗旨的思想启蒙运动中，任何对传统文化的批判至少在社会政治层面上具有历史进步意义。它对于冲决思想网罗、清算旧有价值观念、全方位"响应西方"（严复语），功不可没。将道统层面的儒学与被历朝历代统治者利用的儒术剥离，换言之，把历朝历代强行披挂在孔子身上的脏衣服卸下来，对于正本清源、恢复儒家真实面目具有深远社会进步意义。但是，谈及五四运动和新文化运动对儒家思想的批判，有一个文化现象长期以来被人忽略，以至于严重影响了学界对五四运动和新文化运动的全面客观的衡评。人们往往只注意到了陈独秀、钱玄同等人如何猛烈批判儒家思想，却忽略了在五四运动之后这些"先进的中国人"对自己所作所为的反思、检讨，我将这一文化现象称为"集体反思"。譬如，国学大师章太炎先生早年也曾激愤地批孔非儒，在1902年撰写的《订孔》一文中，借日本人远藤隆吉之口驳难孔子："孔子之出于支那，实支那之祸本也。"[①]在1906年撰写的《诸子学略说》等文中又讥讽孔子为"湛心利禄"的"国愿"。孔子以"富贵利禄为心"，是"儒家之病"。孔子"湛心荣利"，有甚于乡愿，是"国愿"。孔子思想与近代民主革命所追求的"民权""民主"精神相抵触，"我们今日要想实行革命，提倡民权，若夹杂一点富贵利禄的心，就象微虫霉菌，可以残害全身，所以孔教是断不可用的"[②]。迨至晚年，立场与观点大变。以上述《订孔》一文为例，1914年章太炎对《订孔》作了修订，把"孔氏"都改称为"孔子"，称赞孔子"圣人之道，罩笼群有"，孔子的"洋洋美德乎，诚非孟、荀之所逮闻也"[③]。1933年，章太炎在苏州成立"国学会"，此后又创设"章氏国学讲习会"，同时出版《制言》杂志，自任主编。讲习会开设经学、史学、诸子学、文学等课程，由章太炎主讲。章太炎在这一时期讲学的目的是弘扬民族文化、呼吁尊孔读经、激励爱国热情。在1935年《答张季鸾问政书》中断言："中国文化本无宜舍弃者。"[④]章太炎站在爱国主义与民族主义立场上，将读史与爱国相联系。"中

---

① 章太炎：《订孔》，《章太炎政论选集》上册，汤志钧编，中华书局1977年版，第179页。
② 章太炎：《东京留学生欢迎会演说辞》，《章太炎政论选集》上册，汤志钧编，中华书局1977年版，第273页。
③ 章太炎：《订孔》，《章太炎政论选集》上册，汤志钧编，中华书局1977年版，第181—186页。
④ 章太炎：《答张季鸾问政书》，《章太炎政论选集》下册，汤志钧编，中华书局1977年版，第860页。

国今后应永远保存之国粹，即是史书，以民族主义所托在是。"①章太炎将经籍归为史类，读史即读经。因此，章太炎在晚年不遗余力地呼吁尊孔读经。前有《訄书》，后有《检论》，以今日之是非昨日之非。立场与观点的改变，体现的不仅仅是学问的日以渐进，也是人格的日臻完美。当然，章太炎晚年在对待孔子与儒家问题上之所以会出现这种巨大变化，也与当时中国正处于政治、经济与文化全方位民族危机中有关。章太炎一生最为景仰的顾炎武尝言："天下兴亡，匹夫有责。"自古以来，儒家一直将"国家"与"天下"两个范畴严格区分。历史上"国家"之兴亡不过是一家一姓之陵替，"天下"这一概念则不同。"天下"不仅是一政治概念，也是一地理概念，而且更重要的它还是一文明概念。"天下"表征的是一种超越狭隘民族国家的文明观念。"天下"灭亡，不仅意味着一种民族文化的寿终正寝，也标志着具有普遍价值的文明的厄难。正因如此，章太炎晚年才会四处奔波，高喊"仆老，不及见河清，唯有惇诲学人，保国学于一线而已"②。章太炎之吁喊，已有先儒"存亡继绝""续命河汾"之深意。国学存，则"天下"文化血脉存。像章太炎先生这样在"五四"与新文化运动时期猛烈批孔反儒，在"五四"与新文化运动之后又反思自我，在思想上经历了否定之否定心路历程的，大有人在。甚至可以说当时绝大多数"先进的中国人"，都经历了这一从批判到反思、再到辩证认识的心路历程。譬如，胡适早年主张"全盘西化"，呼吁批孔，"捶碎，烧去！"③晚年却一再申明："有许多人认为我是反孔非儒的。在许多方面，我对那经过长期发展的儒教的批判是很严厉的。但是就全体来说，我在我的一切著述上，对孔子和早期的'仲尼之徒'如孟子，都是相当尊崇的。……我不能说我自己在本质上是反儒的。"④在"五四"与新文化运动的先驱者中，钱玄同可以说是一员骁将，多次撰文呼吁废除汉字，"汉字之

① 章太炎：《答张季鸾问政书》，《章太炎政论选集》下册，汤志钧编，中华书局1977年版，第859页。
② 章太炎：《致马宗霍书》，《章太炎政论选集》下册，汤志钧编，中华书局1977年版，第827页。
③ 胡适：《吴虞文录·序》，《胡适文集》第2册，欧阳哲生编，北京大学出版社1998年版，第610页。
④ 唐德刚：《胡适口述自传》，华文出版社1992年版，第282—283页。

根本改革的根本改革”①。不仅如此，对历史上的孔子与儒教，要"摔破，捣烂，好叫大家不能再去用它"②。但是，在 1926 年 4 月 8 日致周作人的信中，他对待孔子和传统文化的心态已趋向平和、宽容："前几年那种排斥孔教，排斥旧文学的态度很应改变。"③陈独秀在"五四"与新文化运动时期是"打倒孔家店的英雄"，叱咤风云、名盛一时。早年曾断言："倘以旧有之孔教为是，则不得不以新输入之欧化为非。新旧之间，绝无调和两存之余地。"④但是，晚年陈独秀又撰文指出，在现代知识的评定之下，孔子思想仍有其现代价值："在孔子积极的教义中，若除去'三纲'的礼教，剩下来的只是些仁、恕、忠、信等美德。"⑤白云苍狗，世事如棋。在尘埃落定的"五四"与新文化运动之后，绝大多数中国知识分子都进入了集体反思之中。因为如果不能从片面激愤地批评中国传统文化的心结升华到对传统文化有一全面、辩证的认识，甚至"同情之理解"，就无法在知识和人格上实现自我超越。可喜可贺的是，当时绝大多数中国知识分子已实现了这一内在自我超越。

韩星教授是儒学大家。儒学于他而言，不仅是学术研究的对象，更是信仰的源泉。此书有三大特点：其一，广泛根据历代代表性的注疏来解读原典，领悟原典义理，梳理学术思想演变；其二，以经证经，以子证经，引用儒家经典和子书中材料扩展原典思想；其三，以史证经，以文证经，引用历代史书故事和文学作品，印证并发挥原典思想。

是为序。

曾振宇

2023 年 5 月

---

① 钱玄同：《汉字革命》，《钱玄同文选》，林文光选编，四川文艺出版社 2010 年版，第 137 页。

② 钱玄同：《孔家店里的老伙计》，《钱玄同文选》，林文光选编，四川文艺出版社 2010 年版，第 61 页。

③ 钱玄同：《致周作人》，《钱玄同文集》第 6 册，刘思源主编，中国人民大学出版社 2000 年版，第 75 页。

④ 陈独秀：《答佩剑青年》，《独秀文存》卷三，安徽人民出版社 1987 年版，第 660 页。

⑤ 陈独秀：《孔子与中国》，《陈独秀文章选编》下册，生活·读书·新知三联书店 1984 年版，第 531 页。

目 录

绪 论

一、《孝经》的作者与成书时代、版本流传情况

关于《孝经》的作者，历来说法不一，代表性的观点包括如下几家。

第一，孔子自撰。如《汉书·艺文志》说："孝经者，孔子为曾子陈孝道也。"《白虎通·五经》："（孔子）已作《春秋》，复作《孝经》何？"郑玄《六艺论》："孔子以六艺题目不同，指意殊别，恐道离散，后世莫知根源，故作《孝经》以总会之。"从《孝经》的字面看，这是一个直观的印象，因为《孝经》通篇都是"子曰"。汉代儒生大多持这一见解，后世信奉此说者代不乏人。然而细心观察就会发现，此论又与《孝经》的文字有直接的矛盾。如《孝经》开始就说："仲尼居，曾子侍"，"子曰"如何如何。这完全是第三者描述孔子授课的记录语体。且孔子也不能自称"仲尼"，而对着学生叫"曾子"，《论语》一书，都是直呼其名"曾参"或"参"。

第二，曾子所录。司马迁《史记·仲尼弟子列传》说："孔子以为（曾参）能通孝道，故授之业，作《孝经》，死于鲁。"孔安国《古文孝经·序》也说："曾参躬行匹夫之孝，而未达天子、诸侯以下扬名显亲之事，因侍坐而咨问焉。故夫子告其谊，于是曾子喟然知孝之为大也，遂集而录之，名曰《孝经》。"元朝人熊禾在为董鼎《孝经大义》一书作序时也说："曾氏之书有二，曰《大学》，曰《孝经》。"此说也是从《孝经》字面意义而发的，

但从思想的内涵看,《孝经》的许多内容与孔子、曾子的观点又多有抵触之处,突出表现在"谏诤"题上。孔子讲:"事父母几谏,见志不从,又敬不违,劳而不怨。"(《论语·里仁》)曾子说:"孝子之谏,达善而不敢争辨。"(《大戴礼记·曾子事父母》)可《孝经·谏诤章》却说:"故当不义则争之,从父之令,又焉得为孝乎?"很难想象,同一个曾子会写出如此自相矛盾的文章。

第三,七十子之徒遗书。宋司马光《古文孝经指解·自序》中说:"圣人言则为经,动则为法,故孔子与曾参论孝,而门人书之,谓之《孝经》。"清代毛奇龄《孝经问》:"此是春秋战国间七十子之徒所作,稍后于《论语》,而与《大学》《中庸》《孔子闲居》《仲尼燕居》《坊记》《表记》诸篇同时,如出一手。故每说一章,必有引经数语以为证,此篇例也。"《四库全书总目提要》也是这种看法:"今观其文,去二戴所录为近,要为七十子徒之遗书。"阮元在《石刻孝经论语记》中说:"《孝经》《论语》,皆孔门弟子所撰。"这是认为《孝经》乃七十子或是七十子之徒所作,可能是一种记录的转述,或是一种经过加工的编纂。这种看法难免失之于笼统。

第四,曾子门人编录。朱熹《孝经刊误》说《孝经》:"夫子、曾子问答之言,而曾氏门人之所记也。"晁公武在《郡斋读书志》中说:"今其首章云:'仲尼居,曾子侍。'非孔子所著明矣。详其文义,当是曾子弟子所为书也。"此说得到了近、现代大多数学者的认同。如钟肇鹏认为"《孝经》出于曾参弟子所记"[1],黄得时认为:"《孝经》撰作之本意,出自孔子,是没有错的。而将其述说集录起来,著于竹帛,传诸后世,系出于曾子门人之手,这种看法较为恰切而稳当。"[2]

第五,子思所作。王应麟、倪上述等人持此论。如王应麟《困学纪闻》:"子思作《中庸》,追述其祖之语,乃称字。是书当成于子思之手。"倪上述《孝经勘误辩说》:"孝经,……考之本文,揆诸情事,确为曾氏门人所记,

---

① 钟肇鹏:《曾子学派的孝治思想》,《孔子研究》1987 年第 2 期。
② 黄得时:《孝经之流传与古今文之争》,《孝经今注今译》,天津古籍出版社 1988 年版。

且断然与《大学》《中庸》同出于子思。此三书之中，于仲尼则称字，祖也；于曾子则称子，师也。"今人彭林教授认为："《缁衣》《中庸》《坊记》《表记》出自《子思子》，已由郭店楚简的发现得到证明。《孝经》与《缁衣》等四篇好在'子曰'之后引《诗》《书》，风格相同，当属同一时代、同一作者的作品。《论语》中孔子多言《诗》《礼》而罕言《书》，与《子思子》判然有别。用《诗》《书》发挥孔子思想，应该是子思的创造。孟子受业于子思之门人，'退而与万章之徒序《诗》《书》，述仲尼之意'，继承了子思学派的传统。《孟子》原有《说孝经》等'外书四篇'，《史记》等都曾引用。《说孝经》当是《孝经》成书于孟子之前、孟子论述其师门所传《孝经》的证据。郭店楚简内多处论孝，与《孝经》相表里，表明孝是子思学派讨论的热点之一。"① 这种说法从称谓的角度看有一定的道理。但子思是孔子之孙，离孔、曾时代较近，其思想一致之处应当比较多，而《孝经》则与《中庸》及郭店新出土的竹简中属于子思子的作品，有较大的差距，难以使人信服。

第六，孟子的弟子所作。清人陈澧在《东塾读书记》卷一中说："《孟子》七篇与《孝经》相发明者甚多。"王正己在《孝经今考》一文中说："从大体上看来，《孝经》思想有些与孟子的思想相同，不过是文字的变相而已。""总之《孝经》的内容，很接近孟子的思想，所以《孝经》大概可以断定是孟子门弟子所著的。"②

第七，后人附会而作《孝经》。南宋朱熹《孝经刊误后序》引汪应辰的话，认为《孝经》是后人附会而成："《孝经》独篇首六七章为本经，其后乃传文。然皆齐鲁间陋儒纂取左氏诸书之语为之，至有全然不成文理处。传者又颇失其次第，殊非《大学》《中庸》二传之俦也。"

第八，汉代儒生伪造。宋代就有学者开始怀疑《孝经》为孔子本人或曾子所作，司马光、胡寅、晁公武等人持此说。清代姚际恒《古今伪书考》认为《孝经》是汉儒伪造，他说："是书来历出于汉儒，不惟非孔子作，并非

<hr />

① 彭林：《子思作〈孝经〉说新论》，《中国哲学史》2000 年第 3 期。
② 罗根泽主编：《古史辨》（四），上海古籍出版社 1982 年版，第 171 页。

周秦之言也。……勘其文义，绝类《戴记》中诸篇，如《曾子问》《哀公问》《仲尼燕居》《孔子闲居》之类，同为汉儒之作。后儒以其言孝，特为撮出，因名以《孝经》耳。"此说在近代疑古思潮中影响很大，梁启超、胡适都持此说，蒋伯潜的《诸子通考》、杨伯峻的《经书浅谈》、任继愈主编的《中国哲学发展史》也采用此说。但此说与《吕氏春秋》关于《孝经》的记述相矛盾。而且论者也多将《礼记》归为汉儒的作品，但1997年湖北荆门郭店出土的战国时期楚国竹简中，有《缁衣》一篇，与现行本《礼记》中的《缁衣》基本相同，这给"疑古派"出了一个难题。

第九，乐正子春或其弟子说。胡平生《〈孝经〉是怎样的一本书》[1]一文中提出此观点，郭沂在《郭店楚简与先秦学术思想》一书中也持此说。

除了上述九论，近、现代学术界还有一些折中的说法，兹不再例举。

到底是谁撰写了《孝经》？一直到今天也没有统一的结论。笔者同意张践先生的观点，认为《孝经》很可能是曾子学派的学者所作。从思想内容上看，《孝经》与《礼记》及《大戴礼记》中有关曾子的思想有着明显的继承关系，甚至某些文字都相同。例如：《孝经·开宗明义》"夫孝，德之本也，教之所由生"与《大戴礼记·曾子大孝》"民之本教曰孝"极其相似。《三才》"夫孝，天之经也，地之义也，民之行也"与《曾子大孝》"夫孝者，天下之大经也"连文字都很接近。《开宗明义章》"身体发肤，受之父母，不敢毁伤"与《曾子大孝》"身者，亲之遗体也。行亲之遗体，敢不敬乎？"两者有着明显的思想继承性。父母生时，曾子重视对父母的敬养，父母殁后，曾子重视对亲人的祭葬。《曾子大孝》："民之本教曰孝，其行曰养。养可能也，敬为难；敬可能也，安为难；安可能也，久为难；久可能也，卒为难。父母既殁，慎行其身，不遗父母恶名，可谓能终矣。"在《孝经·纪孝行章》中这段话变成了："孝子之事亲也，居则致其敬，养则致其乐，病则致其忧，丧则致其哀，祭则致其严。五者备矣，然后能事亲。"类似的例子很多，因

---

[1] 参见胡平生译注：《孝经译注》，中华书局1996年版。

此当代大多数学者都将《孝经》视为曾子学派的作品①。尽管是曾子学派的作品，但其思想可能是曾子从孔子那里继承而来，加上自己的理解发挥，形成了《孝经》，可以说是具有儒家孝道思想集大成性质的一部作品。

关于成书年代，一些学者因《孝经》中关于"谏诤"的思想与荀子在《子道》中提出的"从义不从父"的观念极为近似，所以推测《孝经》成书于荀子之后；又由于《吕氏春秋》两次引用了《孝经》语，因而推测成书于《吕氏春秋》之前（见陈奇猷《吕氏春秋校释》一书所附《〈吕氏春秋〉成书的年代与书名的确立》一文）。一些学者因《吕氏春秋·察微》一章曾经引证："《孝经》曰：高而不危，所以长守贵也；……"这段文字与《孝经·诸侯章》完全相同，故断言《孝经》产生于《荀子》之后、《吕氏春秋》以前，大约在公元前240至公元前238年②。但也有学者因蔡邕《明堂论》曾引魏文侯作《孝经传》，便断定此书是曾子弟子作于战国初年③。还有学者认为古文《孝经》出自先秦，今文《孝经》成于西汉，等等，都有一定的合理性，但也都有一些难以说明之处，不再一一列举。

现在，比较普遍的看法是《孝经》思想的形成不早于战国末期，主要是《孝经》中的很多思想与战国中期以前的儒家学者思想有较大的差异。这从《孝经》与荀子的关系可以看出。在儒家的道统说中，荀子一直是被排斥在主流之外的，根本原因就是荀子的思想中包含了较多的反映宗法制度变迁的内容。例如在孝道问题上，荀子不再将亲子关系看成判别是非的标准。孔子有"父为子隐，子为父隐，直在其中矣"（《论语·子路》），将父子亲情看得重于社会法律。子思学派认为"为父绝君，不为君绝父"，强调"孝"重于"忠"。孟子说"父子之间不责善，责善则离，离则不祥莫大焉"（《孟子·离娄上》），强调社会上的善观念，不能用于父子之间，亲情重于社会道德。这些观念都反映了在宗法宗族社会里血缘至上的倾向。而到了荀子的

---

① 张践：《〈孝经〉的形成及其历史意义》，《意林文汇》2016年第20期。
② 康学伟：《先秦孝道研究》，台湾文津出版社1992年版。
③ 张涛：《孝经作者与成书年代考》，《中国史研究》1996年第1期。

时代，宗族制度已经逐步被家族制度代替，中央集权的君主专制制度正在形成，"君权"超过了"父权"，"公法"超过了"家法"，所以在观念上也就产生了"从义不从父"的思想。《孝经》继承了这些观念，说明其不会是战国中期以前的作品。

《孝经》的主要内容形成于战国，但成书一定在汉代，其理由主要有以下两点。第一，《孝经》突出了"以孝治天下"的"孝治"思想，这正是汉朝的时代特征。《孝经》的编者在编辑时，对先秦文献中大量有关"孝治"的内容特别关注，就形成了今天我们看到的《孝经》。联系从先秦到两汉孝道观的整个发展史看，西周重视的是维系宗族团结的"追孝"，显然是祖先崇拜宗教的延伸。而到了孔子时代，思想家对孝道主要关注的是"孝养"问题，反映了宗法家族制度正在生成，养老成为社会普遍重视的问题。战国时期，"孝养"作为一种道德在社会上得到了普遍提倡，而思想家更多地考虑将孝道的精神推广于政治领域，为建设宗法家族体制服务。到了汉代，充分总结秦王朝覆灭的教训，将巩固宗法家族制度当成了立国的根本措施，提出"以孝治天下"，《孝经》绝大多数篇幅讲"孝治"而不是"孝养"，正是这种时代精神的反映。第二，《孝经》一书结构严谨，文字简约，主题突出，这在先秦儒家典籍中是不多见的。无论是《论语》还是《孟子》，多为散文体。某一章节虽有所侧重，但总体结构还是自由论述体，而《孝经》则明显与此不同。道理很简单，先秦《礼》书讲孝道的内容卷帙浩繁，论述方面繁多，如果不是选编精练，短短的《孝经》也很难在汉代崭露头角，成为仅次于《论语》的儒家重要经典。

《孝经》有多种版本，简述如下。

第一，古文孔壁本，据说是鲁王坏孔子宅所得古文经书中的一种。孔壁本共分22章，1872字。据后世所引孔壁本资料，《庶人章》分出《孝平章》；《圣治章》分出《父母生绩章》《孝优劣章》；又多《闺门章》："闺门之内，具礼矣乎，严父严兄，妻子臣妾，犹百姓徒役也。"《汉书·艺文志》载："《孝经》古孔氏一篇，二十二章。"孔安国为之作注。20世纪疑古学派认为

《古文孝经》是汉人依据今文《孝经》伪造的。据黄中业《〈孝经〉的作者、成书年代及其流传》（《史学集刊》1992年第3期）考证，古文本应是秦始皇焚书以前的本子，大概战国末到荀子去世的前二三十年之间成书。杨伯峻《经书浅谈》指出"孔安国注"是伪书。刘增光《〈古文孝经孔传〉为伪新证——以〈孔传〉与〈管子〉之关系的揭示为基础》（《云南大学学报》2014年第1期）认为《孔传》非孔安国所作无可怀疑。

第二，古文"刘炫本"《孝经述议》。《古文孝经》孔壁本经梁乱后失传。入隋，时人刘炫复得《古文孝经》，校对后并作《孝经述议》。后隋文帝颁令将刘炫校定的《古文孝经》与郑氏注《今文孝经》并立学官。但当时就遭到儒者的质疑，据记载，刘炫本《古文孝经》亡于五代十国。陈柱《孝经要义》、杨伯峻《经书浅谈》等认为"刘炫本"《古文孝经》是伪书。而吕思勉《经子解题》、胡平生《孝经译注》等为刘炫伪造《古文孝经》翻案，刘增光的《刘炫〈孝经述议〉与魏晋南北朝〈孝经〉学——兼论〈古文孝经孔传〉的成书时间》[《复旦学报（社会科学版）》2015年第3期]一文，认为刘炫《孝经述议》是《孝经》学史上的一大转折点。

第三，《古文孝经指解》一卷，司马光撰于北宋仁宗时期，至哲宗经筵侍讲范祖禹以司马光"指解本"作《古文孝经说》一卷。范祖禹是就司马光《指解》为其作注。陈振孙《直斋书录解题》载，司马光书与范祖禹书各为一卷。此本盖以二书相因而作，故合为一编。今人舒大刚《今传〈古文孝经指解〉并非司马光本考》（《中华文化论坛》2002年第2期）和《司马光指解本〈古文孝经〉的源流与演变》（《烟台师范学院学报》2003年第3期）两文指出今传《指解》本并非司马光《指解》本的原貌，在《试论大足石刻范祖禹书〈古文孝经〉的重要价值》（《四川大学学报》2003年第1期）一文中认为今存重庆大足石刻《古文孝经》可见司马光《指解》本的原貌。

第四，日本回传《古文孝经孔氏传》。日本回传本《古文孝经》指1732年日本学者太宰纯出版的《古文孝经孔氏传》，出版后不久由清人汪翼沧于长崎访得携带回中国，著名刻书家鲍廷博将其刻入《知不足斋丛书》，再后被收入《四库全书》,《四库全书总目提要》认为该书“浅陋冗漫，不类汉儒释经之体，并不类唐、宋、元以前人语。殆市舶流通，颇得中国书籍，有桀黠知文义者摭诸书所引《孔传》，影附为之，以自夸图籍之富欤？”一般认为其是伪作，今尚存。

第五，敦煌本《孝经》。敦煌本《孝经》包括《孝经》白文、《孝经》注疏以及《孝经》的辅助性读物等。现存的敦煌本《孝经》均为抄本，有对照当时刻本所抄，亦有相互传抄，故抄写质量参差不齐。又因距今年代久远，受保存条件所限等原因，写卷多有残缺。这些写卷保留了部分失传的《孝经》郑《注》，具有很高的文献价值。此外，写卷中还有敦煌本《孝经》类的其他文献，对于当时敦煌地区的历史、教育、社会风俗等方面的研究具有十分重要的意义。敦煌本《孝经》研究须与传世本《孝经》研究相辅相成，缺一不可。

第六，今天我们看到的十八章的《孝经》是西汉以来流行的主要版本，属于今文经系统，据称出自汉初，河间人颜芝原藏，因为是用通行的隶书书写，所以称今文《孝经》。《汉书·艺文志》载：“《孝经》一篇，十八章。”刘向整理《孝经》，定其为十八章，基本以今文为依据，不过也参校了古文的部分内容。东汉时由经学大师郑玄为《孝经》作注，实际所注是经刘向整理的通行本。魏晋南北朝时期，今文、古文两个版本的《孝经》及郑《注》、孔《传》都在社会上流行。到了唐代，唐玄宗两度注释《孝经》，并在群臣中引起了对《孝经》的兴趣。皇帝注经，未必亲自动笔，但已对《孝经》表示了足够的重视。唐玄宗的注释以今文为主，并“颁于天下及国子学”，孔《传》与郑《注》便随之消亡。咸平三年（1000），宋真宗命国子监祭酒邢昺为唐玄宗的御注作疏。此注、疏被收入《十三经注疏》，成为儒家经学的正统。黄中业认为这个本子是汉初儒家学者在成书于战国末年的《孝经》原本基础上补充、删改而成。

其实，《孝经》的今文与古文除个别文字和虚词差异外，差别不大。如首章，今文云：“仲尼居，曾子侍。”古文为：“仲尼闲居，曾子侍坐。”今文云："子曰：先王有至德要道。"古文为："子曰：参，先王有至德要道。"今文云："夫孝，德之本也，教之所由生也。"古文则为："夫孝，德之本，教之所由生。"显见，区别仅在于文字个别的增加与减少，但对大意却无影响，至于分章，仅是划分的方法不一样，才有今文十八章与古文二十二章之别。今文《三才章》"其政不严而治"与"先王见教之可以化民"通为一章，而古文则分为二章，等等。可见今文、古文绝非各为一书，所异者不过如此。所以，今文古文之争，实际上没有多大必要。

本书即采用通行的今文本《孝经》，在具体研读中适当参考古文本及孔《传》与郑《注》。

今文本《孝经》以孔子与其门人曾参谈话的形式，以孝为中心，对孝的含义、作用等问题加以阐述，比较集中地阐发了儒家的伦理思想，全书共分为十八章，将社会上各种阶层的人士——上自国家元首，下至平民百姓，分为五个层级，而就各人的地位与职业，标示出其实践孝亲的法则与途径。依其内容，十八章大致可分为四部分。

第一部分：自《开宗明义章》至《庶人章》共6章，对孝加以概括性论述，并分五种身份五种角色讲述行孝之方，规定了不同地位的人的孝道标准。这是全篇的宗旨所在，五等之孝的具体内容虽各有侧重，而爱亲敬亲的精神实质是相同的。

第二部分：自《三才章》至《五刑章》共5章，主要讲述孝与治国的关系，强调孝在社会生活中的重要性。其中的《纪孝行章》则专论孝子应做之事，是对一般意义上的孝的解说。

第三部分：自《广要道章》至《广扬名章》共3章，是对《开宗明义章》中提到的"至德""要道""扬名"的引申和发挥。因此，这部分可视为《开宗明义章》的深化与延伸内容。

第四部分：自《谏净章》至《丧亲章》共4章，这部分各章之间内在联系不紧密，而是分别以不同题目，对前三部分内容进行发挥和补充。其中，《丧亲章》可视为全篇的总结。

二、《孝经》的地位、价值与重要性

《孝经》在唐代被尊为经书，南宋以后被列为"十三经"之一。在中国漫长的社会历史进程中，它被视为"孔子述作，垂范将来"的经典，历史上对《孝经》极尽赞颂之能事。旧题西汉孔安国《古文孝经序》中云："《孝经》者何也？孝者，人之高行；经者，常也。自有天地人民以来，而孝道著矣。上有明王，则大化滂流，充塞六合。若其无也，则斯道灭息。当吾先君孔子之世，周失其柄，诸侯力争，道德既隐，礼谊又废。至乃臣弑其君，子弑其父，乱逆无纪，莫之能正。是以夫子每于闲居而叹述古之孝道也。"《孝经》所讲的"孝"是人们高尚的德行，是天地的常道，自有人类，孝道就出现了。古代圣明的帝王重视孝道，教化广泛流布，充满天地之间。一旦孝行没有了，孝道也就衰亡了。孔子目睹当时礼崩乐坏，诸侯争霸，道德沦丧，臣弑君，子弑父，天下大乱的现实，有感而传述古来的孝道。

《汉书·艺文志》云："《孝经》者，孔子为曾子陈孝道也，夫孝，天之经，地之义，民之行也，举大者言，故曰《孝经》。"这是对《孝经》形成和宗旨的简明概括，也可以说是对《孝经》的题解。

汉代《孝经钩命决》言："孔子在庶，德无所施，功无所就，志在《春秋》，行在《孝经》。"徐彦《春秋公羊传注疏》曰："所以《春秋》言志在，《孝经》言行在。《春秋》者，赏善罚恶之书，见善能赏，见恶能罚，乃是王侯之事，非孔子所能行，故但言志在而已；《孝经》者，尊祖爱亲，劝子事父，劝臣事君，理关贵贱，臣子所宜行，故曰行在《孝经》也。"又说："孔子云：欲观我褒贬诸侯之志，在《春秋》。崇人伦之行，在《孝经》。"孔子有圣人之德，而无王者之位，于是作《春秋》为后世立法，《春秋》代表了孔子的社会理想，即王道政治，天下大同。而《孝经》则重在通过社会各个阶层以孝为本的道德修养、人伦实践，实现他的社会理想。可见，在汉代人心目中，《孝经》是孔子所著，与《春秋》地位相同，互为表里，是相辅相成的关系。

汉末郑玄《孝经注·自序》说："《孝经》者，三才之经纬，五行之纲纪。孝为百行之首，经者，不易之称。"三才者，天地人，《孝经》有"三才章"讲孝是天经地义，又是金木水火土的纲纪，孝在各种品德中应为首位，实行起来也最为简易。他的《六艺论》说："孔子以六艺题目不同，指意殊别，恐道离散，后世莫知根源，故作《孝经》以总会之。"《孝经》虽居六籍之外，却是六经的总会。

《隋书·经籍志》亦云："孔子既叙六经，题目不同，指意差别，恐斯道离散，故作《孝经》，以总会之，明其枝流虽分，本萌于孝者也。"这应该是在郑玄的基础上更强调了孝的本源意义，六经各有旨意，但都萌芽于孝。

唐玄宗《孝经序》云："圣人知孝之可以教人也，故'因严以教敬，因亲以教爱'，于是以顺移忠之道昭矣，立身扬名之义彰矣。子曰：'吾志在《春秋》，行在《孝经》。'是知孝者德之本欤！"邢昺《唐玄宗孝经序》疏曰："褒贬诸侯善恶，志在于《春秋》，人伦尊卑之行，在于《孝经》也。"孔子针对诸侯坐大，子弑父，臣弑君的混乱现实，以《春秋》寄寓褒贬，拨乱反正，他也知道孝可以教育人，就以人对父母的爱敬，推衍到对君上的忠顺，以此为人伦秩序的规范，立身扬名之基础，于是有《孝经》。

邢昺《孝经注疏·序》中说："《孝经》者，百行之宗，五教之要。"《孝经》是人的各种道德行为的发端，是父义、母慈、兄友、弟恭、子孝五常之教的纲要。又说："夫《孝经》者，孔子之所述作也。述作之旨者，昔圣人蕴大圣德，生不偶时，适值周室衰微，王纲失坠，君臣僭乱，礼乐崩颓。居上位者赏罚不行，居下位者褒贬无作。孔子遂乃定礼、乐，删《诗》《书》，赞《易》道，以明道德仁义之源；修《春秋》，以正君臣父子之法。又虑虽知其法，未知其行，遂说《孝经》一十八章，以明君臣父子之行所寄。知其法者修其行，知其行者谨其法。"《孝经》是孔子看到礼崩乐坏、君臣僭乱的情况后，修订六经，明道德仁义之源，正君臣父子之法，但发现道法已备，缺乏践行，认为要匡正君臣之行，就要从调正父子伦理开始，由讲孝道，进而讲臣道，于是述作《孝经》。所以，忠孝就是《孝经》的行动指南，也是中国传统伦理的主轴。

明儒曹端在《孝经述解序》中说："孝云者，至德要道之总名也；经云者，垂世立教之大典也。然则《孝经》者，其六经之精义奥旨欤！"孝是道德的总名、教化的宝典，是六经的精义奥旨。

黄道周在《孝经集传》中说："《孝经》者，道德之渊源，治化之纲领也。"《孝经》是道德的源头，治理社会，化民成俗的纲领。

吕维祺在《孝经本义序》中认为："《孝经》继《春秋》作，盖尧舜以来帝王相传之心法，而治天下之大经大本也。此义不明，而天下无学术矣！学术荒，而天下无德教矣！"他盛赞道："大哉《孝经》乎！参两仪，专四德，冠五伦，纲维百行，总会六经。"他受纬书的影响，认为孔子继《春秋》后作《孝经》，传承了尧舜以来圣王心心相传的心法，是治国平天下的大经大本。不明《孝经》大义，天下就没有真正的学术和德教。

中国的传统道德体系，以"三纲五常"为核心，而"三纲五常"又都体现着孝道的精神。"三纲"即"君为臣纲，父为子纲，夫为妻纲"，贯穿三者的主线是孝道精神。"五常"指仁、义、礼、智、信。仁是其中的核心。有子讲："孝悌也者，其为仁之本与？"（《论语·学而》）阐明了孝是仁的本质。曹端在《孝经述解序》中说："性有五常而仁为首，仁兼万善而孝为先。盖仁者，孝所由生；而孝者，仁所由行者也。是故君子莫大乎尽性，尽性莫大乎为仁，为仁莫大乎行孝。行孝之至，则推无不准，感无不通。"《孟子·离娄上》曰："义之实，从兄是也。"在家孝敬父母，服从兄长，进入社会以后就会服从各种社会秩序，这就是义。儒家的礼，更是孝道的集中体现，《礼记·曲礼》曰："君臣上下，父子兄弟，非礼不定。"智就是对孝道关系的体认，信则是对孝道的遵从与恪守。

现代大儒马一浮十分推崇《孝经》，认为"《诗》《书》之用，《礼》《乐》之原，《易》《春秋》之旨，并为《孝经》所摄，义无可疑。故曰：'孝，德之本也。'举本而言，则摄一切德。'人之行，莫大乎孝'，则摄一切行。'教之所由生'，则摄一切教。'其教不肃而成，其政不严而治'，则摄一切政。

（政亦教之所摄。）五等之孝，无患不及，则摄一切人。'通于神明，光于四海，无所不通'，则摄一切处。大哉！《孝经》之义，三代之英，大道之行，六艺之宗，无有过于此者。故曰：'圣人之德，又何以加于孝乎？'"①这就是说，《孝经》总摄了六经大义，体现了儒家大道之行，天下为公的最高理想。他还说："六艺皆为德教所作，而《孝经》实为之本；六艺皆为显性之书，而《孝经》特明其要。故曰一言而可以该性德之全者，曰仁；一言而可以该行仁之道者，曰孝。此所以为六艺之根本，亦为六艺之总会也。"②又言："六艺之旨，散在《论语》，而总在《孝经》。"③

　　这些都充分说明《孝经》在儒家学术思想体系和中国文化中具有重要地位与价值，所以历代帝王都意识到《孝经》的重要性，重视学习《孝经》，弘扬孝道，推行孝治。汉昭帝在诏书中曾自述："朕以眇身获保宗庙，战战栗栗，夙兴夜寐，修古帝王之事，通《保傅传》《孝经》《论语》《尚书》。"（《汉书·昭帝纪》）汉昭帝时，大将军霍光上奏说："孝武皇帝曾孙病已，有诏掖庭养视，至今年十八，师受《诗》《论语》《孝经》，操行节俭，慈仁爱人，可以嗣孝昭皇帝后，奉承祖宗，子万姓。"（《汉书·宣帝纪》）病已就是汉宣帝。汉宣帝时"皇太子年十二，通《论语》《孝经》"（《汉书·疏广传》）。惠王孙刘去为广川王，去当缪王齐太子时"师受《易》《论语》《孝经》皆通"。

　　东晋司马睿"修学校，简省博士，置《周易》王氏、《尚书》郑氏、《古文尚书》孔氏、《毛诗》郑氏、《周官礼记》郑氏、《春秋左传》杜氏服氏、《论语》《孝经》郑氏博士各一人，凡九人"（《晋书·荀崧传》）。南朝宋文帝立国子学，以何承天领国子博士，皇太子讲《孝经》，承天与颜延之同为执经（《宋书·何承天传》）。南齐高帝萧道成登基后又一次召见当时著名

---

① 马一浮：《〈孝经〉大义序》，《复性书院讲录》，山东人民出版社1988年版，第103页。
② 马一浮：《〈孝经〉大义六（原刑）》，《复性书院讲录》，山东人民出版社1988年版，第150页。
③ 马一浮：《泰和会语·论六艺该摄一切学术》，吴光主编《马一浮全集》第一册（上），浙江古籍出版社2013年版，第13页。

大儒刘瓛入华林园谈话，问以政道。刘瓛回答说："政在《孝经》。宋氏所以亡，陛下所以得之是也。"帝咨嗟曰："儒者之言，可宝万世。"齐高帝对刘瓛非常赏识，尊崇儒者，崇信其言。南齐武帝也建立国学，让陆澄领国子博士，国学置郑王《易》，杜服《春秋》，何氏《公羊》，麋氏《穀梁》，郑玄《孝经》。其子萧长懋，喜好儒家经典，特别是《孝经》，曾经在崇正殿里讲解《孝经》，与少傅王俭讨论《孝经》中的重要义理。

南朝梁武帝萧衍"幼聪颖，七岁能通《孝经》《论语》义，发摘无遗"（《南史·梁宗室下》）。即位后，他高度重视《孝经》，撰写制旨《孝经义》，以帝王身份对《孝经》进行解读，奖掖善《孝经》者，推行孝治，推动了《孝经》在梁朝的发展。据《南史·梁本纪》载：中大通四年（532）"三月庚午，侍中、领国子博士萧子显表置制旨《孝经》助教一人，生十人，专通帝所释《孝经义》"。这里的"帝"是指梁武帝，《隋书·经籍志》《新唐书·艺文志》也持此说，这部《孝经义》共十八章，可惜已佚。

北魏上层统治者对《孝经》在内的汉文化日益重视，《孝经》于此时已被列为重要学习典籍，明元帝即位之后，崔浩等就"入讲经传"。崔浩在太平真君九年（448）向太武帝拓跋焘献上《五寅元历》，表曰："太宗即位元年（409），敕臣解《急就章》《孝经》《论语》《诗》《尚书》《春秋》《礼记》《周易》，三年成讫。"（《魏书·崔浩传》）北魏中期，孝文帝大力推崇《孝经》，又使其得到进一步推广传播。北魏孝文帝从小接受汉族文化的教育，熟读儒家经典。在孝文帝的改革中，受儒家思想影响最大的是尊老养老，以孝治国。北魏宣武帝认识到儒学对治国安民、教化百姓的重要性，所以建立国学，正始三年（506）为京兆王愉、清河王怿、广平王怀、汝南王悦讲《孝经》于式乾殿。北魏时期帝王亲讲《孝经》仪式最为隆重的一次，是孝明帝正光二年（521）二月，"癸亥，车驾幸国子学，讲《孝经》"，皇帝亲自讲《孝经》，自然是效仿汉代以孝治天下。

隋文帝重视以孝理天下，让宰相苏威作"五教"，"使民无长幼悉诵之"（《资治通鉴》卷一七七《隋纪一》）。所谓五教，即"父义、母慈、兄友、弟恭、子孝"五常之教。苏威尝言于帝曰："臣先人每戒臣云：'唯读《孝经》一卷，足以立身治国，何用多为！'帝深然之。"（《资治通鉴》卷一七五《陈纪九》）"君子立身，虽云百行，唯诚与孝，最为其首。"（《隋书·帝纪第二》）

唐玄宗在儒家经典中特别重视《孝经》。早在开元前期，他就发动儒臣讨论、整理《孝经》。以后更是先后两次亲注《孝经》，于开元十年（722）"颁于天下"，又于天宝二载（743）"诏天下民间家藏《孝经》一本"。注文甚至由他亲自题写刻石立于太学，是为《石台孝经》。玄宗御注《孝经》，正定注疏，前后历时几近三十年，花费大量心血，试图借注《孝经》来系统阐述儒家"孝治天下"的政治伦理思想，并传播社会，教化百姓，对越来越有不臣之心的四方诸侯"以顺移忠"。

据《旧唐书·薛放传》记载，唐穆宗想研读经史，问薛放："《六经》所尚不一，志学之士，白首不能尽通，如何得其要？"薛放回答说："《论语》者《六经》之菁华，《孝经》者人伦之本。穷理执要，真可谓圣人至言。是以汉朝《论语》首列学官，光武令虎贲之士皆习《孝经》，玄宗亲为《孝经》注解，皆使当时大理，四海乂宁。盖人知孝慈，气感和乐之所致也。"穆宗说："圣人以孝为至德要道，其信然乎！"薛放向唐穆宗阐明《孝经》是人伦之大本，道理深远，可以抓住要害，真是圣人最高明的言论。汉代以来之所以重视《孝经》，是因为通过《孝经》的教化，能够让人们懂得慈孝，互相感化，造就和谐怡乐的社会。薛放使唐穆宗认识到圣人以孝为至德要道非常高明。

元世祖忽必烈重视儒学教育，"立国子学，而定其制。设博士，通掌学事，分教三斋生员，讲授经旨，是正音训，上严教导之术，下考肄习之业。复设助教，同掌学事，而专守一斋；正、录，申明规矩，督习课业。凡读书必先《孝经》《小学》《论语》《孟子》《大学》《中庸》，次及《诗》《书》《礼记》《周礼》《春秋》《易》"（《元史·学校》）。

明孝宗朱祐樘在历代皇帝中比较特殊，童年非常坎坷不幸，幼年失母，体弱多病。为太子时得到博学多才的程敏政、刘健等人的指点，熟读经史，即位后仍然手不释卷，经常阅读《孝经》《尚书》《朱子家礼》《大明律》，有疑问立即请教儒臣法吏，是明朝最为遵循儒家伦理规范的皇帝。

康熙十年（1671）二月，康熙帝命汉族大臣编纂《孝经衍义》，并亲为鉴定，作《御制孝经衍义序》云："朕缅维自昔圣王以孝治天下之义，而知其推之有本，操之有要也。夫孝者，百行之源，万善之极。《书》言'奉先思孝'，《诗》言'孝思维则'，明乎为天之经，地之义，人性所同然，振古而不易。故以之为己则顺而祥，以之教人则乐而易从，以之化民成俗则德施溥而不匮。帝王奉此以宰世御物，躬行为天下先，其事始于寝门视膳之节，而推之于配帝飨亲觐光扬烈，诚万民而光四海，皆斯义也。"（《圣祖仁皇帝御制文》第二集卷三一）并颁行全国，欲使满汉官民皆知"孝悌为仁之本"，并在生活中贯彻落实。

雍正皇帝继位之初，即命科举会试以《孝经》出题，宣称"孝为百行之始，人能孝于其亲，处称惇实之士，出成忠顺之臣，下以此为立身之要，上以此为立教之原，故谓之至德要道。自昔圣帝哲王、宰世经物，未有不以孝治为先务者也"（《世宗宪皇帝圣训》卷四），要求地方上广建忠义孝悌祠堂和节孝牌坊，以旌表忠臣、孝子、节妇。

清文宗咸丰六年（1856），下谕编写满汉对照《孝经》。此前，雍正年间编辑过满文《孝经》，作为八旗子弟各项考试命题之本。但因为没有满汉对照《孝经》，八旗子弟使用起来特别不方便。于是文宗下令，半年时间，编成满汉合璧的《孝经》，由武英殿刊刻，颁行中外，以使"各士子讲习有资，用昭法守"（《清文宗显皇帝实录》卷二百四）。

正是因为《孝经》在儒家学术思想体系和中国文化中具有重要地位和价值，历代执政者极为重视《孝经》，把它作为治国平天下的法宝，重视研读，弘扬孝道，推行孝治。《孝经》在中国古代社会生活中发挥了巨大而深远的作用，对中国古代哲学、伦理、宗教、教育、政治、历史、文化都产生了重要影响，孝道已经成为中华民族独具特色的文化精神之一。让我们打开《孝经》，追溯和传承中华文化这一独特的精神传统。

开宗明义^① 章第一

【原文】

仲尼居^②，曾子侍^③。子曰："先王有至德要道^④，以顺天下^⑤，民用和睦^⑥，上下无怨，汝知之乎？"曾子避席曰^⑦："参不敏^⑧，何足以知之？"子曰："夫孝，德之本也，教之所由生也^⑨。复坐^⑩，吾语汝。身体发肤^⑪，受之父母，不敢毁伤^⑫，孝之始也。立身行道^⑬，扬名于后世，以显父母^⑭，孝之终也^⑮。夫孝，始于事亲，中于事君，终于立身。《大雅》云：'无念尔祖，聿修厥德。'"^⑯

【注释】

① 开宗明义：邢昺《疏》云："开，张也。宗，本也。明，显也。义，理也。言此章开张一经之宗本，显明五孝之义理，故曰《开宗明义章》也。""宗"是根本、本旨的意思。《孝经》一开张就阐述其根本宗旨，让人们明白孝道的大义。这里"五孝"即下面要提到的天子、诸侯、卿大夫、士、庶人五个社会阶层应行的孝道。

② 仲尼：孔子，名丘，字仲尼，至圣先师，万世师表。居：在家里闲坐。

③ 曾子：名参，字子舆，鲁国南武城（今山东费县西南）人，孔子弟子，比孔子小四十六岁。侍：陪伴尊长，邢昺《疏》云："卑者在尊侧曰侍，故经谓之侍。凡侍有坐有立，此曾子侍即侍坐也。"

④ 先王：孔子心目中理想的古代圣王，如尧、舜、禹、汤、文、武、周公等。至德：最高的德行。要道：精要的道理。

⑤ 以顺天下：使天下人心归顺。顺：归顺。

⑥ 用：因此、因而。

⑦ 避席：席，铺在地上的草席，这里指自己的座位。古人席地而坐，按照礼节，起身回话时要离开所坐的席子，即离开座位表示尊重。

⑧ 参不敏：参，曾子自称自己的名字，表示尊师之意。敏：聪敏。

⑨ 教：教化。所由生：由此而产生。

⑩ 复：回去，再。

⑪ 身体：躯干为身，四肢为体，指全身而言。发：毛发。肤：皮肤。

⑫ 毁伤：毁坏，残伤。

⑬ 立身：树立自身。行道：奉行道义。

⑭ 显：显耀。

⑮ 终：最后，归宿。

⑯ 诗句引自《诗经·大雅·文王》。无念尔祖：怎能不想念你自己的先祖。无念：反诘语，能不思念？聿（yù）：文言助词，无义，用于句首或句中。修：学习，发扬。厥：其，他们的。

【译文】

孔子在家里闲坐，他的学生曾子坐在旁边陪着。孔子说："先代的圣帝贤王有最高尚的德行和最精要的道理，通过这些就能够使天下人心归顺，人民因此和睦相处，上上下下都没有怨恨不满。你知道这是什么吗？"曾子站起身来，离开自己的座位回答说："学生不够聪敏，哪里会知道？"孔子说："（这就是孝。）孝是一切德行的根本，也是教化产生的根源。你坐下，我讲给你听。人的身体四肢、毛发皮肤，都来自父母，不敢损毁伤残，这是孝道的开始。人活在世上要有所建树，奉行道义，显扬名声于后世，从而使父母荣耀显赫，这是孝的最终目标。所谓孝，开始时从侍奉父母做起，中间的阶段是效忠君王，最终则要有所建树，功成名就。《诗经·大雅·文王》篇有诗句这样说：'怎么能不思念你的先祖呢？要继承发扬光大你先祖的美德啊！'"

【解读】

这一章是讲《孝经》传授的缘起，孝道大旨，行孝之方，在全书中具有纲领作用，对孝的意义、内容和表现形式都作了扼要的概括，即使不读下面的十七章，只读本章，也能得到《孝经》的基本精神。本章首言孝是"至德要道"，把"孝"看成天下最高尚的德行和最重要的道理，从而将孝提升到道德修养至高无上的地位。

原文"先王有至德要道，以顺天下，民用和睦，上下无怨"，"孝，德之本也，教之所由生也"，唐玄宗《御注》云："孝者，德之至、道之要也。言先代圣德之主，能顺天下人心，行此至要之化，则上下臣人，和睦无怨。人之行莫大于孝，故为德本。言教从孝而生。"将"孝"看成天下最高尚的德行和最精要的道理，古代先王就懂得顺应天下人心，把孝道看成社会教化最重要的手段，使家庭和睦，社会和谐。邢昺《疏》云："言先代圣帝明王，皆行至美之德、要约之道，以顺天下人心而教化之，天下之人，被服其教。用此之故，并自相和睦，上下尊卑，无相怨者。"作为"至德要道"的"孝"，要实现的目标就是天下和顺，人民和睦，上下无怨。邢昺还引王肃的话解释说："德以孝而至，道以孝而要，是道德不离于孝。"把孝看成道德的基础。

《古文孝经指解》司马光曰："圣人之德，无以加于孝，故曰至德；可以治天下，通神明，故曰要道；天地之经而民是则，非先王强以教民，故曰以顺天下。孝道既行，则父父、子子、兄兄、弟弟，故民和睦，下以忠顺事其上，上不敢侮慢其下，故上下无怨。"司马光解释了何为至德，何为要道，何以顺天下。他指出通过孝道的实践，可以实现家庭和睦，社会和谐。《古文孝经指解》范祖禹曰："圣人之德无以加于孝，故曰至德；治天下之道莫先于孝，故曰要道；因民之性而顺之，故曰顺天下。民用和睦，上下无怨，顺之至也。上以善道顺下，故下无怨。下以爱心顺上，故上无怨。人之为德，必以孝为本。先王所以治天下，亦本于孝而后教生焉。孝者，五常之本，百行之基也。未有孝而不仁者也，未有孝而不义者也，未有孝而无礼者也，未有孝而不智者也，未有孝而不信者也。以事君则忠，以事兄则悌，以治民则爱，以抚幼则慈。德不本于孝，则非德也；教不生于孝，则非教也。"范祖禹解释孝为什么是至德要道，人之德必以孝为本，因为孝是仁、义、礼、智、信"五常"之本。先王治国平天下以孝为本，通过道德教化，才能实现民用和睦，上下无怨。

项霦《孝经述注》云："五常之中，仁为心德总要，而主慈爱。爱莫大于爱亲，故孝为德性之根本。至于立政教以化治天下，皆由教道出。然'德教'二字，虽总括一书之纲领，而其节目非一言可尽。"在仁、义、礼、智、信五常之中，仁统摄其他四德。但仁是由孝发端，故孝为德性之根本，由此确立政教就能化成天下。所以，"德教"就是《孝经》一书的纲领。项霦《孝经述注》又云："道德名二而理一，圣人因人心本然自有之德性道理以顺天下，父子、君臣、夫妇、长幼、朋友、上下和睦无怨，皆由孝道始。"认为道与德是二而一，是人心本然自有的德性道理。以道德理顺人伦，和睦无怨，就要由孝道开始。

黄道周《孝经集传·开宗明义章》解释"至德要道，以顺天下"曰："顺天下者，顺其心而已。天下之心顺，则天下皆顺矣。因心而立教谓之德，得其本则曰至德。因心而成治谓之道，得其本则曰要道。道德之本，皆生于天，因天所命，以诱其民，非有强于民也。夫子见世之立教者不反其本，将以天治之，故发端于此焉。"黄道周认为孝道应顺天下，而顺天下就是顺人心，人心顺则天下顺。他把行孝归于人的本心，强调因心而立教，因心而成治，就是至德要道。而这样的道德本于天而成于人，就是人的本性、本心。

简朝亮《孝经集注述疏》解释"至德要道，以顺天下，民用和睦，上下无怨"曰："德与道，实一理也。德，即人得于天之道，故行道而有得于心为德，宜通言也。至德，至极之德，谓所得者；要道，要约（要紧、关键）之道，谓所行者。以，犹用也。天下原自顺者，以此顺之；天下或不顺者，亦以此顺之而顺，故曰以顺天下。民，天下人也。和睦者，和而敬和也。睦，敬和也。如和非敬和，非道德之和也。民用此（因而，因此）和睦，在上在下皆无怨，所谓顺也。"简氏对每个字词都有合乎义理的解释，前后脉络贯通，特别突出了孝作为至德要道使天下和顺、人民和睦的积极作用。

南齐皇太子萧长懋喜好《孝经》，甚有研究。有一次，临川王萧映问萧长懋说："孝为德本，常是所疑。德施万善，孝由天性，自然之理，岂因积习？"萧长懋说："不因积习而至，所以可为德本。"萧映说："率由斯至，不俟明德，大孝荣亲，众德光备，以此而言，岂得为本？"萧长懋说："孝有深浅，德有小大，因其分而为本，何所稍疑。"（《南齐书·文惠太子传》）临川王萧映问皇太子萧长懋说："孝是德的根本，我就有些弄不明白，德存在普遍的善中，而孝是由于天性，是一种自然属性，难道会是习惯的积累？"萧长懋说："正因为孝不是由于积习所至，才可以作为德的根本。"萧映说："在不经意中就可以合乎孝了，并不需要懂得德的原则，大孝能够荣亲，这便什么德都有了，照这样说来，孝怎么能是德的根本呢？"萧长懋说："孝有深浅，德有大小，在一定程度上孝便成了本，你又何必产生疑问呢？"

这一章还可以与《吕氏春秋·孝行览》的一段话相互印证："凡为天下，治国家，必务本而后末。所谓本者，非耕耘种殖之谓，务其人也。务其人，非贫而富之，寡而众之，务其本也。务本莫贵于孝。人主孝，则名章荣，下服听，天下誉；人臣孝，则事君忠，处官廉，临难死；士民孝，则耕芸疾，守战固，不罢北。夫孝，三皇五帝之本务，而万事之纪也。夫执一术而百善至，百邪去，天下从者，其惟孝也！"意思是说治国平天下要务本，而本就是孝。如果君臣士民都行孝道，国家就会大治。孝，是三皇五帝治国平天下的根本，是各种事情的纲纪。如果掌握了这种治国平天下的根本，所有的好事都会出现，所有的坏事都能消失，天下都会顺从，恐怕只有孝道吧！

明代朱棣在《孝顺事实·序》中也说："惟天经地义，莫尊乎亲。降衷秉彝，莫先于孝。故孝者，百行之本，万善之原。大足以动天地，感鬼神；微足以化强暴，格鸟兽，孚草木。是皆出于天理民彝之自然，非有所矫揉而为之者也。"（《大明太宗文皇帝实录》卷二二六）

黄道周《孝经集传·开宗明义章》注"夫孝，德之本也，教之所由生也"云："本者性也，教者道也。本立则道生，道生则教立。先王以孝治天下，本诸身而征诸民，礼乐教化于是出焉。《周礼》：'至德以为道本，敏德以为行本，孝德以知逆恶。'虽有三德，其本一也。"因为"孝"出于人的本性，合乎天道，所以古代先王本诸身而征诸民，以孝治天下，推行礼乐教化。在黄道周看来，《周礼》虽然把道德分成"至德"、"敏德"和"孝德"三类，但是这"三德"实际都本于"性"。《尚书》也有"敬敷五教"。何为"五教"？《左传·文公十八年》云："举八元，使布五教于四方：父义，母慈，兄友，弟共（恭）、子孝，内平外成。"教父以义，教母以慈，教兄以友，教弟以恭，教子以孝。这样就能够实现华夏各诸侯国和平安定，以及与夷狄和平相处。《礼记·祭义》称曾子云"众之本教曰孝"，孔颖达《疏》："言孝为众行之根本，以此根本而教于下，名之曰孝。"即是说孝是人们所有行为的根本，以这一根本教化人，就是孝。《大戴礼记·曾子大孝》云"民之本教曰孝"，也是这个意思。

　　原文"身体发肤，受之父母，不敢毁伤，孝之始也。立身行道，扬名于后世，以显父母，孝之终也"，唐玄宗《御注》云："父母全而生之，己当全而归之，故不敢毁伤。言能立身行此孝道，自然名扬后世，光显其亲，故行孝以不毁为先，扬名为后。"孝子不毁伤自己的身体四肢、毛发皮肤，因为身体是父母给予的，与父母血脉相通，情感相系，因此要爱护自己的身体。邢昺《疏》云："言为人子者，常须戒慎，战战兢兢，恐致毁伤，此行孝之始也。又言孝行非唯不毁而已，须成立其身，使善名扬于后代，以光荣其父母，此孝行之终也。若行孝道，不至扬名荣亲，则未得为立身也。"又引皇侃云："若生能行孝，没而扬名，则身有德誉，乃能光荣其父母也。"行孝贯通人的一生，要从爱护身体发肤开始，到立身行道、光宗耀祖终结。

　　《古文孝经指解》司马光曰："身体言其大，发肤言其细。细犹爱之，况其大乎！夫圣人之教，所以养民而全其生也。苟使民轻用其身，则违道以求名，乘险以要利，忘生以决忿，如是而生民之类灭矣。故圣人论孝之始而以爱身为先。或曰：孔子云'有杀身以成仁'，然则仁者固不孝与？曰：非此之谓也。此之所言常道也，彼之所论，遭时不得已而为之也。仁者，岂乐杀其身哉？顾不能两全，则舍生而取仁，非谓轻用其身也。""人之所谓孝者，'有事弟子服其劳，有酒食先生馔'。圣人以为此特养尔，非孝也。所谓孝，国人称愿然，曰：幸哉！有子如此。故君子立身行道，以为亲也。"孝子的身体是父母给的，孝子对自己身体的爱护就是孝道的开端。圣人通过孝道教人爱护自己的身体，避免人们铤而走险，为名为利，舍生忘死。这与孔子讲的杀身成仁、孟子讲的舍生取义并不冲突。孔孟所讲是在万不得已，生命与仁义不可兼得的情况下为仁义而牺牲，并不是轻生。《古文孝经指解》范祖禹曰："君子之行，必本于身。《记》曰：'身也者，亲之枝也'，可不敬乎？身体发肤，受之于亲而爱之，则不敢忘其本。"君子言行举止以身为本。我的身体不是仅仅属于我的，是父母身体的延续，所以要爱护，不敢毁伤。

项霦《孝经述注》云："谨守本分，保全承受父母生育之遗体，此孝道之有始也。明自己德性至于成立，及措诸事业，扬名显亲，此孝道之有终也。"孝道之始是保全父母给我们的遗体，然后才能明德立身，做一番事业，扬名显亲，这样孝道才画上完美的句号。

黄道周《孝经集传·开宗明义章》注云："教本于孝，孝根于敬。敬身以敬亲，敬亲以敬天，仁义立而道德从之。不敢毁伤，敬之至也。为天子不毁伤天下，为诸侯大夫不毁伤家国，为士庶不毁伤其身，持之以严，守之以顺，存之以敬，行之以敏，无怨于天下而求之于身，然后其身见爱敬于天下。身见爱敬于天下，则天下亦爱敬其亲矣。故立教者，终始于此也。"认为身体发肤，不敢毁伤就是敬身，敬身才能敬亲、敬天，才有仁义道德。他还扩展到天子不毁伤天下，诸侯大夫不毁伤家国，士庶不毁伤其身，这样，其身就被天下人爱敬，其双亲也就被天下人爱敬。在《孝经集传·开宗明义章》传文部分黄道周还引《礼记·哀公问》："君子无不敬也，敬身为大。身也者，亲之枝也，敢不敬与？不能敬其身，是伤其亲；伤其亲，是伤其本；伤其本，枝从而亡。"并发挥说："不敢毁伤，厚其本也……孟子曰：'言非礼义，谓之自暴；吾身不能居仁由义，谓之自弃也。'暴弃其身，则暴弃其亲，肤发虽存，有甚于毁伤者矣。"敬身最重要，是孝亲之本；不敢毁伤身体，就是加厚孝亲之本。自暴自弃的人，不仅是暴弃自身，而且是暴弃双亲，即使肤发还在，比毁伤还严重。

类似的内容亦见于其他经籍，如《论语·泰伯篇》载：曾子有疾，召门弟子曰："启予足！启予手！《诗》云：'战战兢兢，如临深渊，如履薄冰。'而今而后，吾知免夫，小子！"曾子有病，把他的学生召集到身边来，说道："看看我的脚！看看我的手（看看有没有损伤）！《诗经》上说：'小心谨慎呀，好像站在深渊旁边，好像踩在薄冰上面。'从今以后，我知道我的身体不再会受到损伤了，弟子们！"曾子借用《诗经》里的三句，来说明自己一生谨慎小心，避免损伤身体，能够对父母尽孝。这里我们不能把曾子仅仅看成对自己肉体，即自然生命的爱护，而应该看到，这里包含了他对生命价值的尊重与道德实践的可贵。《礼记·祭义》也记载曾子说："身也者，父母之遗体也。行父母之遗体，敢不敬乎？"《大戴礼记·曾子大孝》也引曾子说："身者，亲之遗体也。"我们的身体是父母所给，可以说是留给我们的遗产，俗话说"孩子都是娘身上掉下的一块肉"，因此，珍惜爱护、保全好我们的身体就是在行孝。《礼记·祭义》载：

> 乐正子春下堂而伤其足，数月不出，犹有忧色。门弟子曰："夫子之足瘳矣，数月不出，犹有忧色，何也？"乐正子春曰："善如尔之问也，善如尔之问也！吾闻诸曾子，曾子闻诸夫子曰：'天之所生，地之所养，无人为大。父母全而生之，子全而归之，可谓孝矣。不亏其体，不辱其身，可谓全矣。故君子顷步而弗敢忘孝也。'今予忘孝之道，予是以有忧色也。壹举足而不敢忘父母，壹出言而不敢忘父母。壹举足而不敢忘父母，是故道而不径，舟而不游，不敢以先父母之遗体行殆。壹出言而不敢忘父母，是故恶言不出于口，忿言不反于身。不辱其身，不羞其亲，可谓孝矣。"

《吕氏春秋·孝行览》引曾子曰："父母生之，子弗敢杀；父母置之，子弗敢废；父母全之，子弗敢阙。故舟而不游，道而不径，能全支体，以守宗庙，可谓孝矣。"意思就是我们的身体是父母所生，父母完全给予了我们，我们就要完全地回归天地，让父母的这部分遗产得以保全，这就叫孝。怎么叫全呢？不去危险的地方，不玩危险的游戏，不使身体缺损，不让身体受辱，这就叫全。对自己身体的爱护当然不是宣扬自私的活命哲学，而是一种自爱、自尊，自爱是儒家仁爱思想链条上的一个重要环节，自爱使我们爱护生命，体现在日常生活中就是生活规律，按时作息，按时吃饭，注意锻炼，没有不良嗜好，避免轻生、铤而走险、违法犯罪等行为。所以王充在《论衡·四讳篇》中说："孝者怕入刑辟，刻画身体，毁伤发肤，少德泊行，不戒慎之所致也。"

原文"夫孝，始于事亲，中于事君，终于立身"，唐玄宗《御注》云："言行孝以事亲为始，事君为中。忠孝道著，乃能扬名荣亲，故曰终于立身也。"邢昺《疏》云："夫为人子者，先能全身而后能行其道也。夫行道者，谓先能事亲而后能立其身。前言立身，末示其迹。其迹，始者在于内事其亲也；中者在于出事其主；忠孝皆备，扬名荣亲，是终于立身也。"行孝不是只停留在不毁伤其身，还要进一步地提升，要立身立德，忠孝皆备，有所成就，建功立业，让自己的好名声传扬天下，从而使父母荣耀显赫。这样，事亲只是孝道的开始，通过事君，扬名声，显父母，孝道才算完成。

《古文孝经指解》范祖禹曰："不敢忘其本则不为不善，以辱其亲，此所以为孝之始也。善不积不足以立身，身不立不足以行道，行修于内而名从之矣。故以身为法于天下，而扬名于后世，以显其亲者，孝之终也。居则事亲者，在家之孝也；出则事长者，在邦之孝也；立身扬名者，永世之孝也。尽此三道者，君子所以成德也。"君子以身为本，不做恶事，不辱其亲，这是孝之始。积善成德，立身行道，功成名就，扬名后世，这是孝之终。在家孝亲、在国事长、立身扬名于后世，三者圆满才能成就一个人的德行。

这种光耀祖宗的行孝观念深深地渗透到了我们民族的意识之中，古人所谓"衣锦还乡"就包含这样的意思，《三字经》中就有"幼而学，壮而行，上致君，下泽民，扬名声，显父母，光于前，裕于后"。唐太宗曾经说："孝者，善事父母，自家刑国，忠于其君，战阵勇，朋友信，扬名显亲，此之谓孝。"(《旧唐书·礼仪志》)《儒林外史》第十五回"葬神仙马秀才送丧　思父母匡童生尽孝"，马二先生开导匡超人，劝他潜心举业："贤弟，你听我说。你如今回去，奉事父母，总以文章举业为主。人生世上，除了这事，就没有第二件可以出头。……只是有本事进了学，中了举人、进士，即刻就荣宗耀祖。这就是《孝经》上所说的'显亲扬名'，才是大孝，自身也不得受苦。"所以，有始有终，"不敢毁伤，立身行道，从始至末，两行无怠"(邢昺《疏》)，才能造就圆满的人生。

黄道周《孝经集传·开宗明义章》注云："始于事亲，道在于家；中于事君，道在天下；终于立身，道在百世。为人子而道不著于家，为人臣而道不著于天下，身殁而道不著于百世，则是未尝有身也。未尝有身，则是未尝有亲也。"就是说，如果人不"孝"，不能移孝作忠，最终建功立业，那这样的人就等于白活了，活着与死了一样，人生没有意义。"中于事君"也就是传统说的移孝作忠。当然，我们现在解释"忠"不能像过去那样只是忠于皇帝，而是忠于国家、忠于人民。孙中山先生曾经对"忠"字做了新解释，剔除传统的忠君内容，注入新的民主观念。他说："以为从前讲忠字是对于君的，所谓忠君；现在民国没有君主，忠字便可以不用，……实在是误解。……我们做一件事，总要始终不渝，做到成功，如果做不成功，就是把性命去牺牲，亦所不惜，这便是忠。……我们在民国之内，照道理上说，还是要尽忠，不忠于君，要忠于国，要忠于民，要为四万万人去效忠。为四万万人效忠，比较为一人效忠，自然是高尚得多。故忠字的好道德，还是要保存。"[1]孙中山先生对"忠"的解释是在传统基础上的现代诠释，值得重视。

---

[1] 《孙中山全集》第 9 卷，中华书局 1986 年版，第 244 页。

天子章第二

【原文】

子曰："爱亲者不敢恶于人①，敬亲者不敢慢于人②。爱敬尽于事亲，而德教加于百姓，刑于四海③，盖天子之孝也。《甫刑》④云：'一人有庆，兆民赖之。'"⑤

【注释】

①恶（wù）：憎恶、厌恶。

②慢：慢待、不敬。

③刑：通"型"，法式，典范，榜样。四海：古人认为中国四境有海环绕，故称全国为"四海"。唐玄宗以"四夷"注释"四海"，四夷即东夷、西戎、南蛮、北狄，泛指四方落后的部族。

④《甫刑》：即《尚书·吕刑》。周穆王时由吕侯请命而颁布的刑罚文告，后因吕侯后代改封甫侯，故《吕刑》又称《甫刑》。

⑤一人：指天子，商周时商王、周王常自称"予一人"。庆：善。兆民：十亿曰兆，形容民众人数很多。赖：信赖、依赖。

【译文】

孔子说："能够爱护自己亲人的人，就不会厌恶别人；能够尊敬自己亲人的人，也不会慢待别人。天子以爱护恭敬的心态尽心尽力地侍奉双亲，就会将德行教化推行到黎民百姓，四方落后的部族也会效法，这就是天子的孝道。《尚书·甫刑》里说：'天子一人有善行，天下万民都仰赖他。'"

【解读】

《孝经》把人分成五类，这一章是讲天子行孝之方。何为天子？《诗经·时迈》："昊天其子之"，上天把"我"看成儿子一样。《诗经·长发》："允也天子"，天子圣明诚敬。《礼记·丧记》云："惟天子受命于天，故曰天子。"《白虎通·爵》云："天子者，爵称也。爵所以称天子者何？王者父天母地，为天之子也。"《尸子》云："天无私于物，地无私于物，袭此行者谓之天子。"《孝经援神契》曰："天覆地载谓之天子，上法斗极。"可以看出，天子含义是感天而生，受命于天，贯通天地，效法天道。简单地说，天子就是天下共主。

唐玄宗《御注》云："爱亲者，不敢恶于人，博爱也；敬亲者，不敢慢于人，广敬也。爱敬尽于事亲，而德教加于百姓，刑于四海。刑，法也。君行博爱广敬之道，使人皆不慢恶其亲，则德教加被天下，当为四夷之所法则也。盖天子之孝也。"天子之孝以爱敬为主，体现为博爱广敬之道，并影响到普天之下，成为人们效法的道德准则。邢昺《疏》"博爱"和"广敬"云："博，大也。言君爱亲，又施德教于人，使人皆爱其亲，不敢有恶其父母者，是博爱也。""广亦大也。言君敬亲，又施德教于人，使人皆敬其亲，不敢有慢其父母者，是广敬也。"又疏唐玄宗《御注》云："天子岂唯因心内恕，克己复礼，自行爱敬而已，亦当设教施令，使天下之人不慢恶于其父母。如此，则至德要道之教，加被天下。亦当使四海蛮夷，慕化而法则之。此盖是天子之行孝也。"天子应当尽孝道，博爱广敬，感化世人。人无分种族，地无分中外，天子之孝，起的感化作用是遍布天下的。说明天子君临天下，人共仰之，其一言一行，都会为天下人所遵从与效法，成为人们行为的规范，所以其言行举止对天下人都起着引导作用，不可不慎重。《孝经援神契》云："天子孝曰就，言德被天下，泽及万物，始终成就，荣其祖考也。"

对于爱和敬的含义，邢昺《疏》引前人代表性解释，如沈宏云："亲至结心为爱，崇恪表迹为敬。"刘炫云："爱恶俱在于心，敬慢并见于貌。爱者隐惜而结于内，敬者严肃而形于外。"皇侃云："爱敬各有心迹，烝烝至惜，是为爱心。温凊搔摩，是为爱迹。肃肃怵栗，是为敬心。拜伏擎跪，是为敬迹。"旧说云："爱生于真，敬起自严。孝是真性，故先爱后敬也。"爱和敬常常联用，然含义不同，互为补充，相辅相成。

《礼记·祭义》："立爱自亲始，教民睦也；立敬自长始，教民顺也。教以慈睦而民贵有亲，教以敬长而民贵用命，孝以事亲，顺以听命，错诸天下，无所不行。"陈澔《礼记集说》注："此言爱敬二道，为齐家治国平天下之本。君自爱其亲以教民睦，则民皆贵于有亲；君自敬其长以教民顺，则民皆贵于用上命。爱敬尽于事亲事长，而德教加于百姓，举而措之而已。"陈澔把爱敬提到齐家治国平天下之本的高度，指出天子爱亲就是教民和睦相亲，敬长就是教民和顺用命。邱濬《大学衍义补》卷七九在此段文字下面加按语说："人君之爱其亲、敬其长，尽吾为人子、为人少之礼耳，而非欲人之贵有亲、贵用命而为之也，然而天下之人见吾爱吾之亲、敬吾之长，则曰以万乘之尊、四海之富犹且尽为人子之礼以爱其亲，尽为人少之礼以敬其长，况吾侪小人哉？于是咸知以爱亲为事而敬其贵，于是由己父之亲而推之，凡一家之亲不敢以不爱焉；咸知以敬长为事而用其命，于是由己兄之命而推之，凡在上之命无不顺焉，是则人君之爱敬行之于一家，自然有以错之于天下之大。此无他，以心感心，天下无异心；因化致化，天下无异化故也。"邱濬按语主要是对君主而言，君主如果能够爱亲敬长，以万乘之尊推之天下，以心感心，天下之人莫敢不爱其亲、敬其长，就能实现天下大化。

《古文孝经指解》司马光曰："爱、恭人者，惧辱亲也。然爱人，人亦爱之；恭人，人亦恭之。人爱之则莫不亲，人恭之则莫不服，以天子而行此道，则德教可以加于百姓，刑于四海矣。刑，法也。言皆以为法。"仁爱他人，恭敬他人，必然赢得他人的爱和敬。天子如果能够这样做，其德教可以加于百姓，范型于天下。《古文孝经指解》范祖禹曰："天子之孝，始于事亲，以及天下。爱亲则无不爱也，故不敢恶于人；敬亲则无不敬也，故不敢慢于人。天子之于天下也，不敢有所恶，亦不敢有所慢，则事亲之道，极其爱敬矣。刑之为言，法也。'德教加于百姓，刑于四海'者，皆以天子为法也。天子者，天下之表也，率天下以视一人。天子爱亲，则四海之内无不爱其亲者矣；天子敬亲，则四海之内无不敬其亲者矣。天子者，所以为法于四海也。《诗》曰：'群黎百姓，遍为尔德'，故孝始于一心，而教被于天下。庆在其一身，而亿兆无不赖之也。"天子是天下人的表率，由发自内心的孝亲之爱敬始，推及天下，四海之内无不爱敬其亲，其德教就泽被天下了。

项霈《孝经述注》解本章曰："君王身为百姓标准，尽人伦之至，可以建皇极，自然上行下效，使人人皆克爱敬其亲，即由己之不恶不慢，所推老吾老以及人之老，幼吾幼以及人之幼，此之谓也。"帝王应为万民典范，人伦之至，建中立极，由爱敬己亲推之天下百姓，就能天下大治。

黄道周《孝经集传·天子章》注云："天子者，立天之心。立天之心，则以天视其亲，以天下视其身；以天视亲，以天下视身，则恶慢之端无由而至也。故爱敬者，礼乐之本，中和之所由立也。恶人以恶其亲，慢人以慢其亲，则虽庶人不为也。……敬者，爱之实也。爱敬尽于事亲，而恶慢消于天下。恶慢不生，中和乃致，不言德教而德教尽于是。"黄道周《孝经集传·三才章》亦注云："父母天地，尊亲之合也。亲以致其爱，尊以致其敬。爱以去恶，敬以去慢，二者立而天下化之。"天子为天之子，以孝事天，为天立心，爱敬自己的亲人，消泯天下的恶慢，"不恶慢胼胝之士""不恶慢川虞林麓之士""不敢恶慢韦布麻枲之士""无有恶慢及于禽兽者""无有恶慢及于茕寡者"（《孝经集传·天子章传》），天子做到敬爱自己的父母以及天下之民，则中和吉祥，民心和顺，就不会有灾难和祸乱。传文部分还引《礼记·祭义》："立爱自亲始，教民睦也。立敬自长始，教民顺也。教以慈睦而民贵有亲，教以敬长而民贵用命。孝以事亲，顺以听命，错诸天下，无所不行。"并发挥道："《商书》曰：'立爱惟亲，立敬惟长。始于家邦，终于四海'，此爱敬之始教也，《记》曰'致爱则存，致悫则著。著存不忘乎心'，此爱敬之本事也。圣人而以性教天下，则舍爱敬何以矣？爱敬者，礼乐之所从出也。以礼乐导民，民有不知其源；以爱敬导民，民乃不沿其流。故爱敬者，德教之本也。舍爱敬而谈德教，是霸主之术，非明王之务也。"爱敬是教化的开端，源于心性，礼乐所从出，是德教之根本，王道之要务。

对于天子之孝，《吕氏春秋·孝行览》有与《孝经》类似的文字："人主孝，则名章荣，下服听，天下誉……笃谨孝道，先王之所以治天下也。故爱其亲，不敢恶人；敬其亲，不敢慢人。爱敬尽于事亲，光耀加于百姓，究于四海，此天子之孝也。"尽管这里未说明引自《孝经》，却与本章只有个别字不同，所以汪中《经义知新记》说"《孝行》《察微》二篇并引《孝经》"，应当是有道理的。

《春秋繁露·深察名号》亦云："号为天子者，宜视天如父，事天以孝道也。"苏舆注解释说："敬天、法祖、爱民，是谓天子之孝。"这一观点与《孝经》不同，强调敬天法祖。天子应以天为父，尽其孝敬。"敬天法祖"源于《礼记·郊特牲》"万物本乎天，人本乎祖，此所以配上帝也；郊之祭也，大报本反始也"，体现了中国人悠久的信仰传统。

天子行孝及其产生的社会效应就是孔子的"为政以德"，德风德草。《论语·为政》：子曰："为政以德，譬如北辰，居其所而众星共之。"古人认为北辰是天上最尊之星，是天之中枢，孔子以北辰象征天子居于万民共尊之位，以自己的圣德治理天下，使天下人人共尊仰。《论语·颜渊》：子曰："君子之德风，小人之德草，草上之风必偃。"上层的道德好比风，平民百姓的言行像草，风吹在草上，草一定顺着风的方向倒。用现在的话说就是官员的道德是风，老百姓的道德是草，草随风倒，官员对民众的影响很大。俗语说："楚王好细腰，楚人多饿死。"上层的喜好，必然影响下面的风气。上行下效，所以天子能否行孝就非常关键了。因此，天子当以爱敬之心事亲，然后把这种行为推广到普天之下的人民。

殷商时期高宗就是一位行天子之孝的典范。据《尚书·无逸》载，高宗"时旧劳于外，爰暨小人。作其即位，乃或亮阴，三年不言。其惟不言，言乃雍。不敢荒宁，嘉靖殷邦。至于小大，无时或怨"，是说高宗小时候曾在外行役，和小人一起劳作，直到他继承王位，并为其父居庐守丧，沉默寡言三年。由于群臣知君能尽孝，故高宗偶尔言谈时，大家都能和悦从之。对于《尚书》的记载，孔子的弟子子张读了不理解，就向孔子请教，《论语·宪问》记载，子张曰："《书》云：'高宗谅阴，三年不言。'何谓也？"子曰："何必高宗，古之人皆然。君薨，百官总己以听于冢宰，三年。"高宗即指武丁。高宗"谅阴"（一作"亮阴"），即高宗武丁因父死，居倚庐，守孝三年。武丁的父亲是商王小乙，他认为要保住先王创下的江山，必须重视对下一代的培养，所以他对武丁的培养很下功夫。小乙继位时，武丁已是二十岁左右的青年，为使武丁学到更多的本领，小乙派他到王都以外的地方上去。小乙死后，武丁虽然即位为商王，但是按照古代的传统，父亲死后儿子要守孝三年，叫"三年之丧"。为了表示是一心守孝，在这三年内商王不得过问朝中政事，凡是国政大事皆委托朝中的执政大臣来处理。武丁在这三年中也是照此古礼执行。他住在守丧的房子里，三年里，虽然"政事决定于冢宰"，不能直接过问朝中大事，但他也在"思复兴殷"，"以观国风"（《史记·殷本纪》），考虑怎样复兴商王朝和观察形势的变化。三年守孝期满，武丁告祭天地、祖宗后，来到朝廷接受百官的朝贺。三年之丧的丧礼历史久远，孔子认为这是孝道的体现。《礼记·三年问》云："三年之丧，人道之至文者也，夫是之谓至隆。是百王之所同，古今之所壹也，未有知其所由来者也。孔子曰：'子生三年，然后免于父母之怀；夫三年之丧，天下之达丧也。'"三年之丧是上古圣王传下来的通行的礼制，体现了孝子对父母养育之恩的感恩和回报。

周文王、武王也是天子行孝的典范。据《礼记·文王世子》记载：

> 文王之为世子，朝于王季，日三。鸡初鸣而衣服，至于寝门外，问内竖之御者曰："今日安否何如？"内竖曰："安。"文王乃喜。及日中，又至，亦如之。及莫（mù），又至，亦如之。其有不安节，则内竖以告文王，文王色忧，行不能正履。王季复膳，然后亦复初。

食上，必在，视寒暖之节；食下，问所膳。命膳宰曰："末有原！"
应曰："诺。"然后退。

《礼记》虽成书较晚，又经汉儒润色，但上段引文与《诗经·大雅·文王有声》记载的文王孝行相合，应该有所本，自应可信。文王对其父王季克尽孝道，一日三请安，嘘寒问暖，照料饮食，稍有不安，心神忧之，真可谓孝之至矣。实乃西周孝道观念形成于文王时代的证明。[①]文王为世子时，每天要拜见父亲三次。鸡刚叫的时候就起床，来到父亲的寝房外，问侍者："今天我父亲的身体安康吗？"侍者回答说："安康。"文王就高兴。到了正午又去请安，问话像前面一样。到了黄昏时分，又去拜见，仍然像前面一样询问。父亲身体欠安的时候，侍者一定会把详情告诉文王。文王听了，面有忧戚，走路脚步不稳，一定要等到父亲康复，走路的时候脚步才能恢复如常。文王给父亲进奉食物的时候，一定要先察看食物冷热，饭菜是否可口，然后才给父亲端上去。父亲进食后，他又一定要问父亲喜欢吃哪样菜，饭量是增加还是减少了，接着就告诉厨师，按父亲的要求精心准备。周文王这段孝父的故事，被称作"三时孝养""寝门视膳"。每天向父亲问安，检视父母的饭量，是子女应该做的事。周文王每天一定要三次拜见父亲，时间虽久也不懈怠。如果不是至诚至孝，怎么能够做到这一步？一日三次问安，看似日常生活中的小事，是很简单的事，可就是这么简单的事，我们有多少人能做得到呢？周文王的孝行，可谓天子之孝的典型。《礼记·哀公问》也说："爱与敬，其政之本与！"陈澔《礼记集说》注："爱敬之道，其始本于闺门之内，及扩而充之，其爱至于不敢恶于人，其敬至于不敢慢于人，而德教加于百姓，刑于四海，故曰'爱与敬，其政之本与'。"由对于父母的爱与敬，从家扩充到国，由国扩展到天下，为政以德，范型天下。

《诗经·大雅·文王有声》："筑城伊淢，作丰伊匹。匪棘其欲，遹追

---

① 王慎行：《论西周的孝道观》，《古文字与殷周文明》，陕西人民教育出版社 1992 年版，第 256—257 页。

来孝。王后烝哉！"郑玄《笺》曰："述追王季勤孝之行进其业也。"王引之《经义述闻》说："言追前世之善德也。前世之善德，故曰往孝。即所谓追孝于前文人也。""追孝"见于《尚书·文侯之命》："追孝于前文人。"《伪孔传》释"追孝"为"继先祖之志"。文王筑城池、建丰京，并非满足自己的欲望，而只是为了继先人之遗志，追前世之善德，以此致孝思。

周文王以孝著称，是仁君，以德治国，能够真正做到父子有亲、君臣有义、夫妇有别、长幼有序、朋友有信，自己成为天下人的表率，而且以德教化四海，《孟子·尽心上》称赞周文王以孝治天下，实行养老制度说："伯夷辟纣，居北海之滨，闻文王作，兴曰：'盍归乎来？吾闻西伯善养老者。'太公辟纣，居东海之滨，闻文王作，兴曰：'盍归乎来？吾闻西伯善养老者。'天下有善养老，则仁人以为己归矣。五亩之宅，树墙下以桑，匹妇蚕之，则老者足以衣帛矣。五母鸡，二母彘，无失其时，老者足以无失肉矣。百亩之田，匹夫耕之，八口之家足以无饥矣。所谓西伯善养老者，制其田里，教之树、畜，导其妻子，使养其老。五十非帛不暖，七十非肉不饱。不暖不饱，谓之冻馁。文王之民无冻馁之老者，此之谓也。"伯夷逃避纣王，住在北海边上，听到周文王兴起的讯息，说："为何不去归附他呢？我听说西伯善于赡养老人。"姜太公逃避纣王，住在东海边上，听到周文王兴起的讯息，说："为何不去归附他呢？我听说西伯善于赡养老人。"天下有善于赡养老人的人，那么愿意与人相互爱护的人就把他作为自己的归宿。有五亩地的人家，在墙下种植桑树，妇女养蚕，那么老人就可以穿上丝帛了。养五只母鸡，两头母猪，不耽误喂养时机，老人就可以吃上肉了。有百亩田地的人家，男子耕种，八口之家就足以吃饱饭了。所谓周文王善于赡养老人，就是他制定了田亩制度，教导人们种植桑树和畜养家禽，教诲百姓的妻子儿女使他们赡养老人。五十岁的老人不穿丝帛就不暖和，七十岁的老人不吃肉就不饱。吃不饱，穿不暖，叫作忍饥受冻。文王的百姓也没有忍饥受冻的老人，说的就是这个意思。《孟子·离娄上》说文王善于赡养老人的"文王之政"，七年之内就一定能够统一天下。事实上文王虽然自己未能统一天下，却开创了我国历史上最长的周朝的八百年基业，被后人称为圣人，是儒家心目中仁政王道的典范。

由于文王首树孝道楷模，其子周武王也继承了父亲的孝行，但不敢做得超过父亲。《礼记·文王世子》记载："武王帅而行之，不敢有加焉。文王有疾，武王不脱冠带而养。文王一饭，亦一饭；文王再饭，亦再饭。旬有二日乃间。"有一次文王病了，武王衣不解带，日夜在身边侍候。文王吃一口饭，武王也只吃一口饭；文王吃两口饭，武王也吃两口饭。一直过了十二天，文王痊愈，武王才松了一口气。后来周成王，尤其是摄政的周公，都奉行周文王的孝养制度，形成了周王朝以孝治天下的传统。《中庸》云："武王、周公，其达孝矣乎！夫孝者，善继人之志，善述人之事者也。春秋，修其祖庙，陈其宗器，设其裳衣，荐其时食。宗庙之礼，所以序昭穆也。序爵，所以辨贵贱也。序事，所以辨贤也。旅酬下为上，所以逮贱也。燕毛，所以序齿也。践其位，行其礼，奏其乐，敬其所尊，爱其所亲，事死如事生，事亡如事存，孝之至也。郊社之礼，所以事上帝也。宗庙之礼，所以祀乎其先也。明乎郊社之礼、禘尝之义，治国其如示诸掌乎！"武王、周公通达、懂得孝道，善于继承父母祖先的遗志，善于发扬光大父母祖先的道德功业，更主要的是制订礼仪，通过礼仪来实践孝道，以孝治国。《诗经·大雅·下武》称赞周武王："下武维周，世有哲王。三后在天，王配于京。王配于京，世德作求。永言配命，成王之孚。成王之孚，下土之式。永言孝思，孝思维则。媚兹一人，应侯顺德。永言孝思，昭哉嗣服。"《毛诗序》云："《下武》，继文也，武王有圣德，复受天命，能昭先人之功焉。"郑玄《笺》云："继文者，继文王之王业而成之。"孔颖达《疏》云："皆言武王益有明智，配先人之道，成其孝思，继嗣祖考之迹，皆是继文能昭先人之功焉。经云'三后在天，王配于京'，则武王所继，自大王、王季皆是矣。"陈奂《诗毛氏传疏》补充说明："文，文德也。文王以上，世有文德，武王继之，是之谓继文。"对于"永言孝思，昭哉嗣服"，郑玄《笺》云："长我孝心之所思。所思者，其维则三后之所行。子孙以顺祖考为孝。"孔颖达《疏》云："武王自言，长我孝心之所思者，此事显明哉。武王实能嗣行祖考之事，伐纣定天下，是能嗣祖考也。"朱熹《诗集传》亦云："言武王所以能成王者之信，而为四方之法者，以其长言孝思而不忘，是以其孝可为法耳。若有时而忘之，则其孝者伪耳，何足法哉？"武王继承曾祖太王、祖父王季、父亲文王的事业，发扬光大先王的德行，一怒安天下，建立周王朝，成就王者之业，其动力源于对先王的孝思，希望子孙后代能够将孝道传承不断。

周成王也是天子孝道的楷模。《诗经·周颂·闵予小子》讲："於乎皇考，永世克孝，念兹皇祖，陟降庭止；维予小子，夙夜敬止，於乎皇王，继序思不忘。"诗大概作于周成王三年（前1113），是周成王除武王之丧，将要执政时，朝拜于祖庙，祭告其父王周武王和祖父周文王的诗。《毛诗序》云："《闵予小子》，嗣王朝于庙也。"郑玄《笺》云："嗣王者，谓成王也。除武王之丧，将始即政，朝于庙也。"对于"於乎皇考，永世克孝"，郑玄《笺》云："於乎我君考武王，长世能孝，谓能以孝行为子孙法度，使长见行也。"孔颖达《疏》云："武王身为孝子耳，而云长世，是其孝之法可后世长行，故知谓以孝行为子孙法度，使长见行之也。"嗣王朝庙，通常是向祖先神灵祷告，表白心迹，祈求保佑，同时也有对臣民的宣导作用。成王继位之时，年龄幼小，应该还不能明白自己的处境，而为之辅政的周公对此则有清醒的认识。因此，尽管《闵予小子》看似成王以第一人称而作的自述，其实真正的作者应是辅助成王的周公。该诗的主旨是赞美周成王能尽孝道。《诗经·大雅·既醉》是成王祭祀武王的诗，其中有四句："威仪孔时，君子有孝子。孝子不匮，永锡尔类。"郑玄《笺》云："言成王之臣威仪甚得其宜，皆君子之人，有孝子之行。……孝子之行，非有竭极之时，长以与女之族类，谓广之以教道天下也。"孔颖达《疏》云："成王之臣既相摄佐以威仪，故威仪甚得其适时之中，皆为君子之人，皆有孝子之行。既有孝子之行，又不有竭极之时，能以孝道转相教化，则天长赐汝王以善道矣。"宋代严粲《诗缉》："此诗成王祭毕而燕（宴）臣也。"该诗通篇都是祝福词，描述周代统治者祭祀祖先，祝官代表神尸对主祭者成王传达神灵旨意，表示祝福，祭祀完毕，成王和诸侯尽情宴饮。其中以"孝"作为应有的美德来赞美成王，成王有孝子之行，通过祭祀武王，以孝道教化后代，使孝子贤孙世世代代永相继，永受上天赐福！

诸侯章第三

【原文】

在上不骄①，高而不危；制节谨度②，满而不溢③。高而不危，所以长守贵也。满而不溢，所以长守富也。富贵不离其身，然后能保其社稷④，而和其民人。盖诸侯之孝也。《诗》云："战战兢兢，如临深渊，如履薄冰。"⑤

【注释】

① 骄：唐玄宗《御注》："无礼为骄。"

② 制节谨度：唐玄宗《御注》："费用约俭谓之制节，慎行礼法谓之谨度。"邢昺《疏》进一步解释说："谓费国之财以供己用，每事俭约，不为华侈，则《论语》'道千乘之国，云节用而爱人'是也。……言不可奢僭，当须慎行礼法，无所乖越，动合典章。"就是说，制节指费用开支节省俭约，谨度指谨慎推行礼法制度。

③ 满：指财富充足。溢：唐玄宗《御注》："奢泰为溢"，指超出用度的奢侈、浪费。

④ 社稷：指土地和五谷之神。古代帝王、诸侯为了祈求国事太平，五谷丰登，每年都要到郊外祭祀土地和五谷神，社稷因此也就成了国家的象征，后来人们就用"社稷"来代表国家。

⑤ "战战兢兢"三句：语出《诗经·小雅·小旻》。唐玄宗《御注》："战战，恐惧。兢兢，戒慎。临深恐坠，履薄恐陷，义取为君恒须戒慎。"如：好像。临：来到，面临。深渊：深水潭。履：踩踏，走在上面。薄冰：脆薄的冰面。就像处于深

渊边缘一样，就像在薄冰上行走一般。比喻警惧小心，做事非常谨慎。

【译文】

身居高位而不骄傲自大，即使高高在上也不会有危险；费用开支节省俭约，谨慎推行财政用度，尽管财富充裕也不会奢侈浪费。高高在上而不会有危险，这样就能长保尊贵地位。财富充裕而不奢侈浪费，这样就能长保富足不匮。财富与地位能够长期保持，然后才能保住自己的国家，进而使自己的人民和睦相处。这就是诸侯的孝道。《诗经》里说："因害怕而微微发抖，就像处于深渊边缘一样，就像在薄冰上行走一般。"

【解读】

本章言诸侯行孝之方。《白虎通·爵》："侯者，候也。候逆顺也。"《春秋说》云："侯之言候，候逆顺，兼伺候王命矣。"《周易·比卦·象传》："先王以建万国，亲诸侯。"《春秋繁露·深察名号》："号为诸侯者，宜谨视所候奉之天子也。"诸侯是天子所分封的各国的国君。西周开国时，周天子曾依据亲疏远近与功勋大小分封诸侯，有公、侯、伯、子、男五等爵位，他们是天子的臣属，却居各国之尊，在其统辖区域内世代掌握军政大权，但按礼制要服从王命，定期向周天子朝贡述职，并有出军赋和服役的义务。诸侯是地位仅次于天子、高于卿大夫的一级贵族阶层，是天子政令的实施者，诸侯的品行也直接关系到国家的安危。秦王政统一六国，自称始皇帝，废弃分封诸侯制度，而把天下分为郡、县，由朝廷任官治理。汉代以后历代统治者都对皇亲国戚、殊勋大臣进行封王，类似于周的诸侯。

《群书治要》郑注云："诸侯在民上，故言在上。敬上爱下，谓之不骄。故居高位而不危殆也。费用俭约，谓之制节。奉行天子法度，谓之谨度。故能守法而不骄逸也。无礼为骄，奢泰为溢。"郑注较全面，他解释"不骄"是敬上爱下，上下都照顾到了，但有些空泛。

唐玄宗《御注》："诸侯，列国之君，贵在人上，可谓高矣。而能不骄，则免危也。费用约俭谓之制节，慎行礼法谓之谨度。无礼为骄，奢泰为溢。列国皆有社稷，其君主而祭之。言富贵常在其身，则长为社稷之主，而人自和平也。"邢昺《疏》云："夫子前述天子行孝之事已毕，次明诸侯行孝也。言诸侯在一国臣人之上，其位高矣。高者危惧。若不能以贵自骄，则虽处高位，终不至于倾危也。积一国之赋税，其府库充满矣。若制立节限，慎守法度，则虽充满而不至盈溢也。满谓充实，溢谓奢侈。《书》称'位不期骄，禄不期侈'，是知贵不与骄期而骄自至，富不与侈期而侈自来。言诸侯贵为一国人主，富有一国之财，故宜戒之也。又覆述不危不溢之义，言居高位而不倾危，所以常守其贵；财货充满而不盈溢，所以长守其富。使富贵长久，不去离其身，然后乃能安其国之社稷，而协和所统之臣人。谓社稷以此安，臣人以此和也。言此上所陈，盖是诸侯之行孝也。"邢昺还引皇侃云："在上不骄以戒贵，应云居财不奢以戒富。若云制节谨度以戒富，亦应云制节谨身以戒贵。此不例者，互其文也。"诸侯作为一方之君，身居高位，掌握权力，衣食无忧，上有天子，下有人民，职责甚重。但是，诸侯最大的问题就是往往容易野心膨胀，不满足于自己的地位，觊觎皇权，尾大不掉，与中央抗衡，成为危及朝廷的力量。所以，这一章针对诸侯劝孝，强调诸侯的处世之道就是要克制欲望，谦虚谨慎，不骄不躁，兢兢业业，如临深渊、如履薄冰地做人，如果做到了以上几点，就会取得百姓的支持和认同，同时也就能长久地保住自己的富贵，进而保住社稷、庇护人民，从而可以保住自己的国家，进而使自己的人民和睦相处。正如《大戴礼记·曾子立事》所云："居上位而不淫，临事而栗者，鲜不济矣。……诸侯日旦思其四封之内，战战唯恐失损之。"居于高位而做事不过分，遇事谨慎的人，很少有不成功的。诸侯每天都在考虑封国内的事，战战兢兢只怕失去封国和减少疆土。

《孝经援神契》云："诸侯孝曰度，度者法也。诸侯居国，能奉天子法度，得不危溢，则其亲获安，故曰度也。"

《礼记·祭义》也说："祀乎明堂，所以教诸侯之孝也。"郑玄注："祀乎明堂，宗祀文王"，原本是说周公在明堂（帝王宣明政教、举行大典的地方）

祭祀祖宗周文王，将其与上天相配，同受祭祀，是诸侯之孝的体现。

《白虎通·社稷》云："王者所以有社稷何？为天下求福报功。人非土不立，非谷不食。土地广博，不可遍敬也；五谷众多，不可一一祭也。故封土立社，示有土尊。稷，五谷之长，故封稷而祭之也。"这是对本章"然后能保其社稷，而和其民人"的注解。

《古文孝经指解》司马光曰："高而危者，以骄也。满为溢者，以奢也。制节，制财用之节。谨度，不越法度。能保社稷，孝莫大焉。"诸侯不应骄奢，而应节制财用，不越法度，保护社稷，是诸侯的大孝。《古文孝经指解》范祖禹曰："国君之位，可谓高矣。有千乘之国，可谓满矣。在上位而不骄，故虽高而不危。制节而能约，谨度而不过，故虽满而不溢。贵者易骄，骄则必危；富者易盈，盈则必覆。故圣人戒之。贵而不骄，则能保其贵矣；富而不奢，则能保其富矣。国君不可以失其位，惟勤于德，则富贵不离其身，故能保其社稷，和其民人。所受于天子先君者也，能保之则为孝矣。《诗》云：'战战兢兢，如临深渊，如履薄冰'，言处富贵者，持身当如此戒慎之至也。夫位愈大者守愈约，民愈众者治愈简。《中庸》曰：'君子笃恭而天下平'，故天子以事亲为孝，诸侯以守位为孝。事亲而天下莫不孝，守位而后社稷可保，民人乃和。"范祖禹主要从富贵角度解读诸侯国君容易自满和骄纵，要保其富贵长久，就要制节能约，谨度不过，贵不骄，富不奢，才能保社稷和民人。并比较天子与诸侯之孝："天子以事亲为孝，诸侯以守位为孝。"

黄道周在《孝经集传·诸侯章》引儒家经典，作了许多发挥，认为诸侯之孝首先强调谨节："诸侯受命于天子，天子受命于天，故天子之于天，诸侯之于天子，其事之皆如子之事亲也。……夫以天子不敢恶慢于人，以诸侯而骄溢则祸适随之矣。诸侯之有耕藉、蚕桑、泮宫、庠序、宗庙、社稷、人民，道皆侔于天子，其稍杀者，谨节之耳。诸侯而不谨节，犹支庶子之僭滥于祖父也。《商颂》曰：'不僭不滥，不敢怠遑'，是则庶乎可言敬爱者矣。"他比较天子与诸侯有很多相同之处，但诸侯比起天子要注意的是谨慎节制。在传文部分，他认为"为诸侯而僭天子……恶慢长而爱敬衰"，不节俭费用，不慎行礼法，即是恶慢。恶慢就是不爱不敬，不爱不敬的诸侯就容易犯上作乱。因此，诸侯要谨守礼法，以敬爱侍奉天子，以敬爱报效社稷和人民，百姓才能安居乐业，国家才能长治久安。他引《孟子·尽心下》"诸侯之宝三：土地、人民、政事。宝珠玉者，殃必及身"，指出"土地、人民、政事则天子先君之遗也，珠玉则非天子先君之遗也。虽遗之，而爱敬之义不在也"。对天子、先君遗留的土地、人民、政事要保护、传承，对于珠玉，即使是遗产，也没有爱敬之义，当然不必过于珍爱，不然灾祸就在前面。黄道周《孝经集传·诸侯章》传文部分引《孟子·梁惠王上》："万乘之国弑其君者，必千乘之家；千乘之国弑其君者，必百乘之家。万取千焉，千取百焉，不为不多矣。苟为后义而先利，不夺不餍。未有仁而遗其亲者也，未有义而后其君者也。"认为爱敬本质上就是仁义："仁者爱之质也，义者敬之质也。重仁义而轻富贵，则忧敬之心殷；重富贵而轻仁义，则弑逆之祸著矣。""天下之畔乱，则皆富贵之过也。见夫茹蔬蹑跷而与篡弑者凡几哉？富贵而后骄溢，骄溢而后坏坊。"诸侯如果不能重仁义而轻富贵，而是反之重富贵而轻仁义，就会骄奢淫逸，犯上作乱，导致弑逆之祸，国破身亡。他又引《礼记·表记》："下之事上也，虽有庇民之大德，不敢有君民之心，仁之厚也。是故君子恭俭以求役仁，信让以求役礼，不自尚其事，不自尊其身，俭于位而寡于欲，让于贤，卑己而尊人，小心而畏义，求以事君，得之自是，不得自是，以听天命。《诗》云：'莫莫葛藟，施于条枚；凯弟君子，求福不回。'其舜、禹、文王、周公之谓与？有君民之大德，有事君之小心。"然后评述道："舜、禹、文王、周公则可以为孝矣。如舜、禹、文王、周公之孝，则可为诸侯师矣。"

古代诸侯之孝的典范是周公。关于周公是否称王，历来有争议，笔者赞同周公摄政辅助成王，未曾称王。周公姓姬名旦，周文王姬昌第四子，周武王姬发之弟。周文王姬昌在世时，周公非常孝顺，忠厚仁爱，胜过其他兄弟。《史记·鲁周公世家》说："自文王在时，旦为子孝，笃仁，异于群子。"周公在孝敬父母方面做得很出色，同时对孝道、孝治也有深刻的认识，提出"孝养厥父母"与"子弗祗服厥父事"，只有既照料好父母的生活，又能继承其事业，才算得上完整的孝道。到姬发即位，周公旦佐助辅弼姬发，是武王最为得力的助手，无论军国大事，还是其他疑难小事，武王总会与周公商讨。

据《逸周书·度邑解》载，周武王临终前对周公说："'旦，汝维朕达弟，予有使汝，汝播食不遑食，矧其有乃室。今维天使子，惟二神授朕灵期，予未致，予休，予近怀子。朕室汝，维幼子大有知。昔皇祖底于今，勋厥遗，得显义，告期付于朕身，肆若农服田，饥以望获。予有不显。朕卑皇祖不得高位于上帝。汝幼子庚厥心，庶乃来班，朕大肆环兹于有虞，意乃怀厥妻子，德不可追于上民，亦不可答于朕，下不宾在高祖，维天不嘉于降来省，汝其可瘳于兹，乃今我兄弟相后，我筮龟其何所即。今用建庶建。'叔旦恐，泣涕其手。"武王称赞周公为"大有知"，认为只有周公"可瘳于兹"，可以稳定周朝初年的政局，因而主张"乃今我兄弟相后"，兄死由弟来继承王位。当武王说出自己的这种想法后，周公顿时诚惶诚恐，"泣涕其手"，表示不能接受。武王去世，成王尚在襁褓之中。于是周公就代替其处理政务，主持国家大权。《左传·僖公二十六年》称，周公曾"股肱周室，夹辅成王"；《史记·周本纪》中也记载，当时因为天下初定，成王年少，"周公……乃摄行政，当国"。可见，周公在当时只是"夹辅"或"摄（代为）行政"，周公没称王，天子是周成王。周公辅佐成王，他相当于后世的摄政王。

《尚书·金滕》载："管叔及其群弟乃流言于国曰：'公将不利于孺子。'周公乃告二公曰：'我之弗辟，我无以告我先王。'周公居东二年，则罪人斯得。于后，公乃为诗以贻王，名之曰《鸱鸮》。王亦未敢诮公。秋，大熟，未获，天大雷电以风，禾尽偃，大木斯拔，邦人大恐。王与大夫尽弁以启金滕之书，乃得周公所自以为功代武王之说。二公及王乃问诸史与百执事。对曰：'信。噫！公命我勿敢言。'王执书以泣，曰：'其勿穆卜！昔公勤劳王家，惟予冲人弗及知。今天动威以彰周公之德，惟朕小子其新逆，我国家礼亦宜之。'"管叔和他的弟子们在国中散布流言说："周公将对成王不利。"武王重病，弟弟周公旦去宗庙向祖先恳求，希望自己代替武王去死。按照礼仪，留下祝辞，藏于金縢，秘不得启。后来武王之子成王即位，各种关于周公旦要对成王不利的流言四起。成王也逐渐不信任自己的叔叔。直到有天大风四起，刮倒了王邑的庄稼，成王以为是天谴，十分害怕，跑到宗庙去求问祖先。他打开金縢一看，发现了叔叔的那封祝辞，于是明白了周公的忠诚。又，据《史记·鲁周公世家》载："周公乃告太公望、召公奭曰：'我之所以弗辟而摄行政者，恐天下畔周，无以告我先王太王、王季、文王。三王之忧劳天下久矣，于今而后成。武王蚤终，成王少，将以成周，我所以为之若此。'于是卒相成王，而使其子伯禽代就封于鲁。"周公也向太公望、召公奭解释说：武王早逝，成王年幼，只是为了完成稳定周朝之大业，我才这样做。周公摄政，小心谨慎，丝毫不觊觎王位。当时，西周天下很不稳定，周公和召公遂决定分陕而治。《史记·燕召公世家》中记载，成王即位后，"自陕以西，召公主之；自陕以东，周公主之"。这样，周公就可以把主要精力用于防备殷商遗民的反叛，稳定东部新拓展的领地；而召公进一步开发黄河中游地区的农业生产，建立巩固的经济后方，为周王朝进一步开拓疆土解除后顾之忧。后来，管叔、蔡叔勾结纣王的儿子武庚，并联合东夷部族反叛周朝。周公乃奉成王之命，举兵东征，顺利讨平三监的叛乱，诛斩管叔，杀掉武庚，流放蔡叔，收伏殷之遗民，封弟弟康叔于卫，封纣王庶兄微子于宋，让他奉行殷之祭祀。周公讨平管蔡之后，乘胜向东方进军，灭掉了伙同武庚叛乱的奄国，分封周公长子伯禽于奄国故土，沿用周公初封地"鲁"称号建立鲁国。平叛以后，为了加强对东方的控制，周公正式建议周成王把国都迁到成周洛邑（今洛阳），同时把在战争中俘获的大批商朝贵族即"殷顽民"迁居洛邑，派召公在洛邑驻兵八师，对他们加强监督。建都洛邑后，周公开始实行封邦建国的方针。他先后建置七十一个封国，把武王十五个兄弟和十六个功臣，分封到封国去做诸侯，以此作为捍卫周王室的屏藩。另外在封国内普遍推行井田制，将土地统一规划，巩固和加强了周王朝的经济基础。

周公摄政六年，成王长大，他决定还政于成王。在还政前，周公作《无逸》，以殷商的灭亡为前车之鉴，告诫成王要先知"稼穑之艰难"，不要纵情于声色、安逸、游玩和田猎。然后还政成王，北面就臣位。周公退位后，把主要精力用于制礼作乐，继续完善各种典章法规。《孝经·圣治章》载："昔者周公郊祀后稷以配天，宗祀文王于明堂，以配上帝。"周公在郊外祭祀的时候把先祖后稷配祀上天；在明堂祭祀，又把父亲文王配祀上天，这就是孝道的体现。周公制礼作乐第二年，也就是周公摄政的第七年，他把王位彻底交给了成王。《尚书·召诰》《尚书·洛诰》中周公和成王的对话，大概是在举行周公退位、成王视事的仪式上史官记下的。周公在国家危难的时候，不避艰辛挺身而出，担当起王的重任；当国家转危为安，顺利发展的时候，毅然交还了王位，这种精神被后代称颂，他被孔子视为圣人，被尊为儒学奠基人。总之，周公继承父兄的遗志，辅佐成王，东征平叛，制礼作乐，巩固了西周政权，为周王朝八百年基业奠定了基础。

秦汉以后的诸侯王中如献王刘德（前？—前130），是汉景帝第三子。汉景帝前元二年（前155）春三月，刘德以皇子身份受封河间王，同时被封的还有临江王刘阏、淮阳王刘馀、汝南王刘非、广川王刘彭祖、长沙王刘发。此时景帝第九子刘彻，即后来的汉武帝，才于头年（前156年）出生。刘德到达河间国的第二年，发生了七王之乱。这年刘德进京来朝，可能就是为商议国事，后来河间国太傅卫绾率河间兵参加了平叛战争，说明献王还是拥护中央王朝的。班固《汉书·叙传》云："（汉）景十三王，承文之庆。鲁恭馆室、江都诇轻、赵敬险诐、中山淫嚚、长沙寂寞、广川亡声、胶东不亮、常山骄盈。四国绝祀，河间贤明，礼乐是修，为汉宗英。"汉景帝刘启分封的十三位诸侯王中，鲁恭王刘馀（七国之乱平定后，由淮阳王改封鲁王）好修建宫室楼台，江都王刘非（七国叛乱，平叛有功，徙江都王）轻浮傲慢，赵王刘彭祖（前154年改封赵王）阴险狡诈，中山王刘胜淫秽好乐，长沙王刘发寂寞无才，广川王刘越无声无息，胶东王刘寄隐晦愚暗，常山王刘舜骄傲自大，有四国诸侯因行为不法而遭诛绝祀，只有河间献王刘德非常贤明，修习礼乐，成为皇室中的精英。班固《汉书·景十三王传赞》亦云："汉兴，至于孝平，诸侯王以百数，率多骄淫失道。何则？沉溺放恣之中，居势使然也。……夫唯大雅，卓尔不群，河间献王近之矣。"并称献王刘德"有雅材"，"修学好古，实事求是"。可见汉景帝所封的十三位诸侯王之中，唯独河间献王刘德志趣高雅，德才超群，为汉朝宗室之英杰、诸侯藩王之楷模。

可惜历史没有给他施展才华、平治天下的机遇，南朝宋裴骃《史记集解·五宗世家》记载："孝武帝时，献王朝，被服造次必于仁义。问以五策，献王辄对无穷。孝武帝觬然难之，谓献王曰：'汤以七十里、文王百里，王其勉之。'（献）王知其意，归即纵酒听乐，因以终。"汉武帝的意思是：殷商汤王和周文王姬昌，是方圆七十里与百里的小国之王，以德服人，由小而大，由弱而强，最后水到渠成，他们成为夺取天下的古代圣王。汉武帝这样告诫献王，意思很清楚：你刘德莫不是要像商汤王、周文王那样积累德行（仁义），有朝一日，众望所归，取代我成为天子吗？他明白武帝的意思，但对一心复兴儒学，希望汉朝昌盛的河间献王来说，汉武帝之言无疑是迎头一盆冷水，使他心理、精神上受到致命打击。也许正因为汉武帝对献王的怀疑，献王所献书籍被朝廷有意藏之秘府而未发挥作用，所献雅乐也仅仅让乐官演习，但并未被朝廷常礼所用。献王的命运也似乎自此有了悲剧的结局：他心灰意冷，回到封国后，只好纵酒听乐，做给朝廷看：我没有觊觎王位的野心；但同时，自我麻痹，自我虐残，四个月后，命归黄泉，享年不足五十岁！他死后中尉常丽禀报朝廷说："王身端行治，温仁恭俭，笃敬爱下，明知深察，惠于鳏寡。"河间王以其身端正来治理其国，温良仁爱、恭谦节俭，笃厚孝敬、爱怜下人，明智深察，鳏寡之人无不受其恩惠。大行令上奏说：谥法说"聪明睿智曰献"，因而被谥"献"王。北宋王安石《河间》诗云："北行出河间，千岁想贤王。胡麻生蓬中，诘曲终自伤。好德尚如此，恃材宜见戕。乃知阴自修，彼不为倾商。区区三世家，庙册富文章。教子以空言，得祚果不良。"河间献王刘德恬然而终，比起刘濞（吴）、刘戊（楚）、刘长（淮南）、刘安（淮南），是个不错的结局；比起失败的刘武（汉景帝弟、梁王）、刘荣（刘彻兄、栗太子）、刘据（刘彻子、卫太子）无疑也是幸运的；比起做富家翁有着一百多个儿子的刘胜（中山靖王、刘彻兄）的酒色财气也许更有意义。总之，献王可以说是诸侯之孝的代表之一。

另外一位是东平宪王刘苍。刘苍（？—83），东汉光武帝刘秀之子，汉明帝刘庄同母弟。东平宪王刘苍容貌俊美，学识丰富，长期参与朝政却无一丝觊觎之心，同时还仁慈敦厚，心怀百姓，在光武帝刘秀的十个藩王中可以说是最优秀杰出的，是诸侯之孝的代表之一。《后汉书·光武十王传》云："东平宪王苍，建武十五年封东平公，十七年进爵为王。苍少好经书，雅有智思，为人美须髯，要带八围，显宗甚爱重之。及即位，拜为骠骑将军，置长史掾史员四十人，位在三公上。"刘苍自幼便喜好读经书，博学多才，智慧颇高。他的眉毛胡须很美，腰带长八圈，汉明帝刘庄做太子时，便对这位弟弟非常钦佩，继位称帝后，对刘苍更加器重。永平元年（58），东平王刘苍被任命为骠骑将军，留在京师辅政，位在三公之上，从未有过僭越之举。当时，距光武中兴已经三十多年，四方无事，刘苍认为天下太平，应该制定礼乐制度，遂上疏陈述，于是和公卿大臣共同拟定了南北郊冠祀和冠冕车服等一整套礼乐制度，还有光武庙登歌、八佾之舞，这些都记载在《礼乐》《舆服志》中。对汉明帝一些不合礼法的行为，刘苍也及时忠言劝谏。永平四年（61），汉明帝外出观看城市宅第，不久就传来将要去河内打猎的消息，刘苍立马上疏劝谏明帝："臣闻时令，盛春农事，不聚众兴功……动不以礼，非所以示四方也。"（《后汉书·光武十王传》）刘苍认为汉明帝此举不合时宜，劳民伤财，明帝听取了刘苍的意见，立马回宫。汉明帝在刘苍的辅佐下，国家治理得颇有起色，为后来的"明章之治"打下了一定基础。刘苍虽位居一人之下、万民之上的尊贵地位，但为人忠厚，毫无骄纵之意，但因辅政期间"多所隆益"，"自以至亲辅政，声望日重，意不自安"（《后汉书·光武十王传》），便上奏请求辞去辅政之职，出居所封东平王属地。明帝没有同意且仍优待他。此后他多次陈述乞求，语辞十分恳切。永平五年（62），明帝才同意他回封国，但不同意他上交将军印及绶带。永平十一年（68），刘苍与诸王到京师朝拜。一个多月后，回到封国。明帝亲自送他走后回到宫中，心中难过且很思念刘苍，于是便派使者带着诏书告诉国中傅（官名）说："辞别之后，独坐不乐，因就车归，伏轼而吟，瞻望永怀，实劳我心，诵及《采菽》，以增叹息。日者问东平王处家何等最乐，王言为善最乐，其言甚大，副是要腹矣。"告别之后，我独自坐在朝中闷闷不乐，便坐车回宫，伏在车驾扶手上吟诵，眺望远方，无限怀念，我心中感到劳苦，背诵到《采菽》时，更增加了感叹。以前我问东平王在家中做什么事最快乐，东平王说做善事最快乐，这话太伟大了，符合他的胸怀。汉章帝刘炟继位之后，对刘苍的尊重和恩宠大大超过了前代，没有诸侯王能和他相比。刘苍虽不在朝廷辅政，仍非常关心国家大事。建初元年（76），发生地震，刘苍上对策给汉章帝，章帝留中不发，并回复刘苍说："朕亲自览读，反覆数周，心开目明，旷然发矇……思惟嘉谋，以次奉行，冀蒙福应。"（《后汉书·光武十王传》）对于刘苍所建议的三件事，他亲自观看阅读，反复考虑多次，心胸开阔眼睛明亮，就像盲人突然见到了光明，表示会思考这样的好主意，按照顺序执行，希望能蒙受好的应和。每当朝中遇到大事之时，他都会派遣使者向刘苍请教。"自是朝廷每有疑政，辄驿使咨问。苍悉心以对，皆见纳用。"建初六年（81）冬，刘苍上书请求朝见。第二年正月，章帝同意了，并特地赐服装及钱一千五百万，其余诸王各一千万。章帝因刘苍要冒风霜雨雪而来，因此派谒者赐给他貂皮大衣，以及太官食物珍果，派大鸿胪窦固持节在郊外迎接。而章帝则亲自到刘苍下榻处巡视，事先准备帷幕床铺，至于钱、丝绸、器物没有不准备充分的。刘苍因所受恩赐超过礼仪，心中感到不安，便上疏辞谢说："臣闻贵有常尊，贱有等威，卑高列序，上下以理。陛下至德广施，慈爱骨肉，既赐奉朝请，咫尺天仪，而亲屈至尊，降礼下臣，每赐宴见，辄兴席改容，中宫亲拜，事过典故，臣惶怖战栗，诚不自安。"（《后汉书·光武十王传》）我听说地位显贵之人有永久的尊严，地位低贱的人也有等级的威仪，高低按顺序排列，上下关系得到治理。陛下德重广施，爱护骨肉亲人，已经恩赐我奉命朝见，天颜近在咫尺，却委屈至尊，对下臣降礼相迎，每次赏赐宴席相见，便起身改变仪容，容许臣在中宫拜见，事情超出了从前的典制故事。臣惊慌害怕，心中实在不安。章帝看过奏章后十分感叹，更加褒奖看重他，刘苍更加受到信赖。刘苍去世后章帝下策说："咨王丕显，勤劳王室，亲受策命，昭于前世。出作蕃辅，克慎明德，率礼不越，傅闻在下。昊天不吊，不报上仁，俾屏余一人，夙夜茕茕，靡有所终。"（《后汉书·光武十王传》）宪王宏大显赫，为王室辛勤工作，先帝亲自策命，在前代便已明显。出京城作藩王辅助国家，小心谨慎彰明德行，遵循礼制而不违背，在百姓中有着好的名望。上天不善，不报答有上等仁德之人，使我只剩下一个人，日夜孤孤单单，没有终时。范晔在《后汉书·光武十王传》最后赞扬刘苍说："孔子称'贫而无谄，富而无骄，未若贫而乐，富而好礼者也'。若东平宪王，可谓好礼者也。若其辞至戚，去母后，岂欲苟立名行而忘亲遗义哉！盖位疑则隙生，累近则丧大，斯盖明哲之所为叹息。呜呼！远隙以全忠，释累以成孝，夫岂宪王之志哉！"孔子说"贫困而不谄媚，富贵而不骄傲，不如贫困却快乐，富贵而爱好礼义"。像东平宪王刘苍，可以说是爱好礼义的人了。像他那样辞别至亲之人，离开母后，怎会想要苟且树立名节操行而忘记亲情遗忘义理呢！因为地位高引起皇帝的疑心，隔阂就会产生。欲望太大便会丧失更多，这大概便是明哲之人所为之感叹的缘故吧。唉！远离隔阂以保全忠君之道，消除贪欲以成就孝道，这不正是东平宪王刘苍的心志吗！

卿大夫章第四

【原文】

非先王之法服不敢服^①，非先王之法言不敢道^②，非先王之德行不敢行^③。是故非法不言^④，非道不行^⑤；口无择言，身无择行^⑥。言满天下无口过^⑦，行满天下无怨恶。三者备矣^⑧，然后能守其宗庙^⑨。盖卿、大夫之孝也。《诗》云："夙夜匪懈，以事一人。"^⑩

【注释】

① 法服：指古代先王按照礼制规定的服装，其式样、颜色、花纹（图案）、质料等根据不同等级、不同身份而有不同的规定。唐玄宗《御注》："服者，身之表也。先王制五服，各有等差。言卿大夫遵守礼法，不敢僭上逼下。"邢昺《疏》云："'僭上'谓服饰过制，僭拟于上也；'逼下'谓服饰俭固，逼迫于下也。"

② 法言：唐玄宗《御注》："法言，谓礼法之言"，指古代先王规定的礼法之言。

③ 德行：唐玄宗《御注》："德行，谓道德之行"，指古代先王制定的行为准则。

④ 非法不言：不合礼法之言不说，言必守法。

⑤ 非道不行：不合道德之事不做，行必循道。

⑥ 择：通"殬"（dù）。败坏；不合法度。择言、择行：指不合法度之言、不合法度之行。也有把"择"解释为选择的。

⑦ 满：充满，遍布。口过：言语的过失。

⑧ 三者：指服、言、行，即法服、法言、德行。备：完备、齐备。

⑨ 宗庙：天子或诸侯祭祀祖先的处所。

⑩ "夙夜"二句：语出《诗经·大雅·烝民》。夙（sù）：早。匪：通"非"，不。懈：懈怠、怠惰。一人，指周天子。原诗赞美周宣王的卿大夫仲山甫，从早到晚，毫无懈怠，尽心竭力地奉事宣王一人。

【译文】

不符合古代先王按照礼制规定的服饰不敢穿戴，不符合古代先王规定的礼法之言不敢言说，不符合古代先王制定的行为准则之事不敢做。因此，（作为卿大夫）不合礼法的话不说，不合道德的事不做。口里没有不合法度之言，自身没有不合法度之行。这样，言谈传遍天下而没有过失，所做的事天下皆知而没有怨恨。服饰、言语、行为都完全符合礼法道德，才能长久地保住自己的爵位，得以在宗庙里奉祀祖先。这就是卿大夫的孝道。就像《诗经》里说的："从早到晚，毫无懈怠，尽心竭力，奉事天子！"

【解读】

本章言卿大夫行孝之方。什么是卿大夫？邢昺《疏》引《白虎通》云："卿之为言章也，章善明理也。大夫之为言大扶，扶进人者也。故《传》云：'进贤达能，谓之卿大夫。'"《礼记·王制》云："诸侯之上大夫卿、下大夫……"又，《周礼·春官·典命》："王之三公八命，其卿六命，其大夫四命。"邢昺最后说："卿与大夫异也。今连言者，以其行同也。"卿大夫既指西周、春秋时辅佐天子处理国家事务的高级官员，也指各诸侯国中的卿、大夫，地位比周天子朝中的卿、大夫低一等。卿大夫按规定要服从天子或君命，担任重要官职，辅助天子或国君进行统治，并对天子或国君有纳贡赋与服役的义务。《春秋繁露·深察名号》："号为大夫者，宜厚其忠信，敦其礼义，使善大于匹夫之义，足以化也。"

邢昺《疏》解这一章云："大夫委质事君，学以从政，立朝则接对宾客，出聘则将命他邦。服饰、言、行，须遵礼典。非先王礼法之衣服，则不敢服之于身。若非先王礼法之言辞，则不敢道之于口。若非先王道德之景行，亦不敢行之于身。就此三事之中，言行尤须重慎。是故非礼法则不言，非道德则不行。所以口无可择之言，身无可择之行也。使言满天下无口过，行满天下无怨恶。服饰、言、行三者无亏，然后乃能守其先祖之宗庙。盖是卿大夫之行孝也。"《孝经援神契》云："卿大夫孝曰誉，誉之为言名也。卿大夫言行布满，能无恶称，誉达遐迩，则其亲获安，故曰誉也。"作为居于臣僚地位的卿、大夫，上有谏君之责，下有抚民之任，故其孝以所言所行来体现，当谨其言，务必忠信，慎其行，务必笃敬，这样才能言行无过失，守其家族宗庙。这就是说，卿大夫之孝有三项标准：法服、法言、德行，即按照古代先王依礼制规定的服饰穿戴，按照古代先王规定的礼法之言言说，按照古代先王制定的行为准则做事。做到这三条，就可以保住宗庙。文中的"口无择言，身无择行"，指的是其言行唯以先王之法言、德行为标准。

邢昺《疏》还引皇侃"初陈教本，故举三事。服在身外可见，不假多戒；言行出于内府难明，必须备言。最于后结，宜应总言"，并进一步发挥说："谓人相见，先观容饰，次交言辞，后谓德行，故言三者以服为先，德行为后也。"皇侃的意思是说，本章以孝道为教化之本，所以举出三件事情：服饰在身外最容易被看到，不用多说；言行出于内心，必须讲得完备。"最于后结，宜应总言"，是说后面的结尾是前面的总结。邢昺发挥说，人与人相见，先看服饰，再看他的言辞，然后评定他的德行。所以这三者的顺序是以服饰为先，把德行放在最后，因为德行需要更多的时间才能观察出来。

《古文孝经指解》司马光注"非先王之法言不敢道，非先王之德行不敢行"曰："君当制义，臣当奉法，故卿大夫奉法而已。"注"是故非法不言，非道不行"曰："谓出于身者也。"注"口无择言，身无择行"曰："谓接于人者也。择，谓或是或非可择者也。"注"言满天下无口过，行满天下无怨恶"曰："谓及于天下者也。言虽远及于天下，犹无过差为人所怨恶。"注"三者备矣，然或能守其宗庙"曰："三者谓出于身，接于人，及于天下。"注《诗》云：'夙夜匪懈，以事一人'"曰："言谨守法度，以事君。"《古文孝经指解》范祖禹曰："卿大夫以循法度为孝。服先王之服，道先王之言，行先王之行，然后可以为卿大夫。不言非法也，故口无可择之言；不行非道也，故身无可择之行。欲言、行无可择者，正心而已矣。心正则无不正之言、不善之行。言日出于口皆正也，行日出于身皆善也，虽满天下而无口过、怨恶，则可谓孝矣。”卿大夫的孝以循法度为标准，无论出于自我修身还是与人交往，只有在服饰、言语、行为三方面合乎先王之道，才能守住自己的宗庙。怎么能够做到呢？就是心正，这一点《孝经》本意没有。心正才能有言正、行善，才能满天下而无口过、怨恶。这就强调了心性修养的重要性。

项霦《孝经述注》解本章曰："卿大夫在朝执政之官，凡服御名器皆服类；凡议论文辞皆言类。得于心曰德，措诸事曰行。三者皆当谨守法度，不敢逾越礼分，其间言行不待选择，自无差失，不敢怨憎，可见其执德不回，守法无二矣。”他扩大了法服、法言的范围，认为德行就是得于心，行于事，强调三者都应谨守法度，不逾越礼制。

黄道周《孝经集传·卿大夫章》注曰："服者，言行之先见者也。未听其言，未察其行，见其服而其志可知也。仁人孝子，一举足不忘父母，一发言不忘父母，由父母而师先王，故有父之亲，有君之尊，有师之严，虽不言法而法见焉。”"孝子终日言不在尤之中，终日行亦不在悔之中也。子曰：'言寡尤，行寡悔，禄在其中矣。'无它，慎之也。《诗》曰：'岂弟君子，干禄岂弟。'盖其慎也。《易》曰：'言行，君子之所以动天地也，可不慎乎！'"黄道周强调卿大夫言行以"慎"为主，在"慎"的基础上，他对卿大夫的言行提出五项要求，即"有耻""有恒""淑慎""无妄""诚信"。概括而言，五项要求都围绕服、言、行三方面，要求卿大夫遵礼而服其服，遵礼而言法言，遵礼而行德行，言行相符，言行有度、有恒，言行真实无妄，言行谨慎有信，上敬顺于君，下敬宽于民，则上下相亲而国家顺平。在传文部分，黄道周引《大戴礼记·曾子立事》"曾子曰：君子博学而孱守之，微言而笃行之，行必先人，言必后人，君子终身守此悒悒。行无求数有名，事无求数有成，身言之后人扬之，身行之后人秉之，君子终身守此惮惮。君子不绝小，不殄微也，行自微也。不微人，人知之则愿也，人不知苟吾自知也，君子终身守此勿勿也。君子见利思辱，见恶思诟，嗜欲思耻，忿怒思患，君子终身守此战战也"并评述说："君子有此四守者，以守其宗庙，则保家之令主也。使己无微过，则易使人无微过，则难身免于患，而后可以图国家之忧。子言之'外宽而内直，自设于檃栝之中，直己而不直人，以善存，亡汲汲'。"

　　本章的"法言，谓礼法之言"，与《论语·颜渊》中的"非礼勿言"意思相通；"德行，谓道德之行"，与《论语·述而》中的"志于道，据于德"意思相通；"若言非法，行非德"，与《礼记·王制》中的"行伪而坚，言伪而辩"意思相通。又，《荀子·宥坐》亦有"人有恶者五，而盗窃不与焉：……二曰行辟而坚，三曰言伪而辩……"意思差不多。

　　从服饰、言语、行为三个方面就可以知道一个人是什么样的人。《孟子·告子下》曰："子服尧之服，诵尧之言，行尧之行，是尧而已矣。子服桀之服，诵桀之言，行桀之行，是桀而已矣。"尧舜这样的圣王与桀纣这样的暴君，以至君子和小人之分，就可以从这三个方面看出来。

　　《大戴礼记·曾子本孝》："君子之孝也，（卿大夫之孝也），以正致谏。"注家多认为此句前当有"卿大夫之孝也"一句，是讲卿大夫之孝。黄怀信《大戴礼记汇校集注》（上）按："正：同'政'，国政。谏，谏君也。"卿大夫以正道劝谏国君。

　　卿大夫之孝的人物如仲山甫（一作仲山父）。周太王古公亶父有三子，第三子的后裔是周文王周武王一系，第二子的后裔则为仲山甫一系。周宣王时期，仲山甫只是一介平民，因受举荐而到朝廷任卿士，位居百官之首，封地为樊，从此以樊为姓，为樊姓始祖。《诗经·大雅·崧高》说："崧高维岳，骏极于天。维岳降神，生甫及申。维申及甫，维周之翰。四国于蕃，四方于宣。"《礼记·孔子闲居》此诗注云："峻，高大也。翰，干也。言周道将兴，五岳为之生贤辅佐仲山甫及申伯，为周之干臣，天下之蕃卫，宣德于四方，以成其王功。"这里以甫为仲山甫。不过，《毛诗正义》郑玄笺、孔颖达疏认为甫侯是《尚书》作《吕刑》的吕侯。另外，关于仲山甫还有其资料，《韩诗外传》卷八曰："若申伯、仲山甫可谓救世矣！昔者周德大衰，道废于厉，申伯、仲山甫辅相宣王，拨乱世，反之正，天下略振，宗庙复兴，申伯、仲山甫乃并顺天下，匡救邪失，喻德教，举遗士，海内翕然向风。故百姓勃然咏宣王之德。"《诗经·大雅·烝民》是专门颂扬仲山甫的诗：

> 天生烝民，有物有则。民之秉彝，好是懿德。天监有周，昭假于下。保兹天子，生仲山甫。
>
> 仲山甫之德，柔嘉维则。令仪令色，小心翼翼。古训是式，威仪是力。天子是若，明命使赋。
>
> 王命仲山甫，式是百辟，缵（zuǎn）戎祖考，王躬是保。出纳王命，王之喉舌。赋政于外，四方爰发。
>
> 肃肃王命，仲山甫将之。邦国若否，仲山甫明之。既明且哲，以保其身。夙夜匪懈，以事一人。
>
> 人亦有言，柔则茹之，刚则吐之。维仲山甫，柔亦不茹，刚亦不吐。不侮矜寡，不畏强御。
>
> 人亦有言，德輶如毛，民鲜克举之。我仪图之，维仲山甫举之。爱莫助之。衮（gǔn）职有阙，维仲山甫补之。
>
> 仲山甫出祖。四牡业业。征夫捷捷，每怀靡及。四牡彭彭，八鸾锵锵。王命仲山甫，城彼东方。
>
> 四牡骙（kuí）骙，八鸾喈（jiē）喈。仲山甫徂（cú）齐，式遄其归。吉甫作诵，穆如清风。仲山甫永怀，以慰其心。

朱熹《诗集传》认为该诗是"宣王命樊侯仲山甫筑城于齐，而尹吉甫作诗送之"，戴震《诗补传》认为"诗美仲山甫德之纯粹而克全，故推本性善以言之"。周宣王为了防御夷狄的进攻，命令仲山甫到齐地去筑城、平乱，巩固东方边防，临行时，宣王的另一大臣尹吉甫写了一首诗送给仲山甫。全诗赞美仲山甫的德才与政绩，也对周宣王任贤使能，使周朝得以中兴作了一番歌颂：首先说他有德，遵从古训，深得天子的信赖；其次说他能继承祖先事业，成为诸侯典范，是天子的忠实代言人；再次说他洞悉国事，明哲忠贞，勤政报效周王；继而说他个性刚直，不欺鳏寡，不畏强梁，敢于向周天子劝善规过；进而回应前几章，说他德高望重，关键靠自己修养，不断积累，因而成了朝廷的补衮之臣。诗人对仲山甫推崇备至，极意美化，塑造了一位德才兼备、担当重任、忠于职守、报效国家的贤臣形象。其中如"仲山甫之德"一章，孔颖达在《毛诗正义》中《疏》解曰："上言天生山甫，此言生而有德，言此仲山甫之德如何乎？柔和而美善，维可以为法则。又能善其动止之威仪，善其容貌之颜色，又能慎小其心翼翼然恭敬。既性行如是，至于为臣，则以古昔先王之训典，于是遵法而行之，在朝所为之威仪，于是勤力而勉之。以此人随天子之所行，于是从行而顺之。既天子为善，山甫顺之，故能显明王之教命，使群臣施布行之。群臣奉行王命，由于山甫，故得为此明君，中兴周室。""出纳王命"一章，孔颖达《疏》解曰："王命此仲山甫曰：汝可以为长官，施其法度于是天下之百君，当继而光大尔之祖考，又奉承汝王之身，于是而安宁之。仲山甫既受命为官，乃施行职事，于是出纳王之教命。王有所言，出而宣之。下有所为，纳而白之。作王之咽喉口舌，布其政教于畿外之国。政教明美，所为合度，四方诸侯被其政令，于是皆发举而应之。美其出言而善，人皆应和也。""既明且哲"一章，孔颖达《疏》解曰："肃肃然甚可尊严而畏敬者，是王之教命。严敬而难行者，仲山甫则能奉行之。畿外邦国之有善恶顺否，在远而难知者，仲山甫则能显明之。能内奉王命，外治诸侯，是其贤之大也。既能明晓善恶，且又是非辨知，以此明哲，择安去危，而保全其身，不有祸败。又能早起夜卧，非有懈倦之时，以常尊事此一人之宣王也。"这些文字都有助于我们理解仲山甫作为卿士的德行修养与政绩，属于卿大夫之孝的范畴。

黄道周《孝经集传·庶人章》传文也引本诗"德辅（yóu）如毛，民鲜克举之。我仪图之，维仲山甫举之，爱莫助之"发挥说："仲山甫之称为仁，何也？谓有始终也。令仪令色，小心翼翼，文王之事也；不畏强御，不侮矜寡，成汤之智也；以保其身，王躬是保，舜、禹之义也。有是三者以率民彝，以正物则，性立而教著于天下，则非独立身而已也。"仲山甫可以称得上是仁了，因为他有始有终，德行修养与事迹甚至可与文王、成汤、舜、禹相提并论，以自己的立身实践为天下人树立了卿大夫之孝的楷模。

孔子是卿大夫之孝的典范，他曾经在鲁国担任大司寇，按照当时社会地位排列属于卿大夫阶层。孔子极力倡导孝道，他自己也是言行一致的人。孔子的父亲叔梁纥（hé），是鲁国出名的勇士，虽跻身贵族之列，但地位很低。先娶施氏曜（yào）英，生九女而无子，又娶妾生一子孟皮，但有足疾。在当时的情况下，女子和残疾的儿子都不宜继嗣。叔梁纥晚年又在外纳颜氏第三女征在为妻，生孔子，因家人在孔子出生之前曾在尼丘祈祷，故为其起名为丘，排行第二，故字曰仲尼。孔子三岁的时候，父亲病逝，埋葬在防山。叔梁纥死后，施氏和家人不喜欢孔子母子，没有善待他们。不得已颜征在带着孔子离开，移居曲阜阙里，独自抚养孔子，过着贫贱的生活。孔子十七岁时，母亲颜征在积劳成疾，再加上心情孤寂，无依无靠，三十多岁便离开了人世。直到母亲去世，孔子才打听到了父亲的墓址，把父母合葬在一处。父亲去世时，孔子年幼，因此，他并不知道父亲所葬之处，而且母亲生前也没有告诉他父亲的墓在什么地方。那时的墓，大多没有封土，没有明确的标记，很难辨认、寻找。母亲死后，孔子虽然年仅十七岁，却要一个人操办母亲的丧事。但他很有主见，作出了一个重要决定，要将母亲与父亲合葬。由于暂时不知父亲的墓在什么地方，他便将母亲的灵柩停放在五父之衢（道路名，在鲁国东南），然后四处打听父亲的墓址，而鲁都曲阜城内无人知晓。后来，一位好心的陬邑妇女，她熟悉孔家的情况，她从儿子挽父嘴里知道了孔子葬母所遇到的难题，于是将孔子父亲墓地的确切位置告诉了他，孔子才得以将父母合葬于防，然后闭门谢客，守孝三年，恪尽孝道。

孔子自二十多岁起，就有志于以自己的学识治国平天下，所以对国家政治非常关注，经常思考治国理政的问题，也常对时政发表一些见解。到三十岁时，已在社会上颇有名气。鲁昭公二十年（前522），齐景公出访鲁国时召见了孔子，与他讨论秦穆公称霸的问题，孔子由此结识了齐景公。鲁昭公二十五年（前517），鲁国发生内乱，鲁昭公被迫逃往齐国，孔子也离开鲁国，到了齐国，受到齐景公的赏识和厚待，甚至准备把尼溪一带的田地封给孔子，但被大夫晏婴阻挠。鲁昭公二十七年（前515），齐国的大夫想加害孔子，孔子听说后向齐景公求救，齐景公说："吾老矣，弗能用也。"孔子只好仓皇回到鲁国。当时的鲁国，政权实际掌握在"三桓"手中。"三桓"指季孙氏、叔孙氏、孟孙氏，因为他们是鲁桓公的三个儿子的后代，故称三桓。而三桓的一些家臣又在不同程度上控制着他们，这就是孔子说的"陪臣执国命"，因此孔子虽有过两次从政机会，却都放弃了，直到鲁定公九年，被任命为中都宰，此时孔子已五十一岁了。孔子治理中都一年，卓有政绩，被升为小司空，摄相事，兼管外交事务。《孔子家语》第一章《相鲁篇》记载了他做鲁国宰相的政绩：

孔子初仕，为中都宰。制为养生送死之节，长幼异食，强弱异任，男女别涂，路无拾遗，器不雕伪。为四寸之棺，五寸之椁，因丘陵为坟，不封、不树。行之一年，而西方之诸侯则焉。

定公谓孔子曰："学子此法以治鲁国，何如？"孔子对曰："虽天下可乎，何但鲁国而已哉！"于是二年，定公以为司空，乃别五土之性，而物各得其所生之宜，咸得厥所。

先时，季氏葬昭公于墓道之南，孔子沟而合诸墓焉。谓季桓子曰："贬君以彰己罪，非礼也。今合之，所以掩夫子之不臣。"

由司空为鲁大司寇，设法而不用，无奸民。

定公与齐侯会于夹谷，孔子摄相事，曰："臣闻有文事者必有武备，有武事者必有文备。古者诸侯并出疆，必具官以从，请具左右司马。"定公从之。

至会所，为坛位，土阶三等，以遇礼相见，揖让而登。献酢（zuò）既毕，齐使莱人以兵鼓噪，劫定公。孔子历阶而进，以公退，曰："士，以兵之。吾两君为好，裔夷之俘敢以兵乱之，非齐君所以命诸侯也！裔不谋夏，夷不乱华，俘不干盟，兵不逼好，于神为不祥，于德为愆（qiān）义，于人为失礼，君必不然。"齐侯心怍，麾而避之。

有顷，齐奏宫中之乐，俳优侏儒戏于前。孔子趋进，历阶而上，不尽一等，曰："匹夫荧侮诸侯者，罪应诛。请右司马速刑焉！"于是斩侏儒，手足异处。齐侯惧，有惭色。

将盟，齐人加载书曰："齐师出境，而不以兵车三百乘从我者，有如此盟。"孔子使兹无还对曰："而不返我汶阳之田，吾以供命者，亦如之。"

齐侯将设享礼，孔子谓梁丘据曰："齐鲁之故，吾子何不闻焉？事既成矣，而又享之，是勤执事。且牺象不出门，嘉乐不野合。享而既具，是弃礼；若其不具，是用秕稗（bǐ bài）也。用秕稗，君辱；弃礼，名恶。子盍图之？夫享，所以昭德也。不昭，不如其已。"乃不果享。

齐侯归，责其群臣曰："鲁以君子道辅其君，而子独以夷狄道教寡人，使得罪。"于是乃归所侵鲁之四邑及汶阳之田。

孔子言于定公曰："家不藏甲，邑无百雉之城，古之制也。今三家过制，请皆损之。"乃使季氏宰仲由隳三都。叔孙辄不得意于季氏，因费（bì）宰公山弗扰率费人以袭鲁。孔子以公与季孙、叔孙、孟孙入于费氏之宫，登武子之台。费人攻之，及台侧，孔子命申句须、乐颀（qí）勒士众下伐之，费人北。遂隳三都之城。强公室，弱私家，尊君卑臣，政化大行。

其中最有影响的是夹谷之会。鲁定公十年（前500）夏天，孔子随定公与齐侯相会于夹谷。孔子事先对齐国邀鲁君会于夹谷有所警惕和准备，故不仅使齐国劫持定公的阴谋未能得逞，而且逼迫齐国答应归还侵占鲁国的土地。孔子执政仅三个月，就使鲁国内政外交等各个方面均大有起色，国家实力大增，百姓安居乐业，各守礼法，社会秩序非常好，史书上称"路不拾遗，夜不闭户"。鲁定公十二年（前498），孔子为削弱三桓，采取了堕（huī）三都的措施，即拆毁三桓所建的超过礼制规格的城堡。后来堕三都的行动半途而废，孔子与三桓的矛盾也随之暴露。鲁定公十三年（前497），齐国送八十名美女到鲁国，季孙氏接受了女乐，君臣迷恋歌舞，整日不理朝政，孔子非常失望。不久，鲁国举行郊祭，祭祀后按惯例送祭肉给大夫们时并没有给孔子，这表明季孙氏不想再任用他了，不得已孔子离开鲁国，希望在别的国家实现自己的政治抱负，开始了周游列国的旅程。

《论语·乡党》集中记载了孔子在面见国君、面见大夫时的态度，他出入于公门和出使别国时的表现，通过其容色形貌、言谈举止、衣食住行等，可以看出孔子是个一举一动都遵循礼制的正人君子，并显示出其内在的修养和品质。孔子对待君臣关系的态度是"君使臣以礼，臣事君以忠"，但他所处的春秋季世是一个"礼崩乐坏"的时代，僭越礼制之事很普遍，不断出现诸侯僭用天子礼，大夫僭用诸侯礼，家臣僭用大夫礼的现象。这就猛烈而又深刻地摧毁着经过漫长历史积淀而形成的礼乐文化，破坏着西周的政治秩序和道德秩序，使孔子感到非常忧虑，发出了"是可忍，孰不可忍"的感愤之词。在对"僭礼"的行为表示强烈不满的同时，孔子在处理君臣关系时时刻践行礼仪规范，如《乡党》篇载孔子"君命召，不俟驾行矣"。当君主宣召时，他还没等车辆驾好马就先步行走了。"朝，与下大夫言，侃侃如也；与上大夫言，訚（yín）訚如也；君在，踧踖（cù jí）如也，与与如也。"（上朝）君主在时，恭敬而畏惧，小心翼翼地慢步行走。孔子"入公门，鞠躬如也，如不容。立不中门，行不履阈"。"过位，色勃如也，足躩如也，其言似不足者。摄齐升堂，鞠躬如也，屏气似不息者。出，降一等，逞颜色，怡怡如也。没阶，趋进，翼如也。复其位，踧踖如也。"这样的记录详细生动，仿佛一幅入公门图展现在我们眼前。孔子走进朝廷的大门，谨慎而恭敬的样子，好像没有他的容身之地。站，他不站在门的中间；走，也不踩门槛。经过国君的座位时，他脸色立刻庄重起来，脚步也加快起来，说话声音低得也好像中气不足一样。提起衣服下摆向堂上走的时候，恭敬谨慎，憋住气好像不呼吸一样。退出来，走下台阶，脸色便舒展开了，怡然和乐的样子。走完了台阶，快快地向前走几步，姿态像鸟儿展翅一样。回到自己的位置，又是恭敬而谨慎的样子。在朝堂上面见君主时的描写，谨小慎微到了无以复加的程度。和君主一起吃饭的时候，"君赐食，必正席先尝之。君赐腥，必熟而荐之。君赐生，必畜之。侍食于君，君祭，先饭"。生病时，他对待君王仍是毕恭毕敬。"疾，君视之，东首，加朝服，拖绅。"（《论语·乡党》）孔子患了病，躺在床上，国君来探视他，因无法起身穿朝服，他认为这似乎对国君不尊重，有违于礼，于是就把朝服盖在身上。这反映出孔子即使在病榻上，也不会失礼于国君。孔子见君主时诚惶诚恐，似乎在君主面前没有容身之地似的。他固守传统礼仪，以恭谨的态度，事君尽礼，反而不合时宜，被人们讥为谄媚。他自己在《论语·八佾》篇中也表示了自己的无奈："事君尽礼，人以为谄也"，感叹时人不尽礼仪，不明大道，感叹世风日下，人心不古。

士章第五

【原文】

资于事父以事母^①，而爱同；资于事父以事君，而敬同。故母取其爱，而君取其敬，兼之者父也^②。故以孝事君则忠^③，以敬事长则顺^④。忠顺不失^⑤，以事其上，然后能保其禄位，而守其祭祀。盖士之孝也。《诗》云："夙兴夜寐，无忝尔所生。"^⑥

【注释】

① 资：供给、提供。

② 兼之者父也：指侍奉父亲同时兼有爱心和敬心。兼：同时具有。

③ 忠：本义指忠诚无私，尽心竭力。这里指尽心竭力侍奉君主。

④ 长：上级，长官。顺：服从，不违背。

⑤ 忠顺不失：指在尽力与服从两个方面都没有过失。

⑥ "夙兴"二句：语出《诗经·小雅·小宛》。夙：早；兴：起来；寐：睡。早起晚睡，形容勤奋。忝：羞辱，辱没，愧对。尔所生：生你的人，指父母。

【译文】

能够以侍奉父亲的心情和行动来侍奉母亲，是因为有相同的爱心；能够以侍奉父亲的心情和行动来侍奉君王，是因为有相同的敬重。所以，侍奉母亲是因为爱，而侍奉君王则由于敬重，敬、爱兼而有之就是侍奉父亲。所以，以孝敬父亲的态度侍奉君王称得上是忠（尽力），以敬重父亲的态度来侍奉长者称得上是顺（服从）。在尽力与服从两个方面都没有过失，以忠和顺来侍奉上级，这样就能保住自己的俸禄和职位，维持对祖先的祭祀。这就是士人的孝道。《诗经》里说："早起晚睡，辛勤劳作，不要愧对生养你的父母！"

【解读】

本章言士行孝之方。"士"，上古掌刑狱之官，商、西周、春秋为贵族阶层，多为卿大夫的家臣。《毛诗传》曰："士者，事也。"《白虎通·爵》曰："士者，事也。任事之称也。故《传》曰：'通古今，辩然否，谓之士。'"《说苑·修文》："辨然否，通古今之道，谓之士。""士"在西周、春秋为贵族阶层最低的级别，地位在大夫之下，庶人之上，多为卿、大夫的家臣。春秋末年以后，士逐渐成为知识分子的统称。士在当时社会有双重身份：亦子亦臣。在家庭里父亲是最高主宰，为子要孝敬父亲；在国家君是最高主宰，为臣要忠于君主。

唐玄宗《御注》云："资，取也。言爱父与母同，敬父与君同。言事父兼爱与敬也。移事父孝以事于君，则为忠矣。移事兄敬以事于长，则为顺矣。能尽忠顺以事君长，则常安禄位，永守祭祀。"邢昺《疏》云："士始升公朝，离亲入仕，故此叙事父之爱敬，宜均事母与事君，以明割恩从义也。'资'者，取也。取于事父之行以事母，则爱父与爱母同。取于事父之行以事君，则敬父与敬君同。母之于子，先取其爱；君之于臣，先取其敬，皆不夺其性也。若兼取爱敬者，其惟父乎？既说爱敬取舍之理，遂明出身入仕之行。'故'者，连上之辞也。谓以事父之孝移事其君，则为忠矣；以事兄之敬移事于长，则为顺矣。'长'谓公卿大夫，言其位长于士也。又言事上之道，在于忠顺，二者皆能不失，则可事上矣。'上'谓君与长也，言以忠顺事上，然后乃能保其禄秩官位，而长守先祖之祭祀。盖士之孝也。"士居统治群体的基层，对内需奉养亲人，对外要效力君上，因而孝在其生活中体现在两个方面，具有不同的表现形式：在家中对父母，事母偏重于爱，事父则在爱的同时又加之以敬；在外对国君，则以敬为主。这样，士爱敬于父母，以爱敬之心事君事长，则有忠顺之德；有忠顺之德，则能保其职位俸禄；禄位可保，则对先人的祭祀才能连续不断。

邢昺在疏解唐玄宗《御注》"言爱父与母同，敬父与君同"时说："谓事母之爱，事君之敬，并同于父也。然爱之与敬，俱出于心。君以尊高而敬深，母以鞠育而爱厚。"又引刘炫曰："夫亲至则敬不极，此情亲而恭也。尊至则爱不极，此心敬而恩杀也。故敬极于君，爱极于母。"这就辨析了爱与敬在父、母与君之间的差异性。又引梁王云："《天子章》陈爱敬以辨化也，此章陈爱敬以辨情也。"比较了《天子章》讲爱敬与本章的不同：《天子章》是爱敬父母教化天下人，本章是爱敬父母出于自然情感。

《古文孝经指解》司马光曰："资，取也。取于事父之道以事母，其爱则等矣，而恭有杀焉。以父主义，母主恩故也。取于事父之道以事君，恭则等矣，而爱有杀焉。以君臣之际，义胜恩故也。明父者，爱、恭之至隆。君言社稷，卿大夫言宗庙，士言祭祀，皆举其盛者也。礼，庶人荐而不祭。忝，辱也。言当夙夜为善，毋辱其父母。"《古文孝经指解》范祖禹曰："人莫不有本，父者，生之本也。事母之道取于事父之爱心也，事君之道取于事父之敬心也。其在母也，爱同于父，非不敬母也，爱胜敬也；其在君也，敬同于父，非不爱君也，敬胜爱也。爱与敬，父则兼之，是以致隆于父，一本故也。致一而后能诚，知本而后能孝，故移孝以事君则为忠，推敬以事长则为顺，能保其爵禄，守其祭祀则不辱。"司马光和范祖禹深入辨析了爱与恭敬在父、母与君之间的差异性，爱与恭敬在父亲身上最深厚，所以是父兼之的一本性。在此一本的基础上才能移孝事君而忠，推敬以事长而顺，进而保其爵禄，守其祭祀。

项霦《孝经述注》注本章曰："士有禄位之人，事母非不敬也，而爱心为重；事君非不爱也，而敬心为重。或谓卿大夫士之孝，何以异乎？盖古人由始仕至命为大夫为卿，自有次第，故知卿大夫先为士时，已行士之孝，士后为卿大夫亦然，合而观之，其意备矣。"除了区分士事母、事君爱敬之不同，还比较了士与卿大夫之孝的差异，作为士先按照士的要求做，等升到卿大夫再去照卿大夫的要求做。

黄道周《孝经集传·士章》注曰："父则天也，母则地也，君则日也，受气于天，受形于地，取精于日，此三者人之所由生也。地亦受气于天，日亦取精于天，此二者人之所原始反本也。故事君事母皆资于父，履地就日皆资于天，二资者学问所由始也。子曰：'厚于仁者薄于义，亲而不尊；厚于义者薄于仁，尊而不亲。'母亲而不尊，君尊而不亲。以父教爱，而亲母之爱及于天下；以父教敬，而尊君之敬及于天下。故父者，人之师也。教爱、教敬、教忠、教顺皆于父焉取之。因父以及师，因师以及长，爱、敬、忠、顺不出于家而行著于天下。周公曰：'文王我师也'，周公岂欺我哉！"这在天人合一构架下很精辟地阐述了孝子应如何对待父、母、君。母亲而不尊，君尊而不亲。而父应担当人师的责任，教爱、教敬、教忠、教顺，使爱、敬、忠、顺由家庭而及于天下。周公以其父文王为师，就是典范。在传文部分黄道周还引用《孟子》《礼记》进一步强调士人之孝应该体现仁义、忠顺。他引《孟子·尽心上》"王子垫问曰：'士何事？'孟子曰：'尚志。'曰：'何谓尚志？'曰：'仁义而已矣。杀一无罪非仁也，非其有而取之非义也。居恶在？仁是也。路恶在？义是也。居仁由义，大人之事备矣'"，并发挥说："杀草木六畜非其时，孝子不为也。食非仁人之粟，孝子不为也。仁义之于孝弟，非两也。以孝弟而为仁义，犹不恶慢之于爱敬也。故曰：'尧舜之道，孝弟而已矣。'"士人行仁义就是行孝悌。讲孝悌要体现仁义之道，犹如讲爱敬要体现不恶慢，在这个意义上，尧舜仁义之道，也就是孝悌之道。士人入仕以后，以事父之孝事君，以事兄之敬事长，事君要忠，事长要顺，才能荣亲立身。他引《礼记·曲礼下》："君子将营宫室：宗庙为先，厩库为次，居室为后。凡家造：祭器为先，牺赋为次，养器为后。无田禄者不设祭器，有田禄者先为祭服。君子虽贫，不粥祭器；虽寒，不衣祭服；为宫室，不斩于丘木。"他发挥说："士值危国如之何？曰忠顺不失，未至于死亡也。未至于死亡，何失忠顺之有？孟子曰：'无罪而杀士，则大夫可以去；无罪而戮民，则士可以徙。'士患失其忠顺，不患失其禄位。士患失其禄位，则不足以为士矣。"士人对国君忠顺本质上是对国家忠顺，如果国君无罪杀士，无罪戮民，士就可以离开，而不能贪恋禄位，仕无道之君，那就不是士了。所以圣人所说的"忠顺"与世俗不同。他引《礼记·儒行》："儒有澡身而浴德，陈言而伏，静而正之，上弗知也，粗而翘之，又不急为也；不临深而为高，不加少而为多，世治不轻，世乱不沮；同弗与，异弗非也。其特立独行有如此者。"发挥说："若此则可谓忠顺者矣。以此之为而犹为祭祀禄位者乎？《儒行》所言自立者五：强学力行一也，见死不更二也，戴仁抱义三也，虽危竟伸四也，推贤忘报五也。而陈伏静正者，犹为特独。故圣人所言忠顺，非世之所谓忠顺者也。世之所为忠顺者，犹资爱于其保姆也。"黄道周以"道"作为判断"忠顺"的更高标准，故而推崇澡身浴德，特立独行的儒者，对那些"兴道之士"进行抨击。在传文部分他引《大戴礼记·曾子制言上》："君子不贵兴道之士，而贵有耻之士也。若由富贵兴道者与？贫贱，吾恐其或失也。若由贫贱兴道者与？富贵，吾恐其赢骄也。有耻之士，富不以道则耻之，贵不以道则耻之，贫贱不以道则非吾耻也，执仁与义而行之未笃故也。夫妇防于墙阴，明日或扬其言矣，胡为其莫之闻也"，并发挥说："甚矣！曾子之言似夫子也。兴道之士，柔行似仁，强言似义，多闻似博，敛机似约，深息似静，钓名似正，与时好恶似忠似顺，然其意不过以为富贵也，而人主以为兴道。使去其富贵而反于贫贱，则一无耻之士而已。无耻之士，不足与于仁义，则不足与于礼乐，而曰：'以才兴道'，吾不信也。"某些自称"兴道之士"，假仁假义，看似博学多闻，其实是沽名钓誉，投机分子。他们似忠似顺，其实是为了保自己的富贵，一旦失去了富贵，他们就会成为无耻之士，还谈什么仁义礼乐。有才能而没有道德的士人是不值得信任和重用的。

本章通过爱与敬把对父母的孝和对君主的忠紧密联系起来，强调"以孝事君"就是忠，最后归结到夙兴夜寐，努力工作，显耀父母，光宗耀祖。孝与忠的紧密联系，使家庭伦理与国家伦理融为一体，在孔孟思想中对等的君臣关系演变成了单方面的孝道的一部分，事君与事亲成为孝道的两个层面。这就把"孝"的范围扩展了，把"忠"的地位提高了，使孝道涵盖了尽孝尽忠，试图达到忠孝两全的理想。孝与忠集合的过程，也就是孝道政治化的过程，这就是所谓的"移孝于忠"。

值得注意的是本章对"爱与敬"的讨论。《礼记·哀公问》也说："爱与敬，其政之本与！"因为这里强调士之孝是如何通过把对父母的孝敬和爱护转移到士对君上的敬重和服从，要求侍奉君上要像侍奉父母那样发自内心，自然而然。但是，后来则在官场里逐渐形成了对上阿谀奉迎、曲意奉承，凡事以上级的意志为转移，唯恐触怒了上级而丢掉乌纱帽，甚至为了保住官位而去做违背良心、丧失人格、伤天害理的事，成为中国古代社会的官场通病，这不能不说与《孝经》这种思想的影响有一定关系。

《孝经援神契》："士孝曰究，究者以明审为义。士始升朝，辞亲入仕，能审资父事君之礼，则其亲获安，故曰究也。"究是明察精细之义，士人有机会入朝做官，辞亲入仕，把侍奉父母的礼义推衍到事君，这样反过来也使在家的双亲感到心安，所以叫作究。

《礼记·曲礼上》云："夫为人子者，三赐不及车马，故州闾乡党称其孝也，兄弟亲戚称其慈也，僚友称其弟也，执友称其仁也，交游称其信也。见父之执，不谓之进，不敢进；不谓之退，不敢退；不问，不敢对。此孝子之行也。"也讲士应该做到孝、悌、慈、仁、信，对长辈恭敬有礼，与此章意近。

关于爱、敬，是子女对于父母不同的情感态度，"爱"是一种出于天性的诚挚自然之情，"敬"则是一种在外力作用下的人为之道。爱、敬在儒家思想体系中具有一定重要性，《大戴礼记·曾子事父母》载："单居离问于曾子曰：'事父母有道乎？'曾子曰：'有。爱而敬。'"爱与敬是侍奉双亲之道，是建立在自然情感基础上的。《大戴礼记·曾子立孝》曾子自己解释说："君子之孝也，忠爱以敬，反是乱也。"王聘珍《大戴礼记解诂》解释"忠爱以敬"说："忠爱，谓中心之爱。敬，谓严肃。"怎么做到"爱敬"？"尽力而有礼，庄敬而安之，微谏不倦，听从而不怠，欢欣忠信，咎故不生，可谓孝矣。"尽力侍奉父母而有礼敬，态度庄重恭敬而使父母生活安乐，（如果父母有过错）委婉地劝谏而不知疲倦，继续听从父母之命而不敢有所怠慢，欢喜欣悦地尽到内心的忠诚信实。如果做到这样，灾祸和意外事故就不会发生，这就称得上孝了。

《扬子法言·问道》："或问：'太古德怀不礼怀，婴儿慕，驹犊从，焉以礼？'曰：'婴、犊乎！婴、犊母怀不父怀。母怀，爱也；父怀，敬也。独母而不父，未若父母之懿也。'"婴、犊母怀不父怀是出于自然天性，是母爱的体现；而父怀的"敬"则是后天人为。单身母亲或父亲对于孩子的健康成长都不利，不如既有母爱又有父敬美满。

三国时期魏国学者刘邵在《人物志》中曾这样写道："盖人道之极，莫过爱敬。是故，《孝经》以爱为至德，以敬为要道；……《礼》以敬为本；《乐》以爱为主。然则人情之质，有爱敬之诚，则与道德同体；动获人心，而道无不通也。然爱不可少于敬，少于敬，则廉节者归之，而众人不与。爱多于敬，则虽廉节者不悦，而爱节者死之。何则？敬之为道也，严而相离，其势难久；爱之为道也，情亲意厚，深而感物。"这段话对爱、敬的解释和区分相当准确。就爱、敬关系而言，爱是敬的基础，建立在爱之上的敬，才是发自内心的敬。在一般情况下，敬有"严而相离，其势难久"的特点，所以需要礼法来维持和保证，否则容易流于貌敬心非。而爱则有"情亲意厚，深而感物"的特点，是符合人的自然本性的情感，不需要礼法维持也能自然长久地保持。

以这种爱敬之情感态度推之于政教，如《尚书·伊训》就有："立爱惟亲，立敬惟长，始于家邦，终于四海。"蔡沈《书经集传》解释说："孝弟者，人心之所同，非必人人教诏之。立，植也。立爱敬于此，而形爱敬于彼，亲吾亲以及人之亲，长吾长以及人之长，始于家，达于国，终而措之天下矣。"

《孝经·圣治章》也说："故亲生之膝下，以养父母日严。圣人因严以教敬，因亲以教爱。"古代圣人都知道根据父母的尊严来教儿女学会敬父，根据父母与儿女那种亲情来教儿女学会爱父母。这是循着人的天性来教化，容易施行。

《礼记·祭义》也引孔子说："立爱自亲始，教民睦也；立教自长始，教民顺也。教以慈睦而民贵有亲，教以敬长而民贵用命，孝以事亲，顺以听命，错诸天下，无所不行。"孔颖达疏云："'立爱自亲始'者，言人君欲立爱于天下，从亲为始言先爱亲也。'教民睦也'者，己先爱亲，人亦爱亲，是教民睦也。'立敬自长始'者，言起敬于天下，从长为始，言先自敬长。'教民顺也'者，己能敬长，民亦敬长，是教民顺也。'教以慈睦，而民贵有亲'者，覆上'教民睦'也。睦则恩慈，故云'慈睦'也。民既慈睦，各贵所有之亲。'教以敬长，而民贵用命'者，覆结上文'教民顺'也。既教以敬长，民心和顺，不有悖逆，故贵用在上之教命。'孝以事亲，顺以听命'者，孝以事亲，覆说'而民贵有亲'也。'顺以听命'，覆说'而民贵用命'也。以此二者错置于天下，故无所不行，言皆行也。"这就逐句解释得很清楚了，士人从对父母的爱敬做起，推而广之，以君子的道德风尚，教化天下，人心和顺，和睦相处，天下大治。

《礼记·表记》提出"为民父母"要有父之尊，有母之亲："使民有父之尊，有母之亲，如此而后可以为民父母矣。非至德其孰能如此乎？今父之亲子也，亲贤而下无能；母之亲子也，贤则亲之，无能则怜之。母亲而不尊，父尊而不亲。"这段话中"亲""尊"二字出现数次，并且都是以尊隶父、以亲属母。尊者，敬也，严也；亲者，爱也，慈也。由家庭中父亲的威严和母亲的慈爱，推衍到政治上，就要求君子体恤民情，爱民如子，为民父母，使老百姓感到其既有父之尊，也有母之亲。黄道周《孝经集传·三才章》也发挥说："父母天地，尊亲之合也。亲以致其爱，尊以致其敬。爱以去恶，敬以去慢，二者立而天下化之。"

明代邱濬《大学衍义补》按曰："先儒有言，孝弟之道达之天下，而谓之立者，尽吾爱敬之道于此，使天下之爱其亲者莫不视我以为法，尽吾敬长之道于此，使天下之敬其长者莫不视我以为准，此即所谓建中建极也。爱敬之道既立于此，则爱敬之化必形于彼，始而一家，次而一国，终而四海之大莫不各有亲也、各有长也，亦莫不有爱敬之心也。观感兴起，孝弟之心油然而生，则各亲其亲、各长其长而天下平矣。臣惟天生人君而付之以肇修人纪之任，必使三纲六纪皆尽其道，然后不负上天之所命，然其所以肇修之端则在乎爱敬焉。爱敬既立则由家而国而天下，天下之人无不爱其亲、敬其长，人人亲亲而长长，家家能爱而能敬，天下之人皆由吾君一人植立以感化之也。"不过这里的爱敬所指是爱亲之孝，敬长之悌，在家庭树立了爱亲敬长的孝悌之道，就可以进一步推于亲吾亲以及人之亲，长吾长以及人之长，使爱敬由家而国而天下，推衍到天下之人无不爱其亲、敬其长，人人亲亲而长长，实现齐家、治国、平天下。

邱濬《大学衍义补》还引叶梦得曰："君子无不爱也，自亲而推之则有杀，故以爱亲为始；君子无不敬也，自长而推之则有等，故以敬长为始。始乎亲而达其教于天下，凡有亲者莫不敦爱而相顾也，故曰教以慈睦而民贵有亲；始乎长而达其教于天下，凡有上者莫不用命而相尊也，故曰教以敬长而民贵用命。亲亲、长长，君子所自立而效至于天下平，故曰错诸天下无所不行。"叶梦得之意是君子以爱亲敬长为始，这样上行下效，君子德风，小人德草，使孝悌之道风行天下。

曾子还提出了一个入仕原则：父母在时，子女应"不择官而仕"。《韩诗外传》卷七载："故吾尝仕齐为吏，禄不过钟釜，尚犹欣欣而喜者，非以为多也，乐其逮亲也。既没之后，吾尝南游于楚，得尊官焉，堂高九仞，榱（cuī）题三围，转毂（gū）百乘，犹北向而泣涕者，非为贱也，悲不逮吾亲也。故家贫亲老，不择官而仕。若夫信其志，约其亲者，非孝也。"他在莒（jǔ）国任低级官吏，俸禄只不过是三秉小米，却没有嫌弃，而是"欣欣而喜"，因为双亲可以享用，人生价值已得到实现。父母去世后，齐国、晋国、楚国竞相聘他为官，俸禄优渥（wò），但曾子却"北向而泣涕"，其原因在于父母已辞世。如果一定要等到高官厚禄、荣华富贵之时才想起奉养双亲，那是不孝的行为。

尽管忠顺对士人之孝很重要，但不能太绝对。《大戴礼记·曾子本孝》

就提出"士之孝也，以德从命"。孔广森曰："言以德者，亲之命有失德，以致谏，不以曲从为孝。"王聘珍曰："德，谓孝德。以德从命者，言先意承志，喻父母于无过，其命皆可从也。"士人行孝，预先理解父母的意图，规劝他们不犯过错而后遵从父母之命。《荀子·子道篇》曰："孝子所以不从命有三：从命则亲危，不从命则亲安，孝子不从命乃衷；从命则亲辱，不从命则亲荣，孝子不从命乃义；从命则禽兽，不从命则修饰，孝子不从命乃敬。故可以从而不从，是不子也；未可以从而从，是不衷也。明于从不从之义，而能致恭敬、忠信、端悫以慎行之，则可谓大孝矣。"孝子不服从命令的原因有三种：服从命令，父母就会有危险，不服从命令，父母就可以安全，那么孝子不服从命令就是忠诚；服从命令，父母就会受到耻辱，不服从命令，父母会感到光荣，那么孝子不服从命令就是奉行道义；服从命令，就会使父母的行为像禽兽一样野蛮，不服从命令，就会使父母的行为富有修养而端正，那么孝子不服从命令就是恭敬。所以，可以服从而不服从，这是不尽孝子之道；不可以服从而服从，这是不忠于父母。明白了这服从或不服从的道理，并且能做到恭敬尊重、忠诚守信、正直诚实地来谨慎践行它，就可以称之为大孝了。

《诗经·小雅·小宛》描写了春秋时期下层士人的生活，体现士人之孝。原诗如下：

宛彼鸣鸠，翰飞戾天。我心忧伤，念昔先人。明发不寐，有怀二人。

人之齐圣，饮酒温克。彼昏不知，壹醉日富。各敬尔仪，天命不又。

中原有菽，庶民采之。螟蛉有子，蜾蠃（guǒ luǒ）负之。教诲尔子，式穀（gǔ）似之。

题彼脊令，载飞载鸣。我日斯迈，而月斯征。夙兴夜寐，无忝尔所生。

交交桑扈，率场啄粟。哀我填寡，宜岸宜狱。握粟出卜，自何能毂？

温温恭人，如集于木。惴（zhuì）惴小心，如临于谷。战战兢兢，如履薄冰。

关于这首诗的主题，《毛诗序》说："《小宛》，大夫刺幽王也。"郑笺又订正说："亦当为刺厉王。"而从诗的内容来看，看不出和幽王或厉王有多大的关系，讽刺的意味也不突出。朱熹《诗集传》认为这是一首"大夫遭时之乱，而兄弟相戒以免祸之诗"，似乎还没有点到主旨。从诗篇所述的内容来看，作者可能是西周王朝的下级官吏。父母在世时，对他有良好的教育，似乎还算得上小康之家。可是，父母去世之后，他的兄弟们违背了父母的教诲，一个个嗜酒如命、不务正业，致使家道衰败，甚至连自己的孩子也都弃养了。作者恪守父母的教诲，终日为国事或家事操劳奔波，尽力维系着传统的家风家教。但由于受到社会上各种邪恶势力的威逼和迫害，已力不从心。他贫病交加，还遭遇诉讼，所以忧伤满怀，过着"惴惴小心""战战兢兢"的生活，盼望有朝一日时来运转，家道复兴。所以，全诗虽然反映了混乱、黑暗的社会生活的一个侧面，却也表达了主人公早起晚睡，勤奋努力，不愧对生他养他的双亲，不让双亲蒙受耻辱，传承孝道的士君子之行，与《诗经·卫风·凯风》不孝的行为形成鲜明对照，读来让人感慨万端，在忧伤感叹中增强坚守和奋进。

《旧唐书·孝友传》记载了元让的孝道故事："元让，雍州武功人也。弱冠明经擢（zhuó）第。以母疾，遂不求仕。躬亲药膳，承侍致养，不出闾里者数十余年。及母终，庐于墓侧，蓬发不栉（zhì）沐，菜食饮水而已。咸亨中，孝敬监国，下令表其门闾。永淳元年，巡察使奏让孝悌殊异，擢拜太子右内率府长史。后以岁满还乡里。乡人有所争讼，不诣州县，皆就让决焉。圣历中，中宗居春宫，召拜太子司议郎。及谒见，则天谓曰：'卿既能孝于家，必能忠于国。今授此职，须知朕意。宜以孝道辅弼我儿。'寻卒。"

元让，雍州武功（今陕西咸阳武功县）人。少年时勤奋好学，刚成年便考中了唐代科举考试中的"明经"科，但因母亲生病，元让为了照顾母亲，给母亲治病，就放弃了出仕的机会，在家一心一意侍奉母亲，亲尝药膳，尽心尽力，数十年不出家门。母亲去世后，他在墓旁建茅屋守丧，不洗脸不梳头，只吃素菜喝白水。咸亨年间，太子监国，下令在他家门口刻石表彰。永淳初年，巡察使上奏说元让孝悌的行为非常突出，升任太子右内率府长史。一年后返回乡里，人们打官司不到州县，都到元让那里请他裁断。唐中宗李显在东宫当太子时，召入拜授司议郎。入朝拜见时，武则天对他说：你在家里很孝顺，一定对国家忠诚，如今我授予你这一职务，你要明白我的意思，是让你用孝道辅佐我的儿子（指当时已经退位的唐中宗李显）。此后不久，他就去世了。

《旧五代史·张策传》记载了张策行孝尽忠的故事："张策，字少逸，敦煌人。父同，仕唐，官至容管经略使。策少聪警好学，尤乐章句。……未弱冠，落发为僧，居雍之慈恩精庐，颇有高致。唐广明末，大盗犯阙，策遂返初服，奉父母逃难，君子多之。及丁家艰，以孝闻。服满，自屏郊薮，一无干进意，若是者十余载，方出为广文博士，改秘书郎。王行瑜帅邠州，辟为观察支使，带水曹员外郎，赐绯。及行瑜反，太原节度使李克用奉诏讨伐，行瑜败死，邠州平。策与婢肩舆其亲，南出邠境，属边寨积雪，为行者所哀。太祖闻而嘉之，奏为郑滑支使，寻以内忧去职。制阕，除国子博士，迁膳部员外郎。不一岁，华帅韩建辟为判官，及建领许州，又为掌记。天复中，策奉其主书币来聘，太祖见而喜曰：'张夫子且至矣。'即奏为掌记，兼赐金紫。天祐初，表其才，拜职方郎中，兼史馆修撰，俄召入为翰林学士，转兵部郎中，知制诰，依前修史。未几，迁中书舍人，职如故。太祖受禅，改工部侍郎，加承旨。其年冬，转礼部侍郎。明年，从征至泽州，拜刑部侍郎、平章事，仍判户部，寻迁中书侍郎。以风恙拜章乞骸（hái），改刑部尚书致仕。即日肩舆归洛，居于福善里，修篁嘉木，图书琴酒，以自适焉。乾化二年秋，卒。"这里讲了在唐朝末年一个叫张策的人，字少逸，敦煌人。父亲张同，在唐朝做官，官位到了容管经略使。张策从小聪明机警，喜欢学习，尤其喜好章句之学。不到二十岁，他就削发为僧，住在雍州的慈恩精庐，颇有高致。唐广明末年，大盗入犯朝廷，张策就恢复俗人的身份，侍奉父母一起逃难，君子们都称赞他。到为父亲守丧时，以孝行闻名。丧期结束，他隐居郊野，毫无谋求仕进的打算，像这样有十多年，才出任广文博士，改任秘书郎。王行瑜任邠州帅后，征召他为观察支使，兼任水曹元外郎，并赐给他红色官服。到王行瑜反叛时，太原节度使李克用奉诏讨伐，王行瑜战败而死，邠州被平定，张策带着婢女用轿子抬着母亲，向南逃离邠州地界，恰好遇上边寨积雪，他们被路人怜悯。梁太祖知道这件事情之后赞扬了他，奏请（当朝皇帝）让他担任郑滑支使，不久，他因母亲去世离职。服丧期满后，被授予国子博士，调任膳部员外郎。不到一年，华帅韩建征召他为判官，到韩建治理许州时，又任他为掌记。天复年间，张策带着唐朝皇帝的书信和礼物来访，梁太祖见了他高兴地说："张夫子到了。"就上奏任他为掌记，并赐给他金鱼袋及紫衣。天祐初年，又上表奏报他的才能，皇帝任命他为职方郎中，兼史馆修撰，不久召入朝廷任翰林学士，后转任兵部郎中、知制诰，像以前一样编修史书。不久，调任中书舍人，职位依旧。梁太祖接受禅让后，改任他为工部侍郎，加封承旨官。这年冬天，转任礼部侍郎。第二年，跟随梁太祖出征到泽州，被任命为刑部侍郎、平章事，仍兼管户部事务，不久调任中书侍郎。他因风症上奏章请求回乡，改任刑部尚书致仕。当天坐轿子回洛阳，住在福善里，高竹大树，图书琴酒，借以自乐。乾化二年秋，去世。

庶人章第六

【原文】

用天之道①，分地之利②，谨身节用③，以养父母。此庶人之孝也。故自天子至于庶人，孝无终始④，而患不及者，未之有也⑤。

【注释】

① 用：利用。天之道：指春夏秋冬一年四季温、热、凉、寒等自然变化规律。用天道：按时令变化安排农事，实现春生、夏长、秋收、冬藏。

② 分地之利：分别土地土质情况，因地制宜，种植适宜当地生长的农作物，以收地利。

③ 谨身节用：修身饬行，节省其用。

④ 孝无终始：指践行孝道的时间、空间非常广大。

⑤ 未之有也：没有这样的事情。意思是孝行是人人都能做得到的，不会有人做不到。

【译文】

利用春、夏、秋、冬节气变化的自然规律，分别按照土地的不同特点，使之各尽所宜，以收地利；注重修身，行为恭谨，适度花费，节约用度，以此来供养父母。这就是庶民大众的孝道。所以，上自天子，下至普通老百姓，孝道是不分尊卑的，践行孝道的时间、空间非常广大，无终无始。孝道又是人人都能做得到的。有人担心自己不能做到孝，那是不可能的事情。

【解读】

此章言庶人行孝之方，并对天子、诸侯、卿大夫、士、庶人五个阶层如何尽孝作了一个小结。阐明每个人都有尽孝的义务，尽孝没有止境，而且人人都能做得到。

庶人是没有官爵的普通百姓，邢昺《疏》云："庶者，众也，谓天下众人也。皇侃云：'不言众民者，兼包府史之属，通谓之庶人也。'严植之以为士有员位，人无限极，故士以下皆为庶人。"《仪礼·士相见礼》："庶人，则曰刺草之臣。"《孟子·万章下》："在国曰市井之臣，在野曰草莽之臣，皆谓庶人。"周代统治时期族居在国中（城内）及国郊的人，称为国人。国人中的上层为卿、大夫、士，下层为庶人。大部分庶人居于城郊，耕种贵族分给他们的土地，享有贵族给予的政治军事权利。如参加国人大会，参与军事活动，充当徒卒等。但他们也承担沉重的义务，如服兵役，缴纳军赋等。他们靠劳动生存。

唐玄宗《御注》云："春生、夏长、秋收、冬藏，举事顺时，此用天道也。分别五土，视其高下，各尽所宜，此分地利也。身恭谨则远耻辱，用节省则免饥寒，公赋既充则私养不阙。"邢昺《疏》云："言庶人服田力穑，当须用天之四时生成之道也，分地五土所宜之利，谨慎其身，节省其用，以供养其父母，此则庶人之孝也。"邢昺《疏》引《尔雅·释天》云："春为发生，夏为长毓，秋为收成，冬为安宁。"并解释说："安宁即藏闭之义也。云'举事顺时，此用天之道也'者，谓举农亩之事，顺四时之气，春生则耕种，夏长则耕苗，秋收则获刈，冬藏则入廪也。""五土"邢昺《疏》引《周礼·大司徒》云："五土：一曰山林、二曰川泽、三曰丘陵、四曰坟衍、五曰原隰。"并解释说："谓庶人须能分别，视此五土之高下，随所宜而播种之，则《职方氏》所谓青州其谷宜稻麦、雍州其谷宜黍稷之类是也。"《职方氏》指《周礼·夏官·职方氏》。职方即藏方氏，是官名。职是主的意思，指职掌；方指地域。其是讲职方氏的职责以及九州的山川、地利、物畜之类，还言及九服之制。对庶人而言，孝的最基本内容是按照春生、夏长、秋收、冬藏的自然规律，根据自己所在地区的土地类型来选择适合种植的粮食，播种收获，靠土地获得生活资料。"谨身"指注重修身，行为恭谨，不要违法犯罪、打架斗殴、铤而走险、自我伤残，保护自己的身心性命不受伤害，与首章"身体发肤，受之父母，不敢毁伤"之意相通。"节用"指庶人衣服、饮食、丧祭等日用开销必须量力而行，节省用度。《礼记·王制篇》云："三年耕，必有一年之食；九年耕，必有三年之食。以三十年之通，虽有凶旱水溢，民无菜色。"辛勤劳作并懂得节约粮食，有一定积蓄，以备有灾害时免于饥饿。

《古文孝经指解》司马光曰："春耕秋获。高宜黍稷，下宜稻麦。谨身则无过，不近兵刑；节用则不乏，以供甘旨。能此二者，养道尽矣。明自士以上非直养而已，要当立身扬名，保其家国。"《古文孝经指解》范祖禹曰："因天之道，用其时也。因地之利，从其宜也。天有时，地有宜，而财用于是乎滋殖。圣人教民因之以厚其生，谨身则远罪，节用则不乏，故能以养父母，此孝之事也。"对庶人来说，能够顺天休命，春耕秋获，谨身无过，节用不乏，能够在物质上赡养父母，就算尽孝了。赡养父母是最低层次的孝，庶人能做到就可以了，而士以上还要立身扬名，保其家国。

在《论语》中孔子就指出仅仅能养还不足以尽孝，他说："今之孝者，是谓能养。至于犬马，皆能有养；不敬，何以别乎？"（《论语·为政》）他认为能养不过是出于动物血亲之情的本能行为，如果只是做到这一点，不过类似动物罢了。人之所以为人体现在孝道上就与动物有根本区别，就是在能养的同时还要有敬。言外之意，人都应该能够做到能养的基本孝行，凡是做不到的，恐怕就不是人了。黄道周《孝经集传·庶人章》注云："君子资于天地得其尊亲，小人资于天地得其乐利。小人资其力，君子资其志。君子致其礼，小人致其事。其要于敬养，不敢毁伤，则一也。然则君子不言养，小人不言敬，何也？显亲扬名则养也，谨身节用则敬也。若子之有庙祀，小人之有庙洽，大小殊致，有身则一。爱敬忠顺与为谨节，何以异乎？谨节则不伤，不伤则不毁，不伤不毁，则言行皆满于天下。言行皆满于天下，则皆可配于天地矣。"他比较君子与一般老百姓在孝道方面的异同。对老百姓来说，谨身节用是其基本要求。谨身节用则不会招来毁伤，没有毁伤则可以保全其身，从而可以孝敬父母，祭祀其祖，这样就无愧于作为一个人立于天地之间。传文部分他又引《论语·为政》："今之孝者，是谓能养。至于犬马，皆能有养；不敬，何以别乎？"强调庶人"敬养"父母："君子之敬父母，尊于天地，明于日月，道塞而反于陇亩，亦犹有郊社之意焉。马之煦沫，虽报不享，又何仿焉！曾子曰：'烹熟膻香，尝而进之，非孝也，养也。'"敬养父母要做到心中有敬，父母就是你的天地，这样面色柔顺，言辞谦逊，才是孝，而不在于给父母吃山珍海味，穿绫罗绸缎，住高屋大厦，如果没有敬在其中，则不是孝。他把"立身"也看成是庶人之孝的重要方面，传文部分他又引《礼记·坊记》："子云：'小人皆能养其亲，不敬何以辨？父子不同位，以厚敬也。'《书》云：'辟不辟，忝厥祖'"，发挥说"不能立身，不能率祖，而曰能养，小人之义也"。如果一个人在社会上道德修养和为人处世不行，不能在社会上取得一定的地位和尊严，只是简单地孝养父母，则是小人之孝。

《孝经援神契》："庶人孝曰畜，畜者，含畜为义。庶人含情受朴，躬耕力作，以畜其德，则其亲获安，故曰畜也。"在古代社会，为赡养父母而勤奋劳作被视为普通百姓应当具备的道德修养。

《孟子·离娄上》载："曾子养曾晰，必有酒肉。将彻，必请所与。问有余，必曰'有'。曾晰死，曾元养曾子，必有酒肉。将彻，不请所与。问有余，曰'亡矣'。——将以复进也。此所谓养口体者也。若曾子，则可谓养志也。事亲若曾子者，可也。"曾子奉养父亲时不仅养口体（物质赡养），而且养志（精神满足），须臾不可忘怀养亲之道。反之，哪怕是王者，只是养口体，也称不上孝。《盐铁论·孝养篇》载："周襄王之母非无酒肉也，衣食非不如曾晰也，然而被不孝之名，以其不能事其父母也。君子重其礼，小人贪其养……君子苟无其礼，虽美不食焉。"周襄王位居九五之尊，天下为家，应有尽有，但仍然蒙受"不孝"之恶名，其原因就在于周襄王之孝只不过是

"养口体"之孝，而不是"养志"之孝。

《孟子·离娄下》："世俗所谓不孝者五：惰其四支，不顾父母之养，一不孝也；博弈好饮酒，不顾父母之养，二不孝也；好货财，私妻子，不顾父母之养，三不孝也；从耳目之欲，以为父母戮，四不孝也；好勇斗狠，以危父母，五不孝也。"世上人常说不孝的事有五件：四肢懒惰（不事生产），不能养活父母，一不孝；好下棋、饮酒，不能养活父母，二不孝；贪恋钱财，偏袒妻子儿女，不能养活父母，三不孝；放纵耳目的欲望，使父母感到耻辱，四不孝；逞勇力好打架，危害了父母，五不孝。这些大概是针对一般庶人讲的。

《大戴礼记·曾子本孝》："庶人之孝也，以力恶食"，孔广森："恶食，言养以甘美自食其恶者也。"汪中认为"恶"当作"务"，声之误也。黄怀信认同此说。"务"，从事、致力之意。又，俞樾认为："以力恶食义不可通，疑本作'以任善食'，言各以力之所在甘美其食，以养父母也。"这些都是说庶人通过自己的勤劳，努力让父母吃好。《大戴礼记·曾子立事》："庶人日旦思其事，战战唯恐刑罚之至也。"庶人每天都在考虑侍奉父母的事，战战兢兢只怕违法犯罪，遭受处罚。

《大戴礼记·曾子大孝》曾子曰："孝有三：大孝尊亲，其次不辱，其下能养。……孝有三：大孝不匮，中孝用劳，小孝用力。博施备物，可谓不匮矣；尊仁安义，可谓用劳矣；慈爱忘劳，可谓用力矣。"曾子说："孝有三等：第一等的孝是能使双亲尊荣，第二等的孝是不给父母带来耻辱，第三等的孝是能够赡养父母。……孝有三等：大孝要做到无穷无尽，中孝要建立功勋，小孝只要使用力气。广泛地施仁惠于人，充分地备其物用，可以算是大孝的无穷无尽；尊重仁人，安顿义士，可以算是中孝的建立功勋；慈幼爱长，忘掉辛劳，可以算是小孝的使用力气。"就是说，孝行的三个层次，有上述两种表达。其实这两种表达大致是可以对应的，不匮就可以尊亲，用劳就可以不辱，用力就能赡养。虽然层次不同，但赡养为底线、基础。奉养父母可以从很多方面进行，《吕氏春秋·孝行览》谈到养有五道："修宫室，安床第，节饮食，养体之道也；树五色，施五彩，列文章，养目之道也；正六律，和五声，杂八音，养耳之道也；熟五谷，烹六畜，和煎调，养口之道也；和颜色，说言语，敬进退，养志之道也。此五者代进而厚用之，可谓善养矣。"就是说，奉养父母有五种方法：使居室美好，床铺安适，饮食有节，是保养身体的方法；置办各种颜色，铺设各种色彩，布置各色花纹，是保养眼睛的方法；校正六律，和谐五声，聚集八类乐器，是保养耳朵的方法；煮熟各类饭食，烹调各种畜肉，调和煎炒配制，是保养嘴口的方法；脸色温和，说话愉悦，进退恭敬，是顺应父母意志的方法。这五种奉养方法交替奉上并且严格奉行，可以说是善于奉养父母了。这里既有物质方面的，也有精神方面的。不论物质的、精神的，都应满足父母的需要，这就是孝。

《盐铁论·孝养》篇："善养者不必刍豢也，善供服者不必锦绣也。以己之所有尽事其亲，孝之至也。故匹夫勤劳，犹足以顺礼，歠（chuò）菽饮水，足以致其敬。孔子曰：'今之孝者，是为能养，不敬，何以别乎？'故上孝养志，其次养色，其次养体。贵其礼，不贪其养，礼顺心和，养虽不备，可也，《易》曰：'东邻杀牛，不如西邻之禴（yuè）祭也。'故富贵而无礼，不如贫贱之孝悌。闺门之内尽孝焉，闺门之外尽悌焉，朋友之道尽信焉，三者，孝之至也。居家理者，非谓积财也，事亲孝者，非谓鲜肴也，亦和颜色，承意尽礼义而已矣。"物质的赡养是基本的，更重要的是尽力侍奉父母，要和颜悦色，承顺父母的旨意，真正做到符合礼义罢了。

宋人真德秀在《再守泉州劝农文》中说得很好："念我此身，父母所生，宜自爱惜，莫作罪过，莫犯刑责。得忍且忍，莫要斗殴；得休且休，莫生词讼。入孝出悌，上和下睦。此便是谨身。财物难得，常须爱惜；食足充口，不须贪味；衣足蔽体，不须奢华；莫喜饮酒，饮多失事；莫喜赌博，好赌坏家；莫习魔教，莫信邪师。莫贪浪游，莫看百戏。凡人皆因妄费无节，生出事端；既不妄费，即不妄求，自然安稳，无诸灾难。此便是节用。夫谨身则不忧恼父母，节用则能供给父母。能此二者，即是谓孝。"

孔子的学生子路在出仕以前算是庶人，有百里负米养亲的故事。据《孔子家语·致思》记载：子路见于孔子曰："负重涉远，不择地而休；家贫亲老，不择禄而仕。昔者由也，事二亲之时，常食藜藿之实，为亲负米百里之外。亲殁（mò）之后，南游于楚，从车百乘，积粟万钟，累茵而坐，列鼎而食，愿欲食藜藿，为亲负米，不可复得也。枯鱼衔索，几何不蠹；二亲之寿，忽若过隙。"孔子曰："由也事亲，可谓生事尽力，死事尽思者也。"这个故事被元代郭居敬编入《全相二十四孝诗选》，题目为《负米养亲》："周，仲由，字子路。家贫，尝食黍薯之食，为亲负米百里之外。亲殁，南游于楚，从车百乘，积粟万钟，累褥而坐，列鼎而食。乃叹曰：'虽欲食黍薯之食，为亲负百里之外，不可得也。'有诗为颂。诗曰：'负米供甘旨，宁辞百里遥。身荣亲已没，犹念旧劬劳。'"

《宋史·孝义传》也记载了一位平民孝亲的故事："郭琮，台州黄岩人。幼丧父，事母极恭顺。娶妻有子，移居母室。凡母之所欲，必亲奉之。居常不过中食，绝饮酒茹荤者三十年，以祈母寿。母年百岁，耳目不衰，饮食不减，乡里异之。至道三年，诏书存恤孝悌，乡老陈赞率同里四十人状琮事于转运使以闻，有诏旌表门间，除其徭役。明年，母无疾而终。琮哀号几乎灭性，乡间率金帛以助葬。"北宋郭琮，台州黄岩人。幼年丧父，侍奉母亲极其孝顺。娶妻生子后，就移居到母亲室内，朝夕随身伺候。母亲有所想，必定亲自去办。平时过午不食，三十年戒酒食素，以此祈求母亲能够延寿。郭琮的母亲年满百岁，耳不聋眼不花，饮食不减，乡里人都感到很惊奇。至道三年，宋真宗下诏慰问救济孝顺友爱之家，乡里年高德劭的陈赞领着同乡的四十人，把郭琮孝顺母亲的事迹呈给了转运使。上报朝廷后，皇帝下诏旌表门间，免除郭琮家的徭役。第二年，郭母无疾而终。郭琮哀痛欲绝，乡里人感动得争相资助他金钱和布帛，帮他操办母亲的葬礼。

《清史稿·孝义传》记载了清康熙年间江南和州（今安徽和县）人薛文、薛化礼兄弟奉养母亲的事迹："薛文，江南和州人。弟化礼。贫，有母，兄弟一出为佣，一留侍母，迭相代。留者在母侧絮絮与母语，不使孤坐。日旰，佣者还，挟酒米鱼肉治食奉母，兄弟舞跃歌讴以侑。寒，负母曝户外，兄弟前后为侏儒作态，博母笑。母笃老，病且死，治殡葬毕，毁不能出户。佣主迹至家，文与化礼骨立不能起，哭益哀，数日皆死，时康熙四十二年也。"这件事传到和州知府何伟的耳中，知府了解了薛氏兄弟的孝行后非常感动，他认为薛氏兄弟虽然没有上过学，却能够奉行孝道，实在难能可贵，就在和州为两兄弟建了一座孝子坊，表彰他们的孝行，作为后世学习的楷模。当然，这种尽孝到兄弟两人都死去确实有点过分，背离了儒家不过哀的礼义。从另一个角度说，这样使薛家绝嗣，也是大不孝，不应该提倡。

"故自天子至于庶人，孝无终始，而患不及者，未之有也。"唐玄宗《御注》云："始自天子，终于庶人，尊卑虽殊，孝道同致，而患不能及者，未之有也。言无此理，故曰未有。"邢昺《疏》云："夫子述天子、诸侯、卿大夫、士、庶人行孝毕，于此总结之，则有五等。尊卑虽殊，至于奉亲，其道不别，故从天子已下至于庶人，其孝道则无终始贵贱之异也。或有自患己身不能及于孝，未之有也。自古及今，未有此理，盖是勉人行孝之辞也。"上述两种观点反对前面按从天子到庶人五个等级行孝并加以总结。不管人的尊卑贵贱如何悬殊，都是父母所生，践行孝道都是一致的，当然具体要求有差别，但都能做得到。这是为了勉励人们行孝。

《古文孝经指解》司马光曰："始则事亲也，终则立身行道也。患，谓祸败。言虽有其始而无其终，犹不得免于祸败，而羞及其亲，未足以为孝也。"《古文孝经指解》范祖禹曰："庶人以养父母为孝，自士已上则莫不有位，士以守祭祀为孝，卿大夫以守宗庙为孝，诸侯以保社稷为孝。至于爱敬之道，则自天子至于庶人，一也。始于事亲，终于立身者，孝之终始。自天子至于庶人，孝不能有终有始，而祸患不及者，未之有也。天子不能刑四海，诸侯不能保社稷，卿大夫不能守宗庙，士不能守祭祀，庶人不能养父母，未有灾不及其身者也。"孝之终始就是始于事亲，终于立身，有始有终，才能免于祸败。自天子至于庶人，每一阶层都有行孝的重点，即天子能刑四海，诸侯能保社稷，卿大夫能守宗庙，士能守祭祀，庶人能养父母，而爱敬之道则一直贯穿其中。

　　黄道周《孝经集传·庶人章》注云："不敢毁伤，孝之始也；立身显亲，孝之终也；谨身以事亲则有始，立身以事亲则有终。孝有终始，则道著于天下，行立于百世。不爱其身而恶慢乘之，小则毁伤其身，大则毁伤天下。"黄道周指出孝是始于不敢毁伤，谨身事亲，终于立身显亲，立身事亲。孝道有始有终，才能道著天下，行立百世。他强调的是爱身，不知爱身，小则毁伤其身，大则毁伤天下。在传文部分黄道周还引《大戴礼记·曾子立事》："曾子曰：先忧事者后乐事，先乐事者后忧事。昔者天子日旦思其四海之内，战战惟恐不能义；诸侯日旦思其四封之内，战战惟恐失损之；大夫士日旦思其官职，战战惟恐不胜；庶人日旦思其事，战战惟恐刑罚之至也。故临事而栗者，鲜不济矣"，并发挥说："故临深履薄，天子庶人之所共学也。爱敬之心，不胜恶慢，始事而勤，终事而怠，自谓无所毁伤，而毁伤者骤至矣。《丹书》曰：'敬胜怠者吉，怠胜敬者灭；义胜欲者从，欲胜义者凶。'夫为人子行孝而至无终始，非以欲胜义而然乎？胜义灭仁，祸患乃成。孟子曰：'君子有终身之忧，无一朝之患也。乃若所忧则有之：舜，人也；我，亦人也。舜为法于天下，可传于后世，我犹未免为乡人也，是则可忧也。忧之如何，如舜而已。'若夫君子所恶则无矣。非仁无为也，非礼无行也，如有一朝之患，则君子不患矣。"从天子到庶人都应有如临深渊、如履薄冰的心态。对父母的爱敬之心要胜过恶慢之心，而且不能有始无终，半途而废。要以恭敬和仁义战胜懈怠和欲望，行仁践礼，才能终身无祸患。在传文部分他还引《大学》："自天子以至于庶人，壹是皆以修身为本。其本乱而末治者，否矣。其所厚者薄，而其所薄者厚，未之有也"，并发挥说："五孝虽殊，敬身一也。敬身则敬亲，敬亲则敬天，敬天则成亲，成亲则成身，成身而其身大于天下矣。孟子曰：'人有恒言，皆曰天下国家。天下之本在国，国之本在家，家之本在身。'身厚则万物皆厚，身治则万物皆治，身毁则万物皆毁，身伤则万物皆伤矣。《虞书》曰：'敬修其可愿'，又曰：'慎厥身，修思永'，夫非爱敬终始而能如此乎！"《大学》自天子至于庶人皆以修身为本，与本章自天子至于庶人孝无终始致思一致，而主旨略异。《大学》讲修身，本章讲敬身。身为家、国、天下之本，修身为本，以爱敬贯穿孝道始终，才能成亲成身，平治天下。

三才章第七

【原文】

曾子曰："甚哉，孝之大也！"子曰："夫孝，天之经也^①，地之义也^②，民之行也^③。天地之经，而民是则之^④。则天之明^⑤，因地之利^⑥，以顺天下^⑦。是以其教不肃而成^⑧，其政不严而治。先王见教之可以化民也^⑨，是故先之以博爱，而民莫遗其亲；陈之以德义^⑩，而民兴行。先之以敬让，而民不争^⑪；导之以礼乐，而民和睦；示之以好恶，而民知禁。《诗》云：'赫赫师尹，民具尔瞻。'"^⑫

【注释】

① 经：唐玄宗《御注》："经，常也……若三辰运天而有常"，天有日、月、星三光照射，能运转四时，以生物覆帱为常，是天之经，是说孝道像天空中日月星辰的运行一样，体现了天道不可变改的道理。

② 义：唐玄宗《御注》："利物为义……五土分地而为义也。"地有山林、川泽、丘陵、坟衍和原隰五土之性，能长养万物，以承顺利物为宜，是地之义，是说孝道像大地上山川原隰的区别一样，体现了地道合乎自然的道理。

③ 民之行：人为天地所生，得天地之性，效法天地之道，以天地为人之大父母，与孝道相合，故说孝道是人各种行为中最根本、最重要的品行。

④ 则：效法，准则。

⑤ 天之明：指天空中日月星辰有规律的运行给人们带来永恒的光明。

⑥ 地之利：指大地孳生万物，产生物产，供给人们赖以生存的财物。

⑦ 顺：归顺。以顺天下：这里是说圣王对天、地、人"三才之道"融会贯通，就能够使天下人心归顺。

⑧ 肃：庄重、严肃。

⑨ 教：这里指符合天地之道和人性人情的教育。化民：教化民众。

⑩ 陈：述说、宣扬。

⑪ 不争：指不为了利益而与人争抢、争斗。

⑫ "赫赫"二句：语出《诗经·小雅·节南山》。师尹指周太师尹氏，周三公之一。"尔瞻"即"瞻尔"。

【译文】

曾子说："太伟大了！孝道真是博大精深。"孔子说："孝道犹如天上日月星辰的运行，地上万物的自然生长，天经地义，是人最根本、最重要的品行。天地有永恒不变的道理和规律，民众效法天地之道实行孝道。古代圣人效法天上的日月星辰有规律运行的道理，利用大地的山川原隰获取赖以生存的便利，因势利导，使天下人心归顺，因此其教化不须严肃施为就可以获得成功，其政治不须严厉推行就能得以治理。先代的圣王看到通过教育可以化民成俗，所以他先身体力行，泛爱他人，因而民众就没敢遗弃父母双亲的；他向人民宣扬道德仁义，民众就起来遵守实行。他先以身作则，恭敬谦让，因而民众就互不争斗；他用礼乐进行引导，民众就和睦相处；他告诉民众应该喜好什么，应该厌恶什么，民众就知道禁令而不犯法了。《诗经·小雅·节南山》篇中说：'威严而显赫的太师尹氏，人民都仰望着你。'"

【解读】

本章在三才之道的构架里强调了孝的地位和作用。"三才"指天、地、人，古人常以三者并列探索世界的构成规律，《说文》释三曰："三，天地人之道也。"《三字经》："三才者，天地人。"《老子》第二十五章云："道大，天大，地大，人亦大。域中有四大，而人居其一焉。"老子是以道统摄天地人三才。孟子有句名言："天时不如地利，地利不如人和。"（《孟子·公孙丑下》）天时、地利、人和是完成一件事情的基本条件，三者之中，"人和"是最重要的，起决定作用的因素。荀子论三才之道云："天有其时，地有其财，人有其治，夫是之谓能参。"（《荀子·天论》）天、地、人各有所长，唯有人能够参与天地的变化。《易传·系辞下》说："《易》之为书也，广大悉备：有天道焉，有人道焉，有地道焉，兼三才而两之，故六。六者，非它也，三才之道也。"这就是说，《易》这部书的内容之所以广大而完备，博大而精深，就因为它专门系统地研究了天、地、人三才之道。六画卦之所以成其为六画卦，由于它是兼备了天、地、人三才之道两两相重而成的。所以说，六画卦，并非别的什么东西，而是天、地、人三才之道。《易传·系辞》虽提出了"三才"，却没有说明"三才之道"是什么，《易传·说卦》回答了这个问题："昔者圣人之作《易》也，将以顺性命之理，是以立天之道曰阴与阳，立地之道曰柔与刚，立人之道曰仁与义，兼三才而两之，故《易》六画而成卦。"《周易·乾凿度》说："易有六位三才，天、地、人道之分际也。三才之道，天地人也。天有阴阳，地有柔刚，人有仁义。法此三者，故生六位。"这是对天、地、人三才之道内涵的界定。所谓天道为"阴与阳"，是就天之气而言的，指阴阳之气。所谓地道为"柔与刚"，是就地之质而言的。所谓人道为"仁与义"，是就人之德而言的，指仁义之德。而人道之所以为"仁与义"，乃是由于人禀受了天地阴阳刚柔之性而形成的。这就是说，《周易》通过六画成卦，分别表达了天道阴阳、地道刚柔、人道仁义的三才之道。张载《横渠易说·说卦》也简洁地概括说："易一物而三才备：阴阳气也，而谓之天；刚柔质也，而谓之地；仁义德也，而谓之人。"

此章与《左传·昭公二十五年》子大叔转述子产论礼的话"夫礼，天之经也，地之义也，民之行也。天地之经，而民实则之"文字略同，可能受《左传》的启示。

汉代董仲舒以"三才之道"论证孝悌的必然性、合理性，他说："天地人，万物之本也。天生之，地养之，人成之。天生之以孝悌，地养之以衣食，人成之以礼乐，三者相为手足，合以成体，不可一无也。无孝悌则亡其所以生，无衣食则亡其所以养，无礼乐则亡其所以成也。三者皆亡，则民如麋鹿，各从其欲，家自为俗，父不能使子，君不能使臣，虽有城郭，名曰虚邑。如此者，其君枕块而僵，莫之危而自危，莫之丧而自亡，是谓自然之罚。自然之罚至，裹袭石室，分障险阻，犹不能逃之也。明主贤君，必于其信，是故肃慎三本，郊祀致敬，共事祖祢，举显孝悌，表异孝行，所以奉天本也；秉耒躬耕，采桑亲蚕，垦草殖谷，开辟以足衣食，所以奉地本也；立辟雍庠序，修孝悌敬让，明以教化，感以礼乐，所以奉人本也。三者皆奉，则民如子弟，不敢自专；邦如父母，不待恩而爱，不须严而使。虽野居露宿，厚于宫室。如是者，其君安枕而卧，莫之助而自强，莫之绥而自安，是谓自然之赏。"（《春秋繁露·立元神》）天、地、人功能、作用各不相同，天生之以孝悌，地养之以衣食，人成之以礼乐，三者合成一个有机统一体，不可分割，在治国理政中起着重要作用。三者皆亡，人类社会就会倒退到野蛮状态，国家危亡，天下大乱，所以贤明的君王会恭敬小心地奉行三本：举孝悌以奉天本，勤耕作以奉地本，明教化以奉人本。三者皆奉，上下相亲，国泰民安，天下大治。

王符《潜夫论·本训》："是故天本诸阳，地本诸阴，人本中和。三才异务，相待而成。"天地人，阴阳中和，相辅相成。

邢昺《疏》云："天地谓之二仪，兼人谓之三才。曾子见夫子陈说五等之孝既毕，乃发叹曰：'甚哉！孝之大也。'夫子因其叹美，乃为说天经、地义、人行之事，可教化于人，故以名章，次五孝之后。"邢昺用《易传·系辞上》"《易》有太极，是生两仪"来解释天地，有天地然后有人，所以天地与人并称三才。孝道的意义太伟大了，体现了天道恒常不变的道理，地道滋润万物、养育万物的德行，人道就是效法天地之道，与天地万物和谐相处，爱敬父母，这就是人的孝行，可以用来教化百姓，垂训万世。

唐玄宗《御注》云："参闻行孝无限高卑，始知孝之为大也。经，常也。利物为义。孝为百行之首，人之常德，若三辰运天而有常，五土分地而为义也。天地之经，而民是则之。天有常明，地有常利，言人法则天地，亦以孝为常行也。法天明以为常，因地利以行义，顺此以施政教，则不待严肃而成理也。"邢昺进一步《疏》云："经，常也。人生天地之间，禀天地之气节，人之所法，是天地之常义也。圣人司牧黔庶，故须则天之常明，因依地之义利，以顺行于天下。是以其为教也，不待肃戒而成也；其为政也，不假威严而自理也。"邢昺还引唐玄宗《制旨》曰："天无立极之统，无以常其明。地无立极之统，无以常其（元缺十一字）利。人无立身之本，无以常其德。然则三辰迭运，而一以经之者，天利之性也。五土分植，而一以宜之者，大顺之理也。百行殊涂，而一致之者，大中之要也。夫爱始于和，而敬生于顺。是以因和以教爱，则易知而有亲；因顺以教敬，则易从而有功。爱敬之化行，而礼乐之政备矣。圣人则天之明以为经，因地之利以行义。故能不待严肃而成可久可大之业焉。"就是说，孝道符合天道，如同日月星辰，遵循恒常不变的运行法则；孝道契合地理，如同山川原隰，给予人们丰富的物质资源。人效法天地之道，以天地为人之大父母，孝道就是人最根本、最重要的品行，是道德的底线，是做人的本分。以孝道教化民众，主要是启发其天性，可以做到以孝道的教化不待肃戒而民自成，以孝道治国理民不假威严而民自理，可以和顺天下，用力少而成效大。《制旨》又联系《士章》的爱敬之道强调爱始于和，敬生于顺。因和以教爱，因顺以教敬，在孝道的教化中体现爱敬之道，实现可久可大之德业。

《古文孝经指解》司马光曰："经，常也言。孝者天地之常、自然之道，民法之以为行耳，其为大不亦宜乎？王者逆于天地之性，则教肃而民不从，政严而事不治。今上则天明，下则地义，中顺民性，又何待于严、肃乎？"孝是天地自然的常道，民众效法此常道作为自己的行为规范。王者如果逆天地之性，则政教不能成功。所以应该遵从上天的规范、大地的准则、人的天赋本性来推行政教。《古文孝经指解》范祖禹曰："《易》曰'大哉乾元，万物资始'，资始则父道也。又曰'至哉坤元，万物资生'，资生则母道也。天施之，万物莫不本于天，故孝者天之经；地生之，万物莫不亲于地，故孝者地之义。天地之道，顺而已矣。经者，顺之常也。义者，顺之宜也。不顺则物不生，天地顺万物，故万物顺天地。民生于天地之间，为万物之灵，故能则天地之经以为行。在天地则为顺，在人则为孝，其本一也。则天地以为行者，民也。则天地以为道者，王也。故上则因天之明，下则因地之义，教不肃而成，政不严而治，皆因人心也。"范祖禹引《易传·象传》乾元坤元之说解读本章的孝为天经地义，又引二程"天地之道，至顺而已矣"（《二程集·粹言》），把天经地义归结为"顺"，"在天地则为顺，在人则为孝，其本一也"。圣王效法天地之顺，以孝教化，就能达到不肃而成、不严而治的效果。

黄道周《孝经集传·三才章》注云："经者，天之常也；义者，地之制也。天有常制，地不敢变，法之则明，因之则利，舍是则无以和睦于上下。故孝者，天下之大顺也。《易》曰：'乾以易知，坤以简能。易则易知，简则易从。易知则有亲，易从则有功。有亲则可久，有功则可大。可久则贤人之德，可大则贤人之业。易简而天下之理得矣。天下之理得，而成位乎其中矣。'故孝者，圣贤所以成位也，易知简能，是天地之经义也。"传文部分他还引《礼记·礼运篇》："圣人参于天地，并于鬼神，以治政也。处其所存，礼之序也；玩其所乐，民之治也。故天生时而地生财，人其父生而师教之，四者，君以正用之，故君者立于无过之地也"，并发挥说："天之生时则曰明，地之生财则曰利，本于自然则曰生，因其本然则曰教。君得四正而用其经义，故先王之为治以章明经义，处其所存，玩其所乐，非谓其有严肃之令能鬼神其事也。故君者，天、地、父、师之正也。用其正而不敢有过，故以则人而人则之，以养人而人养之，以事人而人事之。天地所谓孝子则无不孝子，鬼神所谓仁人则无不仁人者矣。"

明儒吕维祺在《孝经本义·序》中也说："人之行有百，而孝为原，大哉孝乎！天不得无以为经，地不得无以为义，人不得无以为行，帝王不得无以治天下国家。"

汉代董仲舒对"夫孝，天之经也，地之义也"也有发挥：

河间献王问温城董君曰："《孝经》曰：'夫孝，天之经，地之义。'何谓也？"对曰："天有五行，木火土金水是也。木生火，火生土，土生金，金生水。水为冬，金为秋，土为季夏，火为夏，木为春。春主生，夏主长，季夏主养，秋主收，冬主藏。藏，冬之所成也。是故父之所生，其子长之；父之所长，其子养之；父之所养，其子成之。诸父所为，其子皆奉承而续行之，不敢不致如父之意，尽为人之道也。故五行者，五行也。由此观之，父授之，子受之，乃天之道也。故曰：夫孝者，天之经也。此之谓也。"王曰："善哉。天经既得闻之矣，愿闻地之义。"对曰："地出云为雨，起气为风。风雨者，地之所为。地不敢有其功名，必上之于天。命若从天气者，故曰天风天雨也，莫曰地风地雨也。勤劳在地，名一归于天，非至有义，其孰能行此？故下事上，如地事天也，可谓大忠矣。土者，火之子也。五行莫贵于土。土之于四时无所命者，不与火分功名。木名春，火名夏，金名秋，水名冬。忠臣之义，孝子之行，取之土。土者，五行最贵者也，其义不可以加矣。五声莫贵于宫，五味莫美于甘，五色莫盛于黄，此谓孝者地之义也。"王曰："善哉！"（《春秋繁露·五行对》）

孝是天之经，地之义。因为天有五行，五行有相生的关系，五行对应四季，春季主出生，夏季主成长，夏末主养成，秋季主收，冬季主收藏，贮藏是冬季所要完成的工作。凡是父亲所做的，他的孩子全接续下来继续做，不敢不让父亲的意愿实现，表达做人的原则。这五行相生相成的关系，是天道，而孝道就是这种相生相成的关系，所以说，孝是天之经。地最讲义，风雨起于地，但是叫作天刮风天下雨，地做事，功名却归于天。五行中土最讲义，火生土，土是五行中最尊贵的，土做事，却不与火分功名。忠臣之义，孝子之行是效法土德的，土是义之至，所以说孝是地之义。这里董仲舒以阴阳五行学说阐述《孝经》讲的"孝"天经地义思想，别开生面，令人耳目一新。

对"先王见教之可以化民也，是故先之以博爱，而民莫遗其亲；陈之以德义，而民兴行。先之以敬让，而民不争；导之以礼乐，而民和睦；示之以好恶，而民知禁"，唐玄宗《御注》云："见因天地教化，人之易也。君爱其亲，则人化之，无有遗其亲者。陈说德义之美，为众所慕，则人起心而行之。君行敬让，则人化而不争。礼以检其迹，乐以正其心，则和睦矣。示好以引之，示恶以止之，则人知有禁令，不敢犯也。"邢昺《疏》云："言先王见因天地之常，不肃不严之政教，可以率先化下人也。故须身行博爱之道，以率先之，则人渐其风教，无有遗其亲者。于是陈说德义之美，以顺教诲人，则人起心而行之也。先王又以身行敬让之道，以率先之，则人渐其德而不争竞也。又导之以礼乐之教，正其心迹，则人被其教，自和睦也。又示之以好者必爱之，恶者必讨之，则人见之，而知国有禁也。"

《古文孝经指解》司马光曰："知孝天地之经，易以化民也。此亲谓九族之亲。疏且爱之，况于亲乎？陈，谓陈列以教人。兴行，兴起善行。礼以和外，乐以和内。君好善而能赏，恶恶而能诛，则下知禁矣。五者皆孝治之具。"孝为天地之经，故以孝道容易教化民众。教化从亲近的人开始，在社会上兴起善行，以礼乐和谐内外，赏善罚恶。"博爱""德义""敬让""礼乐""好恶"就是孝治的具体措施。《古文孝经指解》范祖禹曰："先之博爱者，身先之也，博爱者无所不爱，况其亲族，其可遗之乎？上之所为，不令而从之，故君能博爱，则民不遗其亲矣。陈之以德义，德者得也，义者宜也，得于己，宜于人，必可见于天下，则民莫不兴行矣。先之以敬让，为上者不可不敬，为国者不可不让。先之以敬让，所以教民不争也。礼者非玉帛之谓也，乐者非钟鼓之谓也。礼所以修外主于节，乐所以修内主于和。天叙有典，天秩有礼，五典五礼，所以奉天也。有序则和，乐故乐由是生焉。有序而和，未有不亲睦者也。导之以礼乐，则民和睦矣。上之所好不必赏而劝，上之所恶不必罚而惩。好善而恶恶，则民知所禁，甚于刑赏，故人君为天下，示其好恶所在而已矣。"古代先王，也就是古代圣王，他们之所以把天下治理得很好，就是因为他们能够具体实行"博爱""德义""敬让""礼乐""好恶"这些以孝治天下的措施。原因在于"博爱者，孝之施也；德义者，孝之制也；敬让者，孝之致也；礼乐者，孝之文也；好恶者，孝之情也。五者，先王之所以教也"（黄道周《孝经集传·三才章》）。五者都与孝有关，通过五者来实现孝治天下。

黄道周还把《士章》的爱敬与这五者联系起来，他说："爱以导和，敬以导顺，内和外顺，故博爱、德义、敬让、礼乐因之而生。故舍爱敬，先王无以为教也。"（黄道周《孝经集传·三才章》传文）用爱引导则和，用敬引导则顺，内外和顺，才有博爱、德义、敬让、礼乐，因而舍弃爱敬，先王之教就无法落实。不但如此，好恶也很重要。黄道周《孝经集传·三才章》传文部分引《礼记·乐记》："乐者为同，礼者为异。同则相亲，异则相敬。乐胜则流，礼胜则离。合情饰貌者，礼乐之事也。礼义立，则贵贱等矣。乐文同，则上下和矣。好恶著，则贤不肖别矣。刑禁暴，爵举贤，则政均矣。仁以爱之，义以正之，如此则民治行矣"，并发挥说："夫以孝为教者，好恶刑禁亦何所事乎？曰：圣人治民有不得已也。博爱以先之，德义以陈之，敬让以申之，礼乐以道之，而民性未动。先王亦曰民未知禁也。示之以好恶，使知禁焉耳。"教民以好恶，才能使民知刑禁。教化要合乎民性，人性本善，"教者之通于性也。民性好善，示之以善，无不任。与之以善，又无不让也。任善而喜，喜出于爱，爱以为乐。让善而若愧，愧出于敬，敬以为礼。圣人与人一言，而博爱、德义、敬让、礼乐、好恶皆备者，与善之谓也"。因民性之善，导民向善则民趋向善，导民有敬则民知有礼，博爱、德义、敬让、礼乐、好恶于是乎备焉。

这一章的"博爱"值得特别重视，在《天子章》，唐玄宗《御注》"爱亲者，不敢恶于人"曰："博爱也。"邢昺《疏》解释道："博，大也。言君爱亲，又施德教于人，使人皆爱其亲，不敢有恶其父母者，是博爱也。"这是指天子的博爱，与本章一致。《古文孝经指解》范祖禹曰："博爱者无所不爱，况其亲族，其可遗之乎？上之所为，不令而从之，故君能博爱，则民不遗其亲矣。"项霖《孝经述注》注："博爱，为仁之用"，博爱是仁的发用。实际上，"博爱"是孔孟仁爱思想的引申和发展，在儒家思想体系中居于核心地位，也是以儒学为代表的中华文化与以基督教为代表的西方文化交流融会的关键。孔子教育弟子"泛爱众而亲仁"（《论语·学而》），其中"泛爱"的"泛"，宋代邢昺注释为"宽博之语"，"泛爱众"是讲"君子尊贤而容众，或博爱众人也"。希望人尊贤容众，博爱众人，亲近那些有仁德的人。孟子说："老吾老，以及人之老；幼吾幼，以及人之幼。"（《孟子·梁惠王上》）敬爱自己的父母，也要敬爱别人的父母；爱护自己的孩子，也要爱护别人家的孩子。人不要把自己的爱局限在狭隘的天地，不要太自私。《孝经》在孔孟的泛爱众思想基础上明确提出了"博爱"，就是儒家式的"博爱"，即在血缘亲情基础上把亲情之爱加以扩展的广博之爱，后儒多有阐述。汉初贾谊《新书·修政语上》有"德莫高于博爱人"，认为最高的德行就是能够博爱大众。董仲舒说："仁者，所以爱人类也"（《春秋繁露·必仁且智》），"忠信而博爱"（《春秋繁露·深察名号》），"泛爱群生，不以喜怒赏罚，所以为仁也"（《春秋繁露·离合根》），这都是由仁爱推衍的泛爱（博爱）之意。《说苑·君道篇》载师旷言云："人君之道，清净无为，务在博爱，趋在任贤，广开耳目，以察万方，不固溺于流俗，不拘系于左右，廓然远见，踔然独立，屡省考绩，以临臣下。此人君之操也。"汉末徐干《中论·智行》云："夫君子仁以博爱。"把仁解释为博爱，是君子修养之首。三国魏曹植《当欲游南山行》："长者能博爱，天下寄其身。"唐代韩愈在《原道》中提出"博爱之谓仁"，直接以"博爱"释"仁"。宋欧阳修《乞出表》之二："大仁博爱而无私，未尝违物。"孙中山受西方基督教思想的影响，对儒家"博爱"精神进行了现代阐发，认为"博爱云者，为公爱而非私爱。即如'天下有饥者，由己饥之；天下有溺者，由己溺之'之意。与夫爱父母妻子者有别，以其所爱在大，非妇人之仁可比，故谓之博爱。能博爱，即可谓之仁"。[①]他一生题字最多的就是"博爱"二字，并多次把"博爱"题词分赠国际友人，赢得了世人的尊敬与好评。

关于"德义"，邢昺《疏》云："且德义之利，是为政之本也。言大臣陈说德义之美，是天子所重，为群情所慕，则人起发心志而效行之。"《古文孝经指解》范祖禹曰："德者得也，义者宜也。得于己，宜于人，必可见于天下，则民莫不兴行矣。"德义，一般指道德信义。为政者重视道德信义，就能赢得民众的倾慕，竞相仿效而形成良好的风气，德义是为政之本。《左传·僖公二十四年》："心不则德义之经为顽，口不道忠信之言为嚚（yín）。"心里不遵循德义的准则是愚蠢无知，嘴里不说忠信的话是奸伪狡猾。《左传·僖公二十七年》："说礼乐而敦《诗》《书》。《诗》《书》，义之府也；礼乐，德之则也；德义，利之本也。"喜爱礼乐而重视《诗》《书》。《诗》《书》，是道义的府库；礼乐，是道德的表率；道德信义，是利益的基础。荀悦《汉纪·高祖纪二》："彼皆戴仰大王德义，愿为大王臣妾。德义已行，南面称伯，楚必敛衽而期。"

关于"敬让"，《古文孝经指解》范祖禹曰："为上者不可不敬，为国者不可不让。先之以敬让，所以教民不争也。"项霦《孝经述注》注曰："敬让，为礼之用。"《礼记·经解》："是故隆礼由礼，谓之有方之士；不隆礼，不由礼，谓之无方之民，敬让之道也。"敬让一般指恭敬谦让，是礼的发用。通过礼乐教化，使人们成为有修养、守礼法之士。邢昺《疏》引《礼记·乡饮酒义》："先礼而后财，则民作敬让而不争矣。"解释云："言君身先行敬让，则天下之人自息贪竞也。"正如《论语·里仁》孔子所说："能以礼让为国乎，何有？不能以礼让为国，如礼何？"《汉书·元帝纪》："盖闻明王之治国也，明好恶而定去就，崇敬让而民兴行，故法设而民不犯，令施而民从。"为政者以礼治国，自己尊敬人、礼让人，那这一国的人们就都能够消除贪

---

① 《孙中山全集》第 6 卷，中华书局 1986 年版，第 22 页。

心，不恶意竞争，形成彬彬有礼、和谐美好的社会。

关于"礼乐"，《古文孝经指解》司马光曰："礼以和外，乐以和内。"《古文孝经指解》范祖禹曰："礼者非玉帛之谓也，乐者非钟鼓之谓也。礼所以修外，主于节；乐所以修内，主于和。'天叙有典'，'天秩有礼'，五典五礼，所以奉天也。有序则和，乐故乐由是生焉。有序而和，未有不亲睦者也。导之以礼乐，则民和睦矣。"邢昺《疏》还引《礼记》："乐由中出，礼自外作"，发挥说："中，谓心在其中也；外，谓迹见于外也。由心以出者，宜听乐以正之；自迹以见者，当用礼以检之。检之谓检束也。言心迹不违于礼乐，则人当自和睦也。"礼就是指各种礼节规范，乐则包括音乐和舞蹈。在中国传统文化中，礼和乐有不同的功能，但不可分割，不可偏废，在具体实践过程中相辅相成，相互配合，共同发挥作用。项霦《孝经述注》注曰："敬让为礼之用，和睦为乐之本。礼乐之感化，上下安定，风俗丕变，不争即和睦矣。"

《礼记·乐记》对礼与乐的联系与区别有全面、深入的论述，如"礼以导其志，乐以和其声"，"礼节民心，乐和民声"，"大乐与天地同和，大礼与天地同节"，"乐者，天地之和也；礼者，天地之序也"。"乐统同，礼辨异，礼乐之说，管乎人情矣。""乐者为同，礼者为异。同则相亲，异则相敬。"总之，礼、乐职能不同，礼别异，乐求同：礼区分人们的贵贱等级，使之有序；乐则统一人们的心理感情，使之和顺。礼、乐的作用不同，礼主要是控制、规范、归化人们的行为，乐主要是渲泄、疏导、调整人们的情感。黄道周引《礼记·乐记》："乐由中出，礼自外作。乐由中出故静，礼自外作故文。大乐必易，大礼必简。乐至则无怨，礼至则不争。揖让而治天下者，礼乐之谓也"，把礼乐与孝悌之道结合起来说："礼乐之易简，夫非孝弟而何乎？至孝则无怨，至弟则不争，孝非内也，弟非外也，而至孝多情，至弟多文，或以内顺，或以外顺，内外交让，而至教被于天下矣。"

关于"好恶"，《古文孝经指解》司马光曰："君好善而能赏，恶恶而能诛，则下知禁矣。"范祖禹曰："好善而恶恶，则民知所禁，甚于刑赏，故人君为天下，示其好恶所在而已矣。"君主的好恶以及基于好恶的赏罚，使民众知其所禁，进而趋向为善之途。邢昺《疏》引《乐记》："先王之制礼乐也，将以教民平好恶而反人道之正也。"解释说："故示有好必赏之，令以引喻之，使其慕而归善也；示有恶必罚之，禁以惩止之，使其惧而不为也。"《春秋繁露·王道通三》云："主之好恶喜怒，乃天之春夏秋冬也，其俱暖清寒暑，而以变化成功也……人主之好恶喜怒，乃天之暖清寒暑也，不可不审其处而出也，当暑而寒，当寒而暑，必为恶岁矣；人主当喜而怒，当怒而喜，必为乱世矣。是故人主之大守，在于谨藏而禁内，使好恶喜怒，必当义乃出，若暖清寒暑之必当其时乃发也，人主掌此而无失，使乃好恶喜怒未尝差也，如春秋冬夏之未尝过也，可谓参天矣。"董仲舒以天人感应的观点强调君主的好恶喜怒就是天道的春夏秋冬，暖清寒暑，要与天道相符，不能颠倒错乱，不然会造成社会混乱不安。

古代先王制礼作乐，通过礼乐体现好恶，对民众进行教化，使他们走上人生正道。所谓教化，就是上行下效。《白虎通·三教》："教者效也，上为之，下效之。"《韩非子·外储说·左上》记载了两个故事：

邹君好服长缨，左右皆服长缨，缨甚贵。邹君患之，问左右，左右曰："君好服，百姓亦多服，是以贵。"君因先自断其缨而出，国中皆不服缨。君不能下令为百姓服度以禁之，乃断缨出以示先民，是先戮以莅民也。

齐桓公好服紫，一国尽服紫。当是时也，五素不得一紫。桓公患之，谓管仲曰："寡人好服紫，紫贵甚，一国百姓好服紫不已，寡人奈何？"管仲曰："君欲止之，何不试勿衣紫也？谓左右曰：'吾甚恶紫之臭。'于是左右适有衣紫而进者，公必曰：'少却，吾恶紫臭。'"公曰："诺。"于是日，郎中莫衣紫；其明日，国中莫衣紫；三日，境内莫衣紫也。

邹国国君喜好系长长的帽带，邹君左右的人也跟着系长帽带，因此使帽带非常贵。邹君为此而担忧，他就问左右的人，帽带为什么这么贵。左右的人说："国君您喜好系，百姓也就都来系。大家都去买，所以贵了。"邹君于是率先剪断了帽带然后出宫去让百姓看。这样全国的人都不系帽带了。齐桓公喜欢穿紫色衣服，全国的人便都穿紫色衣服。在那时，五件没染色的衣服换不了一件紫色衣服。桓公很忧虑此事，对管仲说："我喜欢穿紫衣，紫色甚贵而且全国的人都穿紫衣，我应该怎么办呢？"管仲说："您打算制止这种行为，为什么不试着不穿紫衣呢？您可以对左右的人说：我非常讨厌紫色衣服的气味。如果有人穿紫衣来见您，您就严肃地说：后退，我讨厌紫色衣服的气味。"齐桓公说："好！就这样做！"这样做了以后，当天官员们就不穿紫衣了；第二天，国都的人也不穿了；第三天，全国的人都不穿了。"邹缨齐紫"说的是国君喜好什么，下面的人就跟着喜好什么，因此"邹缨齐紫"就成了"上行下效"的代名词。岂止是"上行下效"，《礼记·缁衣篇》还说："上好是物，下必有甚者矣。故上之所好恶，不可不慎也，是民之表也。"在上者的好恶如果不慎，会在老百姓那里出现放大效应，就是说，在上位的人喜欢或者厌恶什么，在下位的人仿效的程度会超过在上位的人。所以在上者作为民众的表率，其好恶不可不慎。

孝治章第八

【原文】

子曰："昔者明王之以孝治天下也，不敢遗小国之臣①，而况于公、侯、伯、子、男乎？②故得万国之欢心③，以事其先王④。治国者⑤，不敢侮于鳏寡⑥，而况于士民乎？故得百姓之欢心，以事其先君⑦。治家者⑧，不敢失于臣妾⑨，而况于妻子乎？⑩故得人之欢心，以事其亲⑪。夫然，故生则亲安之⑫，祭则鬼享之⑬。是以天下和平，灾害不生，祸乱不作。故明王之以孝治天下也如此。《诗》云：'有觉德行，四国顺之。'"⑭

【注释】

①遗：遗忘，遗弃。小国之臣：指小国派来的使臣，一般容易被疏忽怠慢。

②公、侯、伯、子、男：周朝分封诸侯的五等爵位，后代爵称和爵位制度往往因时而异。

③万国：指众多的诸侯国。万：是言其多，非实数。

④先王：指已经去世的先代君王。这里指各国诸侯依礼制来参加祭祀先王的典礼，表示对天子的归顺。

⑤治国者：指诸侯。

⑥侮：欺侮。鳏（guān）寡：《孟子·梁惠王下》："老而无妻曰鳏，老而无夫曰寡。"后代通常称丧妻者为鳏夫，丧夫者为寡妇。这里以鳏寡指代孤弱者。《礼记·王制》："少而无父者谓之孤，老而无子者谓之独，老而无妻者谓之矜，老而无夫者谓之寡。此四者，天民之穷而无告者也，皆有常饩。"饩（xì），即饩廪（lǐn）：

古代官府发给孤弱者的作为月薪的粮食，也泛指薪俸。

⑦ 先君：指诸侯国已经去世的先代国君。这是说百姓们都依礼制来参加祭奠先君的典礼，表示民众对国君的拥戴。

⑧ 治家者：指卿、大夫。

⑨ 臣妾：古代称地位低贱者，这里指家内的奴隶或仆人，男性称臣，女性称妾。

⑩ 妻子：妻子和儿女。

⑪ 以事其亲：这是说卿、大夫能得到妻子、儿女，乃至男女仆人的欢心，来协助他奉养双亲。

⑫ 生：活着的时候。安：安乐，安宁，安心。之：指双亲。

⑬ 鬼：指去世的父母的灵魂。《说文》："鬼，人所归为鬼。"《礼记·祭义》云："众生必死，死必归土，此之谓鬼。"《礼记·祭法》则云："庶人庶士无庙者，死曰鬼。"

⑭ "有觉"二句：语出《诗经·大雅·抑》。觉：大。四国：四方之国。意思是，天子有伟大的德行，四方的国家都会归顺他。

【译文】

孔子说："从前，圣明的君王以孝道治理天下，就连小国的臣属都不敢遗忘与疏忽，更何况对公、侯、伯、子、男五等诸侯呢？因此，就得到了各诸侯国的拥戴，他们都来协助天子筹备祭典，参加祭祀先代君王的典礼。治理封国的诸侯，就连鳏夫和寡妇都不敢轻慢和欺侮，何况对士人和平民呢？因此，就得到了百姓的拥戴，他们都来协助诸侯筹备祭典，参加祭祀先代国君的典礼。治理家族的卿、大夫，即便对于臣仆婢妾也不失礼，何况对妻子、儿女呢？因此，就得到大家的拥戴，他们都齐心协力地来协助他奉养双亲。只有这样，才会让双亲在世的时候过着安乐的生活，去世以后灵魂能够按时享用祭奠。正因为如此，也就能够使天下祥和太平，不发生自然灾害，不会出现人为的祸乱。所以，圣明的君王以孝道治理天下，就会像上面所说的那样。《诗经·大雅·抑》篇中说：'天子有伟大的德行，四方的国家都会归顺他。'"

【解读】

本章讲圣明的君王如何以孝治天下。邢昺《疏》解释本章的主旨："夫子述此明王以孝治天下也。前章明先王因天地、顺人情以为教。此章言明王由孝而治，故以名章，次《三才》之后也。"本章提出了"孝治"观念。什么是"孝治"？欧阳修《皇太后还政议合行典礼诏》："刑于四海之风，必务先于孝治，惟是事亲之礼，盖存有国之规。"谢幼伟说："孝道是依据亲亲、敬长、返本及感恩四种意义而发展出来的道德，依据此道德去治国，便是孝治。"①

"昔者明王之以孝治天下也，不敢遗小国之臣，而况于公、侯、伯、子、男乎？故得万国之欢心，以事其先王。"邢昺《疏》云："言昔者圣明之王，能以孝道治于天下，大教接物，故不敢遗小国之臣，而况于五等之君乎？言必礼敬之。明王能如此，故得万国之欢心，谓各修其德，尽其欢心而来助祭，以事其先王。"《古文孝经指解》司马光曰："遗，谓简忽使之失所。莫不得所欲，故皆有欢心，以之事先王，孝孰大焉。"《古文孝经指解》范祖禹曰："天子不敢遗小国之臣，则待公侯伯子男以礼可知矣。上以礼待下，下以礼事上，而爱敬生焉。爱敬，所以得天下之欢心也。以万国欢心而事先王，此天子孝之大者也。"黄道周《孝经集传·孝治章》也发挥说："爱敬著于心则恶慢远于人，恶慢著于心则怨讟生于下矣。聚顺承欢，人道之至大者也。《易》曰：'雷出地奋，豫。先王以作乐崇德，殷荐之上帝，以配祖考。'夫得万国而不得其欢心，虽得万国安用乎？孟子曰：'天下大悦而将归己，视天下悦而归己犹草芥也，惟舜为然。舜尽事亲之道而瞽瞍底豫，瞽瞍底豫而天下化；瞽瞍底豫而天下之为父子者定。'若舜可谓得万国之欢心者矣！"

---

① 谢幼伟：《中西哲学论文集》，香港新亚研究所，1969年，第27—39页。

古代圣明的君王以孝治天下，对各级贵族，即使小国的臣子，都能够礼敬，这样才能使天下万国心心相向，心悦诚服，侍奉先王。

"治国者，不敢侮于鳏寡，而况于士民乎？故得百姓之欢心，以事其先君。"邢昺《疏》认为这是讲诸侯的孝治："此说诸侯之孝治也。言诸侯以孝道治其国者，尚不敢轻侮于鳏夫寡妇，而况于知礼义之士民乎？亦言必不轻侮也。以此故得其国内百姓欢悦，以事其先君也。"《古文孝经指解》司马光曰："侮，谓轻弃之。士，谓凡在位者。"《古文孝经指解》范祖禹曰："治国者不敢侮鳏寡，则无一夫不获其所矣。以百姓欢心而事先君，此诸侯孝之大者也。"黄道周《孝经集传·孝治章》则针对诸侯的骄溢之过说："治国而侮士民，则骄溢之过也。骄溢者，富贵之过也。骄溢不长存，富贵不长保，故失社稷，怒人民者比比也。"诸侯的孝治要礼遇士民，连鳏寡孤独，即国家中的弱势群体都能得到照顾，这样就会赢得全国百姓的欢心。反之，国君过分骄溢，轻视乃至欺侮士民，人们就会仇视国君，国家离灭亡就不远了。

"治家者，不敢失于臣妾，而况于妻子乎？故得人之欢心，以事其亲。"唐玄宗《御注》云："理家，谓卿大夫。臣妾，家之贱者。妻子，家之贵者。卿大夫位以材进，受禄养亲，若能孝理其家，则得小大之欢心，助其奉养。"邢昺《疏》云："说卿大夫之孝治也。言以孝道理治其家者，不敢失于其家臣妾贱者，而况于妻子之贵者乎？言必不失也。故得其家之欢心，以承事其亲也。"《古文孝经指解》范祖禹曰："治家者，遇臣妾以道，待妻子以礼，然后可以得人之欢心，而不辱其亲矣。"卿大夫的孝治体现在治家过程中，对妻子儿女率先垂范，也不能失礼于家臣奴婢，这样就会赢得全家上上下下的欢心。黄道周注云："言非法言，行非法行，则其臣妾妻子意而薄之矣，又以富贵怒其妻子，则是绝祀也。孟子曰：'身不行道，不行于妻子；使人不以道，不能行于妻子。'以孝为治者，常思其亲，则亲爱、畏敬、贱恶、哀矜、傲惰此五僻者无由而生也夫。爱敬而亦有僻者乎！爱敬不于其亲而爱敬它人，故其亲怒于上而众怨于下也。"这里他引《孟子》说明孝治就是齐家之道的有机组成部分。

邢昺还对明王、诸侯、卿大夫这三等孝治之间的差异与联系进行了梳理：

> 明王言"不敢遗小国之臣"、诸侯言"不敢侮于鳏寡"、大夫言"不敢失于臣妾"者，刘炫云："遗谓意不存录，侮谓忽慢其人，失谓不得其意。"小国之臣位卑，或简其礼，故云不敢遗也。鳏寡人中贱弱，或被人轻侮欺陵，故曰不敢侮也。臣妾营事产业，宜须得其心力，故云不敢失也。明王"况公侯伯子男"、诸侯"况士民"、卿大夫"况妻子"者，以王者尊贵，故况列国之贵者；谓侯差卑，故况国中之卑者，以五等皆贵，故况其卑也；大夫或事父母，故况家人之贵者也。

按照本章意思，圣明的君王以孝治天下，要做到不敢遗忘小国之臣；诸侯以孝治国要做到不敢欺侮鳏寡孤独；卿大夫以孝治家，要做到不敢对臣妾失礼。这样，就能赢得人人的欢心，家庭和睦，国家和谐，天下大治。

《古文孝经指解》范祖禹曰："自天子至于卿大夫，事亲以欢心为大。天子必得天下之心，诸侯必得一国之心，卿大夫必得人之心，乃可以为孝矣。"他认为天子、诸侯、卿大夫这三等孝治事亲以欢心为大，其实就是得民心，然而层次和范围不同。

"夫然，故生则亲安之，祭则鬼享之。是以天下和平，灾害不生，祸乱不作。故明王之以孝治天下也如此。"唐玄宗《御注》云："夫然者，上孝理皆得欢心，则存安其荣，没享其祭。上敬下欢，存安没享，人用和睦，以致太平，则灾害祸乱，无因而起。言明王以孝为理，则诸侯以下化而行之，故致如此福应。"邢昺《疏》云："此总结天子、诸侯、卿大夫之孝治也。言明王孝治其下，则诸侯以下各顺其教，皆治其国家也。如此各得欢心，亲若存则安其孝养，没则享其祭祀，故得和气降生，感动昭昧。是以普天之下，和睦太平，灾害之萌不生，祸乱之端不起。此谓明王之以孝治天下也，能致如此之美。"明王、诸侯、大夫虽处于不同等级，都能行孝治，都能使人人欢心，但最后总结只说"明王之以孝治天下也如此"，是因为诸侯以下都奉王命行事，所以把孝治归功于明王。《古文孝经指解》司马光曰："治天下国家者，苟不用此道，则近于危辱，非孝也。天道和。人理平。使国以孝治其国，家以孝治其家，以致和平。"《古文孝经指解》范祖禹曰："夫知幽莫如显，知死莫如生，能事亲则能事神，故生则亲安之，祭则鬼享之，其理然也。灾害天之所为也，祸乱人之所为也。夫孝致之而塞乎天地，溥之而横乎四海，推一人之心而至于阴阳和，风雨时，故灾害不生。礼乐兴，刑罚措，故祸乱不作。"通过祭祀活动，孝贯通幽明、生死。天子之孝心发挥作用，可以塞天地，横四海，和阴阳，调风雨，兴礼乐，措刑罚，使风调雨顺，国泰民安。

黄道周《孝经集传·孝治章》进一步发挥说："甚矣，聚顺之大也！聚天下之欢心以致二人之养，是荐上帝配祖考之所从始也。生则聚顺以为养，死则聚顺以为祭。去人之力而用其志，用人之志而萃其心，是仁人孝子之极致也。……民心不欢，天下不顺，虽贞子无以顺于父母。故灾害祸乱，则民心之不顺为之也。和气生则众志平，众志平则怨恶息，天人交应而鬼神从之。《书》曰'协和万邦，黎民于变时雍'，盖言顺也。唐虞之治，非聚众顺而能有此乎？故曰'明于顺，然后能守危也'，是之谓也。"这就把凝聚人心、使人人和顺看成实现"天下和平，灾害不生，祸乱不作"，即孝治天下的理想境界。

历代帝王、学者都从总体上把《孝经》不仅仅看作齐家，而且是治国平天下的大纲大法。朱元璋说《孝经》是"孔子明帝王治天下之大经大法，以垂万世"（《明会要》卷二六）。吕维祺在《孝经或问》中指出《孝经》一书的著作旨趣："或问《孝经》何为而作也？曰：为阐发明王以孝治天下之大经大法而作也。孔子本欲得明王辅之，以行孝治天下之道，而道卒不行，故其晚年传之曾子以诏天下与来世，非特为家庭温情，定省之仪节言也。"吕维祺在《孝经本义·序》中还说："尧舜之亲睦克谐，吾本也；尧舜之钦明温恭，吾本之本也。则凡古明王之以孝治天下者，其仰参天经，俯察地义，幽通神明，远光四海，皆不越因心得之，而又何屑乎富强？何繁乎刑名？何忧乎邪慝祸乱？明乎此，而帝王治天下大经大本，与其所以相传之心法，庶不晦于天下与后世，而学者之从事于孔曾之传者，亦可以知所本矣。"这就阐明了上古圣王以来的孝治传统是治天下之大经大本，也是圣圣相传之心法。

中国古代孝治传统历史悠久，《孟子·告子下》说："尧舜之道，孝弟而已矣。"汉代司马迁在《史记·五帝本纪》中亦将其起源推至传说时代的舜，称舜"顺事父及后母与弟，日以笃谨，匪有懈"，"舜年二十以孝闻"。"养老"就是上古以来圣帝明王孝治的重要内容，《礼记·王制》载："有虞氏养国老于上庠，养庶老于下庠。夏后氏养国老于东序，养庶老于西序。殷人养国老于右学，养庶老于左学。周人养国老于东胶，养庶老于虞庠，虞庠在国之西郊。有虞氏皇而祭，深衣而养老。夏后氏收而祭，燕衣而养老。殷人冔（xǔ）而祭，缟（gǎo）衣而养老。周人冕而祭，玄衣而养老。凡三王养老皆引年。""凡养老，有虞氏以燕礼，夏后氏以飨礼，殷人以食礼。周人修而兼用之，五十养于乡，六十养于国，七十养于学，达于诸侯。"周代的养老礼仪包括朝廷和地方两个层次。在朝廷，天子一般要定期视察学校，亲行养老之礼，在太学设宴款待三老、五更及群老，以示恩宠礼遇。在地方，则每年要定期举行乡饮酒礼，六十岁以上的老人享有特殊的礼遇。

乡饮酒礼就是孝治在乡村的实践。《礼记·射义》说："乡饮酒之礼者，所以明长幼之序也。"《礼记·乡饮酒义》说："乡饮酒之礼：六十者坐，五十者立侍以听政役，所以明尊长也。六十者三豆，七十者四豆，八十者五豆，九十者六豆，所以明养老也。民知尊长养老，而后乃能入孝弟。民入孝弟，出尊长养老，而后成教，成教而后国可安也。君子之所谓孝者，非家至而日见之也。合诸乡射，教之乡饮酒之礼，而孝弟之行立矣。"乡饮酒礼的意义在于通过尊长养老，让人们懂得孝悌之道，是一种普及性的道德实践活动，以礼成就孝悌、尊贤、敬长养老的道德风尚，达到社会教化的目的。

从西周开始，统治者就要求每个社会成员都要恪守君臣、父子、长幼之道：在家孝顺父母，至亲至爱；在社会上尊老敬老，选贤举能；在国家则忠于君王，报效朝廷。周代规定，"五十杖于家，六十杖于乡，七十杖于国，八十杖于朝，九十者，天子欲有问焉，则就其室以珍从"（《礼记·王制》）。"杖"指老年人拄的拐杖，拄着拐杖的老人是受尊敬的。杖于家、乡、国、朝之说，是随着年龄的增长，应该逐步受到更大范围、更高层次的尊敬。

孔子继承了上古以来养老、敬老的传统，提出了"以孝为政"的"孝治"原则。有人劝孔子当官从政，孔子说："《书》云：'孝乎惟孝、友于兄弟，施于有政。'是亦为政，奚其为为政！"（《论语·为政》）孔子说，《尚书》上说，虽然不在官位，只要在家孝敬父母，友爱兄弟，把这孝悌的道理施于政事，也就是从事政事，又要怎样才能算是为政呢？说明孝友是为政之本，在家行孝悌之道也是为政的一部分。

此后，汉王朝提倡"以孝治天下"，采取了很多具体措施以孝道治理国家，教化百姓，孝道由家庭伦理扩展为社会伦理、政治伦理。汉高祖西入关中时，就"存问父老，置酒"（《汉书·高帝纪》）。刘邦称帝后也开始行天子之孝，六年（前201）下诏曰："人之至亲，莫亲于父子，故父有天下传归于子，子有天下尊归于父，此人道之极也。前日天下大乱，兵革并起，万民苦殃，朕亲被坚执锐，自帅士卒，犯危难，平暴乱，立诸侯，偃兵息民，天下大安，此皆太公之教训也。诸王、通侯、将军、群卿、大夫已尊朕为皇帝，而太公未有号，今上尊太公曰太上皇。"把父亲尊为太上皇，因太公在关中住不习惯，就将老家沛县丰邑的乡邻迁来与之同住，并特置"新丰县"，以博太公欢心，于是揭开了汉代孝治的序幕。

西汉初文帝刘恒被称为孝心皇帝。他是汉高祖刘邦的第四个儿子，从小就奉行孝道。刘恒被封为代王时，生母薄姬跟随他住在一起。刘恒与母亲感情深厚，尽心侍奉母亲，尽力让她感到快乐和满足。刘恒登基为帝后，薄氏卧病在床三年，刘恒不顾自己的帝王身份，常常目不交睫，衣不解带，亲自侍奉母亲。母亲所服的汤药，他总要亲口尝过后，冷热相宜才放心让母亲服用。汉文帝时有个著名的"缇萦（tí yíng）救父"故事，就与汉文帝孝治有关。据《汉书·刑法志》载：

> 即位十三年，齐太仓令淳于公有罪当刑，诏狱逮系长安。淳于公无男，有五女，当行会逮，骂其女曰："生子不生男，缓急非有益！"其少女缇萦，自伤悲泣，乃随其父至长安，上书曰："妾父为吏，齐中皆称其廉平，今坐法当刑。妾伤夫死者不可复生，刑者不可复属，虽后欲改过自新，其道亡繇也。妾愿没入为官婢，以赎父刑罪，使得自新。"书奏天子，天子怜悲其意，遂下令曰："制诏御史：盖闻有虞氏之时，画衣冠、异章服以为戮，而民弗犯，何治之至也！今法有肉刑三，而奸不止，其咎安在？非乃朕德之薄而教不明与？吾甚自愧。故夫训道不纯而愚民陷焉。《诗》曰：'恺弟君子，民之父母。'今人有过，教未施而刑已加焉，或欲改行为善，而道亡繇至，朕甚怜之。夫刑至断支体，刻肌肤，终身不息，何其刑之痛而不德也！岂称为民父母之意哉？其除肉刑，有以易之；及令罪人各以轻重，不亡逃，有年而免。具为令。"

当时有个读书人叫淳于意，此人刚直不阿，不愿与腐败的官僚为伍，辞了太仓令的职务，做起了济世救人的医生。他医术高明，是著名医师杨庆的徒弟。但有一次因看病疏漏，得罪了一位有权势的人，此人告他误诊害死人命。按当时的法律，淳于意当判"肉刑"，这是一种非常残酷的刑罚，或脸上刺字，或割去鼻子，或砍去左足或右足。淳于意为此非常忧惧，这时他的小女儿淳于缇萦自告奋勇要解救父难，即随父到长安，托人写了一封奏章，到宫门口通过守门人寄给汉文帝刘恒。汉文帝听说奏章系一个小姑娘寄上，非常重视，打开一看，奏章写道：我叫缇萦，是原太仓令淳于意的小女儿。我父亲做官的时候，齐地的人都说他是个清官。这回一时疏忽，犯了罪，要被判处肉刑。我不但为父亲难过，也为所有受肉刑的人伤心。一个人砍去脚就成了残废；割去了鼻子，不能再装上去，以后就是想改过自新，也没有办法了。我情愿进入官府为奴婢，替父亲赎罪，好让他有个改过自新的机会。汉文帝被这个小姑娘的勇敢和孝心所感动，召集大臣发布命令，废除了残忍的肉刑。此后，缇萦救父美名扬，汉文帝的仁德也随之传于四海。中国历史上有著名的"二十四孝"，汉文帝刘恒以皇帝身份入选，是很不容易的。汉文帝作为万民之王，以孝治天下，提倡轻徭薄赋，与民休息，节俭敦朴，厚养薄葬，得到了众臣和人民的衷心拥戴，饱受战乱的国家逐渐走向兴旺繁荣，一派升平景象，与其后的汉景帝一起开创了历史上"文景之治"的盛世。汉文帝作为中国历史上有名的孝顺皇帝，"以孝治天下"，彪炳史册。

汉初朝廷纠正秦法之弊，颁布了各种法令政策以鼓励人民尽孝。汉文帝本人是孝子，他除了给母亲端汤奉药的"私孝"，作为皇帝、万民之主，他对普天之下的老人都心存孝道。他登基时第一道圣旨是"大赦天下"，这和其他皇帝没什么两样，他登基的第二道圣旨"定振穷、养老"："方春和时，草木群生之物皆有以自乐，而吾百姓鳏、寡、孤、独、穷困之人或陷于死亡，而莫之省忧。为民父母将何如？其议所以振贷之。"又曰："老者非帛不暖，非肉不饱。今岁首，不时使人存问长老，又无布帛酒肉之赐，将何以佐天下子孙孝养其亲？今闻吏禀当受鬻者，或以陈粟，岂称养老之意哉！具为令。"于是"有司请令县道，年八十已上，赐米人月一石，肉二十斤，酒五斗。其九十已上，又赐帛人二匹，絮三斤。赐物及当禀鬻米者，长吏阅视，丞若尉致。不满九十，啬夫、令史致。二千石遣都吏循行，不称者督之。刑者及有罪耐以上，不用此令"（《汉书·文帝纪》）。这道圣旨表达了汉文帝爱护百姓、体恤民情、关心老人的意愿。汉文帝代表国家向老人行孝，这大概是很多皇帝做不到的，可说是开先河的。

建元元年（前140）汉武帝下诏："今天下孝子、顺孙愿自竭尽以承其亲，外迫公事，内乏资财，是以孝心阙焉。朕甚哀之。民年九十以上，已有"受鬻法"，为复子若孙，令得身帅妻妾遂其供养之事。""受鬻法"是西汉政府定期向高龄老人提供粟米，用以熬粥养生的一项福利制度。朝廷还通过提供补助、免除赋役等手段，帮助百姓奉养老人。

汉代实行孝悌力田，奖励有孝父母、敬兄长的德行和能努力耕作的人，中选者可以受到赐爵、赐帛或免除徭役的优抚政策。孝悌力田始见于西汉惠帝，《汉书·惠帝纪》记载，惠帝四年（前191）"举民孝弟力田者复其身（免除其本身徭役）"。又，《高后纪》记载，高后元年（前187）"初置孝弟力田二千石者一人"。文帝十二年（前168）文帝下《置三老孝悌力田常员诏》："孝悌，天下之大顺也；力田，为生之本也；三老，众民之师也；廉吏，民之表也。朕甚嘉此二三大夫之行。今万家之县，云无应令，岂实人情？是吏举贤之道未备也。其遣谒者劳赐三老、孝者帛人五匹，悌者、力田二匹，廉吏二百石以上率百石者三匹。及问民所不便安，而以户口率置三老、孝、悌、力田常员，令各率其意以道民焉。"（《汉书·文帝纪》）为了奖励有孝悌德行及力务农本者，为民表率，在民间形成良风善俗，被举为孝悌力田者得免除徭役，时有赏赐，一般不担任官职。汉武帝元狩元年（前122）下诏："朕嘉孝弟、力田，哀夫老眊、孤、寡、鳏、独或匮于衣食，甚怜愍焉。"于是"使谒者赐县三老、孝者帛，人五匹；乡三老、弟者、力田帛，人三匹；年九十以上及鳏、寡、孤、独帛，人二匹，絮三斤；八十以上米，人三石"（《汉书·武帝纪》）。东汉犹以孝悌力田为乡官，章帝元和二年（85）下诏说："三老，尊年也。孝悌，淑行也。力田，勤劳也。国家甚休之。其赐帛人一匹，勉率农功。"（《后汉书·章帝纪》）

汉代在制度上鼓励孝道，重视养老，把"孝"作为选拔官员的一个基本标准，兴"举孝廉"，察举善事父母、做事廉正的人做官。察举是汉代最重要的仕进途径和方式，是选官制度的主体。汉代察举的科目很多，可分为常行科目和特定科目两大类，而常行科目中最主要的一科则是孝廉，代表了察举的主流。为贯彻执行举孝廉的制度，元朔元年（前128）汉武帝下诏："旅耆（qí）老，复孝敬……兴廉举孝，庶几成风"（《汉书·武帝纪》），不察举孝廉的地方官都应当罢免，"不举孝，不奉诏，当以不敬论。不察廉，不胜任也，当免"（《汉书·武帝纪》）。这样举孝廉的制度才真正推行起来。元光元年（前134）"冬十一月，初令郡国举孝廉各一人"。这是首次令郡国举孝廉各一人。不久，武帝诏令郡国举孝廉、茂才。这是汉代察举制度真正开始运作的标志。此后察举孝廉定为岁举，即各郡每年按规定数额举荐人才，送至朝廷，成为官吏选用、升迁的清流正途。东汉和帝永元四年（92）丁鸿与司空刘方上书奏请规范举孝廉制度："自今郡国率二十万口岁举孝廉一人，四十万二人，六十万三人，八十万四人，百万五人，百二十万六人。不满二十万二岁一人，不满十万三岁一人。"和帝从之。（《后汉书·丁鸿传》）永元十三年（101），和帝"其令缘边郡口十万以上，岁举孝廉一人；不满十万，二岁举一人；五万以下，三岁举一人"。这就加大了举孝廉的比例。

杨孚是一位学者型地方官，历东汉章帝、和帝两朝。据《百越先贤志》卷二记载："杨孚，字孝元，南海人。章帝朝，举贤良对策上第，拜议郎。……永元十二年旱灾，令在廷议政令得失，孚曰：'汉制：郡国之士，肄诵《孝经》。察其志行，选举孝廉，故帝谥必称孝者，躬行化率也。王莽不服母丧，天下诛之。然今时公卿大夫，罹父母忧，不得去位，而黎萌孝弟力田，反得爵级，非所以为民表仪也。且郡邑侵渔，不知纪极。货赂通于上下，治道衰矣。宜诏中外臣民均行三年通丧，而吏治必务廉平，以劝选举之士，庶几克诚小民，副承天意。'帝从其议。"东汉和帝永元十二年（100），天下大旱，汉和帝下令臣子"廷议"政令得失。汉议郎学者杨孚在廷议时直抒己见，他认为治国治吏，当以孝为先，要求汉和帝奖励有孝行的臣民，救济孤寡贫老者。他说，西汉时候的皇帝虽主张以孝治天下，但对为父母服丧却没有一贯的制度，只有汉文帝在临终前下诏说，"令到吏民三日释服"。杨孚认为"三日释服"时间太短，不能体现对父母的孝道，也与古礼不合。他进一步以西汉末年篡政的王莽作为例子来说明孝道的重要性，建议汉和帝下诏鼓励中外臣民都行三年通丧，并遵行西汉制度，要求郡国之士诵读《孝经》，朝廷根据士人的品德行为选举孝廉。

实行孝治必然重视《孝经》。汉文帝时，朝廷便设立了《孝经》博士，将《孝经》立为官学，选拔学生弟子传习。汉武帝一开始也立过《孝经》博士，赵岐《孟子题辞》："汉兴，除秦虐禁，开延道德，孝文皇帝欲广游学之路，《论语》《孝经》《孟子》《尔雅》皆置博士。后罢传记博士，独立《五经》而已。"汉武帝设立五经博士后，五经之外的经典不再设立博士，《孝经》博士也被取消。《孝经》虽然不再立博士，但仍然受到当时儒家士人与经学弟子的重视，是当时学子的必读书。汉代在地方上设立学校，《孝经》也被作为教材使用。汉平帝元始三年（3），建立的地方学校制度规定，在乡中设立的基层学校庠序里，都要设置教授《孝经》的老师，"郡国曰学，县、道、邑、侯国曰校。校、学置经师一人。乡曰庠，聚曰序。序、庠置《孝经》师一人"（《汉书·平帝纪》），进一步将《孝经》教育推广到地方。东汉光武帝时期《孝经》更加受到重视，朝廷甚至要求"自期门羽林之士，悉令通《孝经》章句"（《后汉书·儒林传》）。不仅要求儒士读《孝经》，而且要求宫廷卫士也必须学《孝经》。《后汉书·荀韩钟陈传》："故汉制使天下诵《孝经》，选吏举孝廉。"有的统治者还将《孝经》作为启蒙、立德的教材读本，初入学的幼童，也开始阅读《孝经》篇章，于是对《孝经》的学习，蔚然成风。因为汉代统治者认识到，孝在维护社会秩序中有着非常重要的作用，更认识到了孝道在宗法农业社会国家治理中所具有的独特性。

从汉惠帝开始，汉代历代皇帝死后谥号都要冠以"孝"字。颜师古《汉书》注云："孝子善述父之志，故汉家之谥，自惠帝已下皆称孝也。"（《汉书·惠帝纪》颜师古注引）两汉时代，除西汉开国皇帝刘邦和东汉开国皇帝刘秀外，汉代皇帝都以"孝"为谥号，称孝惠帝、孝文帝、孝武帝、孝昭帝，等等，表明朝廷的政治追求和对"孝"的尊崇。提倡孝道，褒奖孝悌，是汉以孝治天下最明显的标志之一。据《汉书》与《后汉书》"帝王纪"中记载，自西汉惠帝至东汉顺帝，全国性对孝悌褒奖、赐爵达三十二次，地方性的褒奖则更多。皇帝巡幸各地，常有褒奖孝悌的事。有时一地出现祥瑞，则认为是弘扬孝道所致，也会受到褒奖。对于著名的孝子，皇帝更加重视，把他们作为弘扬孝道的榜样，精心扶植。

汉代以降，经过历代统治者的提倡，"以孝治天下"就成为贯穿中国两千年帝制社会的治国纲领之一。

圣治章第九

【原文】

曾子曰："敢问圣人之德①，无以加于孝乎②？"子曰："天地之性③，人为贵。人之行，莫大于孝。孝莫大于严父，严父莫大于配天④，则周公其人也⑤。昔者，周公郊祀后稷以配天⑥，宗祀文王于明堂⑦，以配上帝。是以四海之内，各以其职来祭⑧。夫圣人之德，又何以加于孝乎？故亲生之膝下⑨，以养父母日严⑩。圣人因严以教敬⑪，因亲以教爱。圣人之教，不肃而成，其政不严而治，其所因者本也⑫。父子之道，天性也，君臣之义也。父母生之，续莫大焉⑬。君亲临之⑭，厚莫重焉⑮。故不爱其亲而爱他人者，谓之悖德⑯；不敬其亲而敬他人者，谓之悖礼。以顺则逆⑰，民无则焉⑱。不在于善，而皆在于凶德⑲，虽得之，君子不贵也⑳。君子则不然，言思可道㉑，行思可乐，德义可尊，作事可法，容止可观㉒，进退可度，以临其民㉓。是以其民畏而爱之，则而象之㉔。故能成其德教，而行其政令。《诗》云：'淑人君子，其仪不忒。'"㉕

【注释】

① 敢：谦词，有冒昧、大胆的意思。

② 加：大过、超过。

③ 性：指生灵、生物。天地之间的生灵，都是一样得天地之气成形，禀天地之道成性，但只有人最为尊贵。

④ 配天：古帝王祭天时以先祖配享祭祀。唐玄宗《御注》："后稷，周之始祖

也。郊谓圜丘祀天也。周公摄政，因行郊天之祭，乃尊始祖以配之也。"《诗经·大雅·生民序》："《生民》，尊祖也，后稷生于姜嫄，文武之功，起于后稷，故推以配天焉。"《汉书·郊祀志下》："王者尊其考，欲以配天，缘考之意，欲尊祖，推而上之，遂及始祖。是以周公郊祀后稷以配天。"

⑤ 则周公其人也：以父配天之礼，由周公始定。周公，姓姬，名旦，文王之子，武王之弟，成王之叔，曾两次辅佐周武王东伐纣王，并制作礼乐。因其采邑在周，爵为上公，故称周公，被尊为"元圣"，儒家先驱和儒学奠基人。

⑥ 郊祀：古代帝王每年冬至时在国都郊外圜丘行祭天之礼。后稷：姬姓，名弃，母姜嫄，尧舜时期掌管农业之官。传说后稷为童时，好种树、麻、菽。成人后，好农耕，相地之宜，善种谷物稼穑，民皆效法。尧时被举为"农师"，舜时被封为后稷，封地古邰城（今陕西武功县），被周人视为始祖。

⑦ 宗：宗族。宗祀：即聚宗族而祭。文王：姓姬，名昌，商时为西伯，四十二年称王，史称周文王。文王在位期间，行仁义，礼贤者，敬老慈少，广罗人才，明德慎罚，勤于政事，发展农业生产，周逐渐强大，天下三分有其二，为日后武王灭商奠定了基础。明堂：唐玄宗《御注》："明堂，天子布政之宫也。周公因祀五方上帝于明堂，乃尊文王以配之也。"古代天子宣明政教的地方，一般建于城南。明堂虽古已有之，但各朝营建时的形制与规模不尽相同，没有统一的式样。

⑧ 职：职位。海内诸侯，各按职位，进贡财物、特产，协助天子完成祭祀典礼。

⑨ 亲：唐玄宗《御注》："亲，犹爱也。"这里指爱护之心。膝下：唐玄宗《御注》："膝下，谓孩幼之时也。"指子女幼时依于父母的膝下，因而"膝下"表示幼年。

⑩ 日严：对父母日渐尊敬。

⑪ 因严以教敬：是说圣人以人自然天性中的尊父之心，加以教育培养，就升华为"敬"。

⑫ 本：指人的本性。

⑬ 续：延续，指继先传后，即延续家族血脉之意。

⑭ 君：这里指父如严君。亲：指为父的亲情。

⑮ 厚：恩爱的厚重。

⑯ 悖（bèi）德：违背道德。悖：违背，违反。

⑰ 顺：顺应。则：却。逆：违逆。这句的大意是，君主推行政教，应当顺从人的天性，敬爱父母，现在却自行违逆。

⑱ 则：法则、准则。使得民众没有效法的准则。

⑲ 凶德：指违背德礼的恶德恶行。

⑳ 不贵：不重视、赞赏，这里指鄙视。

㉑ 可道：可以被称道。

㉒ 容止：仪容举止。可观：优美好看。

㉓ 临：帝王上朝处理政务，这里指统治民众。

㉔ 则：准则、楷模。象：仿效、仿行。

㉕ "淑人"二句：语出《诗经·曹风·鸤鸠（shī jiū）》。淑：美好、善良。仪：仪表、仪容。忒：差错。

【译文】

曾子说："我斗胆向老师您请教一个问题，在圣人的德行中，没有比孝道更大的了吗？"孔子说："天地之间的生灵，只有人最为尊贵。在人的各种品行中，没有比孝更大的了。在孝行之中，没有比尊重父亲更大的了。对父亲的尊重，没有比在祭天的时候，将祖先配祀天帝更重大的了。祭天时以父配天之礼，始于周公。从前，成王年幼，周公摄政，周公在郊外圜丘祭天时以后稷配祀天帝，在明堂祭祀时以父亲文王配祀天帝。因此，海内诸侯，各按职位进贡财物特产，协助天子完成祭祀典礼。圣人的德行，又怎么能超出孝道呢？子女对父母的敬爱之心，在年幼依偎于父母膝下时就产生了，逐渐长大成人，奉养父母，便对父母越来越尊敬。圣人根据人的自然天性中对父母的亲情，加以教育培养，使他们明白敬的道理；根据人的自然天性中亲爱父母之心，加以教育培养，使他们明白爱的道理。圣人对人的教化，不须严肃就可以获得成功，其政治不须严厉就能得以治理，是因为他们因循的是人的本性，以孝道去引导人民。父子之间的关系，既体现了人天生的本性，也体现了父为严君、子为顺臣的君臣义理。父母生养孩子，使家族的血脉得以延续，让孝道得以传承，没有比这更为重要的了。父亲对于子女既有为父的亲情，又有为君的尊严，没有比这样的恩义更厚重的了。所以，如果做儿女的不爱自己的双亲而去爱其他的人，那就叫作违背道德；如果做儿女的不尊敬自己的双亲而去尊敬其他的人，那就叫作违背礼法。如果用违逆道德和礼法的做法去教化人民，使人民顺从，那就会颠倒纲常，使民众没有效法的准则。如果不能身体力行爱敬，带头行孝，教化天下，而以违背德礼的恶德恶行行事，虽然也可能一时得志，但君子对此会鄙夷不屑。君子的作为就不是这样的，他们的言谈，必须考虑所说的话能为民众称道；他们的作为，必须考虑能使民众高兴；他们立德行义，要考虑能为民众尊敬；他们做事，要考虑能为民众效法；他们的仪容举止，要考虑得到民众的称赞；他们的一进一退，要考虑合乎规矩法度。君王以这样的作为来治理国家，民众敬畏而爱戴他，仿效他，学习他，所以就能够成就其德治教化，而推行其政策、法令。《诗经·曹风·鸤鸠》里说：'善人君子，他的仪容举止，没有差错。'"

【解读】

前面讲了孝道的意义，以及天子、诸侯、卿大夫及士、庶人等阶层的孝，到这一章，曾子继续和孔子讨论孝道，主要说"圣治"之意，就是圣人以孝治理天下之道，也就是有圣德的君王如何用孝道教化百姓，治理天下。圣人的道德中也仍然不出一个"孝"字。父子之道，君臣之义，无他，但顺其德而已矣。推近及远，触类旁通，圣治之道得矣。

本章比较长，可分为两部分，自"曾子曰"至"又何以加于孝乎"为第一部分，自"故亲生之膝下，以养父母日严"以下为第二部分。

第一部分，邢昺《疏》云："夫子前说孝治天下，能致灾害不生，祸乱不作，是言德行之大也。将言圣德之广，不过于孝，无以发端，故又假曾子之问曰：圣人之德，更有加于孝乎？乎，犹否也。夫子承问而释之曰：天地之性人为贵。性，生也。言天地之所生，唯人最贵也。人之所行者，莫有大于孝行也。孝行之大者，莫有大于尊严其父也。严父之大者，莫有大于以父配天而祭也。言以父配天而祭之者，则文王之子、成王叔父周公是其人也。""前陈周公以父配天，因言配天之事。自昔武王既崩，成王年幼即位，周公摄政，因行郊天祭礼，乃以始祖后稷配天而祀之。因祀五方上帝于明堂之时，乃尊其父文王，以配而享之。尊父祖以配天，崇孝享以致敬，是以四海之内有土之君各以其职贡来助祭也。既明圣治之义，乃总其意而答之也。周公，圣人，首为尊父配天之礼，以极于孝敬之心。则夫圣人之德，又何以加于孝乎？是言无以加也。"第一部分阐述圣人的最高德行是孝。人在天地之间最为尊贵，故要效法天地之道，而圣人是通天、地、人的出类拔萃之人。人的行为中最大的是孝行，而在行孝的过程中，最重要的是尊敬严父。而尊敬严父莫过于以父配天举行祭祀活动，这当然不是普通百姓的事情，是圣王才能做到的。于是接下来就举周公为例，认为周公能令后稷配天、文王配上帝，因而四海的诸侯前来助祭，这是无以复加的孝，也是圣人之德的最高表现，是圣治的最高境界。

《古文孝经指解》司马光曰："言圣人之德，亦止于孝而已邪？人为万物之灵。孝者，百行之本。严，谓尊显之。圣人之孝，无若周公事业著明，故举以为说。武王克商，则后稷、文王固有配天之尊矣。然居位日寡，礼乐未备，政教未洽，其于尊显之道犹若有阙。及周公摄政，制礼作乐以致太平，四海之内莫不服从，各率其职以来助祭，然后圣人之孝于斯为盛。"天地之间人为万物之灵，孝是人道德行为的根本。圣人之孝是其德行的重要内容，在这方面做得最好的是周公。他把孝道与治国平天下结合起来，通过制礼作乐达致天下太平，圣人之孝在他这里最为兴盛。《古文孝经指解》范祖禹曰："天地之生万物，惟人为贵。人有天地之貌，怀五常之性，故人之行莫大于孝。圣人者，人伦之先也，惟孝为大，严父孝之大者也。天子有配天之理，配天，严父之大者也。自周公始行之，故郊祀后稷以配天，宗祀文王以配上帝，四海之内皆来助祭也。所谓得万国之欢心，事先王者也。圣人德至以如此，惟生于心也。"天地生人及万物，唯人为贵。人形貌肖天地，又具有仁、义、礼、智、信五常的道德本性，其中最大的就是孝。明王治理天下，就是以一人之心，推千万人之心，充分发挥孝治的作用。

项霦《孝经述注》注曰："夫阴阳五行之理气，循环四时，以行化育。凡生类之有性情者，皆本乎天地之情性，其间最贵者为人，禀五常之全德于心，而仁为总要。盖亲爱之情，自仁中出，故孝为百行之原，莫有大于此者。……昔周公制礼，知其祖后稷，父文王之德同乎天，故于郊祀明堂推以配天配上帝，以尽其尊祖严父之意，非谓历代天子之祖父无功德者皆可推以配天配上帝，然后为孝之大也。天以造化之自然而言，帝以造化之主宰而言，其实一也。"天地生人及万物，其性情皆本于天地，其中人最为尊贵，是因为人禀受了仁、义、礼、智、信五常之德，仁为五常之总要。父子亲情即源于仁心之本，所以孝行为人道德行为的源头。周公制礼祭祀始祖后稷以配天，父文王以配上帝，是因为后稷、文王德与天齐，不是任何天子的祖、父都有此功德。

黄道周《孝经集传·圣德章》注曰："天地生人，无所毁伤。帝王圣贤，无以异人者，是天地之性也。人生而孝，知爱知敬，不敢毁伤，以报父母，是天地之教也。天地日生人而曰父母生之，天地日教人而曰父母教之，故父母天地日相配也。圣人之道，显天而藏地，尊父而亲母。父以严而治阳，母以顺而治阴。严者职教，顺者职治。教有象而治无为，故曰严父，不曰顺母，曰配天，不曰配地，是圣人之道也。知性者贵人，知道者贵天，知教者贵敬。敬者，孝之质也。古之圣人本天立教，因父立师，故曰资爱事母，资敬事君。敬爱之原，皆出于父。故天父君师四者，立教之等也。"黄道周认为圣人与常人一样是天地所生，具有天地之性。人知晓爱敬，浅近看是父母生养教育，其实是父母配天地而成。圣人之道就是应天地阴阳之道，本天立教，因父立师，资爱事母，资敬事君，形成天父君师的教化系统。

这部分内容与《孟子·万章上》："孝子之至，莫大乎尊亲；尊亲之至，莫大乎以天下养。为天子父，尊之至也；以天下养，养之至也"，有相通之处，这应该是孟子参照《孝经》而形成的。

这部分值得注意的是天地之性人为贵。为什么？唐玄宗《御注》解释："贵其异于万物也。"人与万物有什么差异呢？《尚书·泰誓上》："惟天地万物之母，惟人万物之灵。"《荀子·王制》说："水火有气而无生，草木有生而无知，禽兽有知而无义，人有气、有生、有知，亦且有义，故最为天下贵也。"《礼记·礼运》说："人者，天地之心也……""人者，其天地之德，阴阳之交，鬼神之会，五行之秀气也。"人为万物之灵长，人有气有生有知亦且有义，人为天地之心，具五行之秀气，故最为天下贵。《汉书·刑法志》说："夫人宵天地之貌，怀五常之性，聪明精粹，有生之最灵者也。爪牙不足以供耆欲，趋走不足以避利害，无毛羽以御寒暑，必将役物以为养，用仁智而不恃力，此其所以为贵也。"这里的"五常"即仁、义、礼、智、信。人的形貌与天地相似，具备五常之性，聪明睿智，善于役使万物以供养自己，这就是人最为尊贵的原因。

董仲舒在回答汉武帝策问时说："人受命于天，固超然异于群生，入有父子兄弟之亲，出有君臣上下之谊，会聚相遇，则有耆老长幼之施，粲然有文以相接，欢然有恩以相爱，此人之所以贵也。生五谷以食之，桑麻以衣之，六畜以养之，服牛乘马，圈豹槛虎，是其得天之灵，贵于物也。故孔子曰：'天地之性人为贵。'"（《汉书·董仲舒传》）人超然异于群生在于人讲人伦，能使万物为人所用，所用贵于万物。《春秋繁露·人副天数》："天德施，地德化，人德义。天气上，地气下，人气在其间。春生夏长，百物以兴，秋杀冬收，百物以藏。故莫精于气，莫富于地，莫神于天，天地之精所以生物者，莫贵于人。人受命乎天也，故超然有以倚；物疢疾莫能为仁义，唯人独能为仁义；物疢疾莫能偶天地，唯人独能偶天地。"天地生人，人就与天地并列为三，居中而立，天气为阳，地气属阴，人在其间具备阴阳二气。天的德行是施与，地的德行是化育，人的德行就是仁义。人受命于天，在天地万物之中最为尊贵，与其他生物不同，"独能为仁义""独能偶天地"。这就以人的道德性彰显了人在天地之间最为尊贵的特殊地位。《春秋繁露·天地阴阳》："圣人何其贵者？起于天至于人而毕。毕之外谓之物，物者，投其所贵之端，而不在其中。以此见人之超然万物之上，而最为天下贵也。"人与天地并列为三，能够超然于万物之上，人可以"绝于物而参天地"（《春秋繁露·人副天数》）。在天地万物之中，人超然于万物之上，凝聚了天地万物的精华，具有突出的价值，是具有感性、能够创造、能够进行自我发展的万物之灵。

而《孝经》与其他儒家经典不同的是突出人的孝行，认为"人之性莫大于孝"，人的德行中最大的是孝行。《孝经》开宗明义就讲"夫孝，德之本也"，民间俗话说："百善孝为先。"正因为人能够行孝，人就具备了天地之大德，因此在天地万物当中人就是最尊贵的。如果人不去修德，不去行孝，那就跟禽兽没有什么区别了。

第二部分可分为四节，其一："故亲生之膝下，以养父母日严，圣人因严以教敬，因亲以教爱。圣人之教，不肃而成，其政不严而治，其所因者本也。"唐玄宗《御注》云："亲，犹爱也。膝下，谓孩幼之时也。言亲爱之心，生于孩幼。比及年长，渐识义方，则日加尊严，能致敬于父母也。圣人因其亲严之心，敦以爱敬之教。故出以就傅，趋而过庭，以教敬也；抑搔痒痛，悬衾箧枕，以教爱也。圣人顺群心以行爱敬，制礼则以施政教，亦不待严肃而成理也。"邢昺《疏》云："此更广陈严父之由。言人伦正性，必在蒙幼之年；教之则明，不教则昧。言亲爱之心，生在其孩幼膝下之时，于是父母则教示；比及年长，渐识义方，则日加尊严，能致敬于父母，故云'以养父母日严'也。是以圣人因其日严而教之以敬，因其知亲而教之以爱，故圣人因之以施政教，不待严肃自然成治也。然其所因者在于孝也。言本皆因于孝道也。"爱与敬是人出生以后自然发展出来的一种情感态度，在人的成长过程中从父母到师长可以顺应这种情感态度对人进行教育。圣人就能够"因其亲严之心，敦以爱敬之教"，因为通过礼乐，才能使爱敬的道理深入人心，这样就习惯成自然，完成生命境界的提升。

《古文孝经指解》司马光曰："此下又明圣人以孝德教人之道也。亲者，亲爱之心。膝下，谓孩幼嬉戏于父母膝下之时也。当是之时，已有亲爱之心而未知严恭，及其稍长则日加严恭。明皆出其天性，非圣人强之。膝，或作育。严亲者因心自然，恭爱者约之以礼。本，谓天性。"圣人以孝德教人就是要从孩提时代天然纯洁的亲情，顺其天性，自然发展到长大对父母的严肃和恭敬，并没有强迫和压制。《古文孝经指解》范祖禹曰："孩提之童，无不知爱其亲者，故循其本而言之。亲爱之心，生于膝下，此其生知之良心。亲既长矣，则知养父母而日加敬矣，此亦其自然之良心也。圣人非能强人以为善，顺其性，使明于善而已矣。爱敬之心，人皆有之，故因其有严而教之敬，因其有亲而教之爱，此所以教不肃而成，政不严而治。其治同者，因于人之天性故也。"人们对父母的爱敬是发端于生而知之的良心，圣人的教化不是外在地强制性要人为善，而是顺应人的本性，使人明白其性本善，良心自然发现，就会自觉去做。

项霦《孝经述注》注曰："云孩提之童，无不知爱其亲，自生育膝下，侍奉父母，渐长则严敬之心日加，然其爱其敬皆出乎天性，非由矫伪强饰。圣人顺而导之，则民易从，所以然者，盖曰孝为人心自有德性之根本也。"孩子为父母所生，从小至大，由爱而敬，都出于天性，不是矫伪强饰。圣人就是顺应人本来就有的德性，以为根本来引导教化人们。

黄道周《孝经集传·圣德章》注曰："为教本性，为性本天。天严而人敬之，地顺而人亲之。敬之加严，亲之加忘。人托于地不知有地，覆于天惟知有天，其渐然也。故严者始教者也，亲者终养者也。人养于膝下，鸟兽昆虫养于山泽，其养之皆地，其教之皆天也。圣人不严其养之，而严其教之者，故人皆知父之尊，知母之亲，以教万物。亲亲、长长、老老、幼幼不失其所，故教爱者不烦，教敬者不伤。君之于父，父之于师，师之于天，其本一也。"这是接着天父君师的教化系统强调圣人的教化是以爱敬为核心，使人皆知父之尊，知母之亲，但要在严厉和亲情中使教爱者不烦，教敬者不伤。

其二："父子之道，天性也，君臣之义也。父母生之，续莫大焉。君亲临之，厚莫重焉。"唐玄宗《御注》云："父子之道，天性之常，加以尊严，又有君臣之义。父母生子，传体相续。人伦之道，莫大于斯。谓父为君，以临于己。恩义之厚，莫重于斯。"邢昺《疏》云："此言父子恩亲之情，是天生自然之道。父以尊严临子，子以亲爱事父。尊卑既陈，贵贱斯位，则子之事父，如臣之事君。《易》称'乾元资始'，'坤元资生'。又，《论语》曰：'子生三年，然后免于父母之怀。'是父母生己，传体相续，此为大焉。言有父之尊同君之敬，恩义之厚，此最为重也。""父子之道，自然慈孝，本乎天性，则生爱敬之心，是常道也。"《古文孝经指解》司马光曰："不慈不孝，情败之也。父君子臣。人之所贵有子孙者，为续祖父之业故也。续或作绩。有君之尊，有亲之亲，恩义之厚，莫此为重。"父子之道的父慈子孝，出于天性，但易为情欲败坏。父子之道也是君臣之道的开端，父若君，子若臣。父母有君之尊，有亲之亲，所以恩义最为深厚。《古文孝经指解》范祖禹曰："父慈子孝者，于天性，非人为之也；父尊子卑，则君臣之义立矣。故有父子然后有君臣。《中庸》曰'父母其顺矣乎'，父之爱子，子之孝父，皆顺其性而已矣。君臣之义，生于父子。人非父不生，非君不治，故有父斯有子，有君斯有臣，天地定位而父子、君臣立矣。父母生之，续其世莫大焉，有君之尊，有亲之亲，以临于己，义之存莫重焉。能知此，则爱敬隆矣。"

黄道周《孝经集传·圣德章》注云："性者道也，教者义也，以养者父子之道，日严者君臣之义也。分爱于母，故母有父之亲；分敬于君，故父有君之尊。父母生之，君亲临之，禀于自然，实命于天，非圣人之所能为也。然而圣人不教则天下失性，天下失性则天失其命，故圣人教人事父以配天，事父以配君。天言大生，君言大临。大生者得善继，大临者载厚德。故曰父子之道，君臣之义，父母生之，君亲临之。言父之上配于天，下配于君，非圣人则不得其义也。"父母在家庭是像君主一样，如《周易·家人卦》所云"家人有严君焉，父母之谓也"。故子女以亲爱事父母，到了官场，如《诗经·小雅》所云"乐只君子，民之父母"，君为民之父母，要像父母一样待臣民，臣民亦像事父母一样事君，这就由合乎天性的父母亲情推衍到君臣道义。圣人之教人事父以上配天，下配君，以体现生生不息和厚德载物。

其三："故不爱其亲而爱他人者，谓之悖德；不敬其亲而敬他人者，谓之悖礼。以顺则逆，民无则焉。不在于善，而皆在于凶德。虽得之，君子不贵也。"唐玄宗《御注》云："言尽爱敬之道，然后施教于人，违此则于德礼为悖也。行教以顺人心，今自逆之，则下无所法则也。善，谓身行爱敬也。凶，谓悖其德礼也。言悖其德礼，虽德志于人上，君子之不贵也。"邢昺《疏》云："此说爱敬之失，悖于德礼之事也。所谓不爱敬其亲者，是君上不能身行爱敬也。而爱他人敬他人者，是教天下行爱敬也。君自不行爱敬，而使天下人行，是谓悖德悖礼也。唯人君合行政教，以顺天下人心。今则自逆不行，翻使天下之人法行于逆道，故人无所法则，斯乃不在于善，而皆在于凶德。在，谓心之所在也。凶，谓凶害于德也。如此之君，虽得志于人上，则古先哲王圣人君子之所不贵也。"人一出生接触的是父母，于是爱敬就产生了。假如有人不爱自己的父母，而去爱别人，那就叫悖德；不敬自己的父母而去敬别人，那就叫悖礼。对于君上更是这样，自己不能爱敬父母，而能爱敬他人，教化天下人行爱敬之道，那是不可能的。如果他非要利用权势来推行爱敬，那就是悖德悖礼，有修养的君子是鄙视这样做的。这段话是符合道德心理的逻辑的，父母的恩德最重，按照人的情感心理逻辑次序，应该是先爱敬自己的父母，再去爱敬别人。怎么能够相信一个人连生他养他的父母都不肯爱敬，而能真心实意地爱他人？发自内心地敬他人？因为爱敬是从家庭血缘亲情引申出来的，离开了亲情，爱敬就成为无根之萍，无本之木。即使有这样的爱敬，那要么是虚伪的，要么是由功利目的引起的索取式的爱敬。正如盖楼房一样，不先盖第一层怎么能够盖第二、第三……层呢？所以，儒家认为，爱敬要从爱自己的亲人开始，然后推而广之去爱敬别人。

《古文孝经指解》司马光曰："苟不能恭爱其亲，虽恭爱他人，犹不免于悖，以明'孝者德之本'也。谓之顺则不免于逆，又不可为法则。得之，谓幸而有功利。"孝为德之本，不能恭敬、喜爱自己的父母而恭敬、喜爱他人，必然是悖德。这不是顺着，而是逆着人性人情的，不可以成为行为法则。即使侥幸得到功利，君子也不会这样做。《古文孝经指解》范祖禹曰："君子爱亲而后爱人，推爱亲之心以及人也，夫是之谓顺德。敬亲而后敬人，推敬亲之心以及人也，夫是之谓顺礼。若夫有爱心而不知爱亲，乃以爱人，是心也无自而生焉。有敬心而不知敬亲，乃以敬人，是心也亦无自而生焉。无自而生者，无本也，故谓之悖。自内而出者顺也，自外而入者逆也。不施之亲而施之他人，是不知己之所由生也。以为顺则逆不可以为法，故民无则焉。失其本心，则日入于恶，故不在于善，皆在于凶德。虽得志于人上，君子不贵也。"

刘炫《孝经述议》残卷亦云："世人之道，必先亲后疏，重近轻远，不能爱敬其亲而能爱敬他人，自古以来恐无此。"

黄道周《孝经集传·圣德章》注云："世有不爱其亲而爱它人，不敬其亲而敬它人者，无有乎哉？天地之道有二：一曰严，一曰顺。为严以教顺，故天覆于地；为顺以事严，故地承于天。敬不敢慢，爱不敢恶，得严于天者也。敬亲而后敬人，爱亲而后爱人，得顺于地者也。反是为逆，逆为凶德。"他把严对应于天，把顺对应于地，而人之爱与敬亦得于天地之道，效法天地之道即有严顺之行。反之，则为逆，逆为凶德。《春秋左传·文公十八年》曰："孝敬、忠信为吉德，盗贼、藏匿为凶德。"

其四："君子则不然，言思可道，行思可乐，德义可尊，作事可法，容止可观，进退可度，以临其民。是以其民畏而爱之，则而象之。故能成其德教，而行其政令。"唐玄宗《御注》云：君子"不悖德礼也。思可道而后言，人必信也；思可乐而后行，人必悦也。立德行义，不违道正，故可尊也；制作事业，动得物宜，故可法也。容止，威仪也，必合规矩，则可观也；进退，动静也，不越礼法，则可度也。君行六事，临抚其人，则下畏其威，爱其德，皆放象于君也。上正身以率下，下顺上而法之，则德教成，政令行也"。邢昺《疏》云："君子者，须慎其言行、动止、举措。思可道而后言，思可乐而后行，故德义可以尊崇，作业可以为法，威容可以观望，进退皆修礼法：以此六事君临其民，则人畏威而亲爱之，法则而象效之。故德教以此而成，政令以此而行也。"

《古文孝经指解》司马光曰："可道，纯正可传道也。容止，容貌动止也。言皆当极其尊美，使民法之，不为苟得之功利。"《古文孝经指解》范祖禹曰："君子存其心，修其身，为顺而不悖。'言斯可道'，皆法言也；'行斯可乐'，皆善行也；'德义可尊，作事可法'，所以表仪于民；'容止可观，进退可度'，德充于内，故礼发于外，美之至也。以此临民，则民畏其敬而爱其仁，则其仪而象其行。故以德教先民而无不成，以政令率民而无不行。"司马光、范祖禹认为，君子要从可道、可乐、可尊、可法、可观、可度六个方面加强修养，做得尊贵美好，这样才能正身率下，德风德草，使老百姓既敬畏又亲爱，以成就德教，推行政令，而不能为了苟且得来的功利而做出悖德悖礼之事。

概括第二部分，主要是讲述圣人以孝治天下的道理。圣人用孝道的爱敬之义教导天下人敬爱其君，因而其政成，其国治，这是抓住了问题的关键。如不以爱亲敬亲教导人民，就会出现悖德悖礼之事，百姓就失去了行为准则。这种离善就恶的做法，即使取得成功，君子也不会看重，因为君子具有"言思可道"等一系列高尚品德，他们就是以这种品德教化人民，治理国政。

纪孝行章第十

【原文】

子曰："孝子之事亲也，居则致其敬①，养则致其乐②，病则致其忧③，丧则致其哀④，祭则致其严⑤。五者备矣，然后能事亲。事亲者，居上不骄，为下不乱，在丑不争⑥。居上而骄则亡，为下而乱则刑⑦，在丑而争则兵⑧。三者不除，虽日用三牲之养⑨，犹为不孝也。"

【注释】

① 居：平日家居。邢昺《疏》云："平居，谓平常在家。"致：尽。

② 养：奉养、赡养。乐：和颜悦色。

③ 致其忧：邢昺《疏》云："致，犹尽也。"充分地表现出忧虑之情。

④ 丧：指父母去世，办理丧事。哀：悲伤、悲痛、悲哀。

⑤ 严：庄重诚敬。

⑥ 丑、争：唐玄宗《御注》："丑，众也。争，竞也。"丑：众人。争：竞争。

⑦ 刑：刑罚。

⑧ 兵：兵器、凶器。

⑨ 三牲：牛、羊、豕。古代祭祀用一牛、一羊、一豕称为"太牢"，是最高等级的祭祀规格。说每天杀牛、羊、豕三牲来奉养父母，这是夸张的说法。

【译文】

孔子说："孝子对父母亲的侍奉，在日常居家的时候，要对父母尽恭敬之心；在饮食供养时，要保持和颜悦色去服事父母；在父母生病时，要怀着忧虑之情去照料；在父母去世时，要尽悲哀之情料理后事；对先人的祭祀，要尽力庄重诚敬地举办。这五方面做得完备周到了，才算是能奉事双亲，恪尽孝道。侍奉父母双亲，要身居高位而不骄傲蛮横，身居下层而不为非作乱，在众人中间能够和顺相处、不与人争斗。身居高位而骄傲自大者势必招致灭亡，身在下层而为非作乱者免不了遭受刑罚，在众人中争斗则会引起相互残杀。这骄、乱、争三种行为不能去除，即使天天用备有牛、羊、猪三牲的美味佳肴奉养双亲，那也不能算是行孝啊。"

【解读】

纪孝行，记录孝行的内容，即孝子在侍奉双亲时应当做到的具体事项。邢昺《疏》云："此章纪录孝子事亲之行也。前章孝治天下，所施政教，不待严肃，自然成理，故君子皆由事亲之心，所以孝行有可纪也。故以名章，次《圣治》之后。"

"孝子之事亲也，居则致其敬，养则致其乐，病则致其忧，丧则致其哀，祭则致其严。五者备矣，然后能事亲。"邢昺《疏》云："言为人子能事其亲而称孝者，谓平常居处家之时也，当须尽于恭敬。若进饮食之时，怡颜悦色，致亲之欢；若亲之有疾，则冠者不栉（zhì），怒不至詈（lì），尽其忧谨之心；若亲丧亡，则攀号毁瘠，终其哀情也；若卒哀之后，当尽其祥练；及春秋祭祀，又当尽其严肃：此五者，无限贵贱，有尽能备者，是其能事亲。"邢昺是从日常生活中的行为讲述如何具体侍奉亲人才能称得上孝子。

孝子应如何来行孝呢？具体地说，要实践五种孝行。

第一，居则致其敬。唐玄宗《御注》："平居必尽其敬。"邢昺《疏》云："言为人子能事其亲而称孝者，谓平常居处家之时也，当须尽于恭敬。"《古文孝经指解》司马光曰："恭己之身，不近危辱。"《古文孝经指解》范祖禹曰："'居则致其敬'者，舜，'夔夔斋栗'，文王'朝于王季日三'是也。"平常在家时孝子侍奉双亲要尽力做到恭敬，就像大舜在父亲面前恭敬得害怕的样子，就像周文王每天三次给父亲请安问候一样。孝子在行孝过程中做到敬很不容易。《礼记·祭义》曰："养可能也，敬为难。"《论语·为政》："子游问孝。子曰：'今之孝者，是谓能养。至于犬马，皆能有养。不敬，何以别乎？'"子游问什么是孝。孔子说："现在人们所说的孝，往往是指能够赡养父母。其实就连狗马之类都能够得到人的饲养。如果没有恭敬之心，赡养父母与饲养狗马之类有什么区别呢？"很多人以为孝顺父母是拿点钱供养父母，买点好吃的、好穿的，让父母的生存需求得到满足，这就是孝。那就错了。为什么？因为养狗养马也是满足它们的生存需求，假如仅是供养父母而无恭敬之心，那与饲养犬马有何区别？人孝养父母与饲养犬马的区别就在于人能够"致其敬"！《孟子·尽心上》有一句话是对孔子这段话的最好注释："食而弗爱，豕交之也；爱而不敬，兽畜之也。"只是养活而不爱护，那就如养猪一样；只是爱护而不敬重，那就如养鸟儿、养爱犬等畜生一样。孝道的根本不在于仅仅赡养父母，而在于要有孝心，有发自内心的尊敬。又，《礼记·祭义》云："君子反古复始，不忘其所由生也。是以致其敬，发其情，竭力从事以报其亲，不敢弗尽也。"君子缅怀父母以至于远祖，不忘掉自己是从哪里来的，所以对他们是有多少敬意就拿出多少敬意，有多深厚的感情就拿出多深厚的感情，在祭祀活动中竭心尽力以报答自己的亲人，不敢有丝毫的保留。黄道周《孝经集传·纪孝行章》传文部分引《礼记·祭统》："福者，备也。备者，百顺之名也。无所不顺者之谓备，言内尽于己而外顺于道也。忠臣以事其君，孝子以事其亲，其本一也。上则顺于鬼神，外则顺于君长，内则以孝于亲，如此之谓备。唯贤者能备，能备然后能祭。"并发挥说："乐爱哀严，皆敬也。敬则无所不备，备则无所不致矣。孝子之顺于天下，致敬而已矣。一敬而致百顺，以事君长，以事鬼神，皆是也。"黄道周把"敬"看成孝道的根本，"敬"是贯穿《孝经》始终的关键词，"敬者，孝之质也"（《圣德章》），"孝根于敬"（《开宗明义章》），"语孝必本敬"（《孝经集传原序》）。这里他认为敬主顺，致敬就能顺天下。

第二，养则致其乐。唐玄宗《御注》："就养能致其欢。"邢昺《疏》云：

"若进饮食之时，怡颜悦色，致亲之欢。"邢昺又引《礼记·檀弓》："事亲有隐而无犯，左右就养无方。"并解释说："言孝子冬温夏凊（qìng），昏定晨省，及进饮食以养父母，皆须尽其敬安之心。不然，则难以致亲之欢。"《古文孝经指解》司马光曰："乐亲之志。"让父母心情愉快。《古文孝经指解》范祖禹曰："'养则致其乐'者，舜以天下养，曾子养志是也。"赡养父母，特别是进食时，要和颜悦色，以恭敬之心，使父母快乐欢心。舜做了天子可以用全天下来奉养父母，曾子奉养父母能顺从其意志。《论语·为政》："子夏问孝。子曰：'色难。'"子夏问什么是孝。孔子说："在父母面前保持和颜悦色最难。"以饮食供养父母，不算难事。唯以和颜悦色侍奉父母，才是难得。孝子与父母相处时，心中自然和顺欣悦，形之于外，便是和颜悦色。此色是孝心的表现，能养父母之心，所以最难。《礼记·祭义》说："孝子之有深爱者，必有和气，有和气者必有愉色，有愉色者必有婉容。孝子如执玉，如奉盈，洞洞属属然，如弗胜，如将失之。"如果孝子对父母有深深的爱戴，心中就必然充满和顺之气；心中充满和顺之气，脸上就一定会表现为和颜悦色；脸上有和颜悦色，就一定会表现出温和委婉的容态。《礼记》把儿女对于父母愉悦的神色、和顺的仪容、恭敬谨慎的态度看成孝道的基本要求。陈澔《礼记集说》云："和气、愉色、婉容，皆爱心之所发；如执玉、如奉盈、如弗胜，如将失之，皆敬心之所存。爱敬兼至，乃孝子之道。"

第三，病则致其忧。唐玄宗《御注》："色不满容，行不正履。"邢昺《疏》云："若亲之有疾，则冠者不栉，怒不至詈，尽其忧谨之心。"《古文孝经指解》范祖禹曰："'病则致其忧'者，武王养疾，'文王一饭亦一饭，文王再饭亦再饭'是也。"《论语·为政》："孟武伯问孝。子曰：'父母唯其疾之忧。'"孟武伯问什么是孝。孔子说："对于父母，做儿女的最为其疾病担忧。"父母有了疾病，子女面色忧愁，"亲瘠，色容不盛"（《礼记·玉藻》）。"父母有疾，冠者不栉，行不翔，言不惰，琴瑟不御，食肉不至变味，饮酒不至变貌，笑不至矧（shěn），怒不至詈，疾止复故。有忧者侧席而坐。"（《礼记·曲礼上》）父母生病，成年的子女由于心中忧虑，头忘记了梳，走路也不像平日那样甩开双臂，开玩笑的话也不讲了，乐器也不弹奏了，吃肉只是少量地吃一点，饮酒也不至于喝到脸红，没有开怀大笑，发怒也不至于骂人。直到父母病状消失，子女才恢复常态。父母有病心里忧虑之人宜坐于席位侧面。黄道周在传文部分引《曲礼上》此段发挥说："父母有疾而饮酒食肉，礼乎？曰嫌其不饮酒食肉也而陈之，陈之则有恐至于变者矣。夫有侧坐之心乎，何其谨以挚也？"父母有病心里忧虑，饮酒食肉虽然不违背礼仪，但不要大吃大喝，恣肆放纵。在宴席上应该坐在旁边，以示内心的谨慎诚挚。《弟子规》上讲，"亲有疾，药先尝；昼夜侍，不离床"。父母生病了，子女要一天到晚都守候在父母床前，帮助父母、照顾父母，直至病好。

第四，丧则致其哀。《丧亲章》专论此义，此处不详述。

第五，祭则致其严。唐玄宗《御注》："擗踊哭泣，尽其哀情。斋戒沐浴，明发不寐。"邢昺《疏》云："若亲丧亡，则攀号毁瘠，终其哀情也；若卒哀之后，当尽其祥练；及春秋祭祀，又当尽其严肃。"《古文孝经指解》司马光曰："严，犹慕也。"《古文孝经指解》范祖禹曰："丧与祭，孝之终也，备此，然后能事亲。"《论语·为政》载孔子说："生，事之以礼；死，葬之以礼，祭之以礼。"生时以礼相待，死时以礼安葬，死后以礼祭奠。《礼记·祭统》也说："孝子之事亲也，有三道焉：生则养，没则丧，丧毕则祭。养则观其顺也，丧则观其哀也，祭则观其敬而时也。尽此三道者，孝子之行也。"孝子侍奉父母不外乎三件事：头一件是生前好好供养，第二件是父母死后依礼服丧，第三件是服丧期满要按时祭祀。在供养这件事上可以看出儿女是否孝顺，在服丧这件事上可以看出儿女是否哀伤，在祭祀这件事上可以看出儿女是否虔敬和按时。这三件事都做得很好，才配称作孝子。黄道周传文部分引此段话发挥说："三尽者，亦五致之义也。夫人子之至情，亦惟在忧乐乎！养而致乐，病而致忧，喜惧积于中，则居处饮食从之矣。祭者，阴阳之交也，存殁之所共致也。养不致乐，病不致忧，虽有哀严，亦废然弛矣。故敬者，忧乐哀严之所终始也。"认为此"三尽"就是本章"五致"之义，养而致乐、病而致忧是对父母生前的奉养，丧而致哀、祭而致严是对父母死后的奉养，而敬则贯穿于忧乐哀严的终始。《礼记·祭义》对孝子祭祀的整个过程有详细规定："孝子将祭祀，必有齐庄之心以虑事，以具服物，以修宫室，以治百事。及祭之日，颜色必温，行必恐，如惧不及爱然。其奠之也，容貌必温，身必诎，如语焉而未之然。宿者皆出，其立卑静以正，如将弗见然。及祭之后，陶陶遂遂，如将复入然。是故悫善不违身，耳目不违心，思虑不违亲，结诸心，形诸色，而术省之，孝子之志也。"孝子将要举行祭祀，一定要怀着毕恭毕敬的心情来考虑祭事，准备祭服祭品，整修宫室，处理好各项事务。等到祭祀那一天，脸色必须温和，而走路却带着紧张，就好像害怕赶不上看到自己亲人的样子。孝子在献上祭品时，要和颜悦色，身体前屈，就好像与亲人说话而等待回答的样子。助祭的宾客陆续退出时，孝子还默默地躬身站在那里，好像看不见的样子。等到祭祀结束，孝子还沉浸在对亲人的思念之中，神情恍惚，好像亲人还要进来的样子。所以，诚心诚意的态度一直表现在孝子身上，耳之所闻与目之所见都和心中思念一致，心中思念的则无时无刻不是亲人。内心怀着思亲的情结，在外貌上也有所流露，反复地回忆和自省，这就是孝子的心态啊。《大戴礼记·曾子本孝》曰："故孝之于亲也，生则有义以辅之，死则哀以莅焉，祭祀则莅之以敬。如此，而成于孝子也。"《弟子规》讲"丧三年，常悲咽。居处变，酒肉绝"。父母走了，三年之中孝子常常悲痛流泪，就是他的生活起居不再像以往那样，酒肉应该断绝。

　　以上五个方面是孝子必须具备的，如邢昺《疏》所云："凡为孝子者，须备此五等事也。五事若阙于一，则未为能事亲也。"五者具备才能侍奉双亲，缺一不可。

　　宋真德秀《泉州劝孝文》对此章也有通俗解读："所谓'居则致其敬'者，言子之事亲，常须恭敬，不得慢易。盖父母者，子之天地也，为人而慢天地，必有雷霆之诛。为子而慢父母，必有幽明之谴。昔太守侍郎王公，见人礼塔，呼而告之曰：汝有在家佛，何不供养？盖谓人能奉亲，即是奉佛。若不能奉亲，虽焚香百拜，佛亦不佑。此理明甚，幸无疑焉。所谓'养则致其乐'者，言子之养亲，当有以顺适其意，使之喜乐也。大凡高年之人，心常欢悦，则疾病必少。中怀戚戚，则易损天年。昔老莱子双亲年高，常着彩衣为儿童戏，正以此也。今贫下之民，固无美衣珍膳，以奉其亲，但能随力所有，尽其诚心。父母未食子不先尝，父母尚寒子不独暖，父母有怒和颜开解，父母有命竭力奉承，则尊者之心自然快乐，闺门之内盎然如春矣。所谓'病则致其忧'者，言父母有疾，当极其忧虑也。昔人有母病，三年夜不解带者。亲年既高，不能无疾，人子当躬自侍奉，药必先尝。若有名医，不惜涕泣恳告以求治疗之法。不必剔肝刲（kuī）股，然后为孝。盖身体发肤，受之父母，或不幸因而致疾，未免反贻亲忧。若贫乏至甚，无力请医，许诣州自陈，当为遣医诊视，药粥之资与从官给。至于丧、祭二事，皆当以尽诚为主，不暇一一开陈，独有两说，愿因而劝戒。窃闻民间不幸有丧，富者则侈费而伤于礼，贫者则火化而害于恩。夫送终之礼，称家有无。昔人所谓必诚必信者，惟棺椁衣衾，至为切要，其他繁文外饰，皆不必为。至如佛家追荐之说，固茫昧难知。然昔贤有言天堂无则已，有则君子登；地狱无则已，有则恶人入。苟明此理，则谄奉僧尼，广修斋供，其为无益，灼然可知。又闻乡俗相承，亲宾送葬，或至刲宰羊豕，醋酱（yòng）杯觞，当悲而乐，尤为非礼。至于贫窭之家，委之火化，积习岁久，视以为常，曾不思古者背叛恶逆之人，乃有焚骨扬灰之戮。今亲肉未寒，为人子者，何忍付之烈焰，使为灰烬乎？言之犹可痛心，况复忍为其事。自今而后，富者则愿其削世俗不正之礼，省虚华无益之费。审欲为亲祈福，岂若捐金谷以济饥贫，有若施药施棺，无非美事。傥能行此，福报自臻，何必索之渺茫，妄希因果？贫者则愿其勿以火化为便，苟稍可趁办，何惜办寻丈之地以葬其亲，必不获已，即仰陈乞于官地安厝。但深掘坑坎，筑土实封，亦胜于焚尸之惨。《经》曰：孝悌之道，通于神明。天下万善，孝为之本。若能勤行孝道，非惟乡人重之，官司敬之，天地鬼神亦将佑之。如其悖逆不孝，非惟乡人贱之，官司治之，天地鬼神亦将殛之。此州素称佛国，好善者多。今请乡党邻里之间，更相劝勉。其有不识文义者，老成贤德之士，当与解说，使之通晓。庶几人人兴起，家家慕效，渐还淳古之俗，顾不美欤！"这是一篇著名的劝民为孝的俗训，是真德秀在泉州任官时根据《孝经·纪孝行章》，结合当地民风习俗，特制此文，从正反两个方面告诫民众改变陋习，孝敬父母，弘扬孝悌之风。如批评有的人在外面烧香拜佛而不孝敬在家佛（父母），是舍本逐末。对当地有人取肝以救父母、割股疗亲等肯定其孝心，但不提倡其做法，认为"不必剔肝剖股，然后为孝"。希望当地老成贤德之士，协助宣讲孝道，移风易俗，使民德归厚。

项霦《孝经述注》注曰："致，极也。五者极尽事亲始终之道，故曰能。然其敬、乐、忧、哀、严，虽发乎情，而皆本乎自然之德性，无一毫外假。"孝子事亲的敬、乐、忧、哀、严，以人的自然德性为本，表现为亲情之爱，五者做到极致，就是完整的事亲之道。

黄道周《孝经集传·纪孝行章》注曰："曾子曰：'人未有自致者也'，子夏曰：'事君能致其身。'致身以事君，致心以事亲，两者天地之大义也。致而知之，不虑而知谓之良知；致而能之，不学而能谓之良能。故五致者，赤子之知，能不假学问，而学问之大人有不能尽也。仁义礼乐信智，则皆自此始也。"黄道周引曾子、子夏、孟子之言，以自致、致身、致心、致知、致能"五致"解释本章的致敬、致乐、致忧、致哀、致严"五事"，并把五致看成发自人天生的善性善心，不学而知，不学而能，是仁义礼智信等道德的开端。

如何侍奉双亲？这一章还指出要做到以下三点：居上不骄，为下不乱，在丑不争。

第一，居上不骄。唐玄宗《御注》："当庄敬以临下也。"邢昺《疏》云："居上位者不可为骄溢之事。"《古文孝经指解》范祖禹曰："居上而骄，则天子不能保四海，诸侯不能保社稷，故亡。"黄道周《孝经集传·纪孝行章》注曰："若是者，何也？敬身之谓也。敬身而后敬人，敬人而后敬天。"敬身发于己，贯通自我、他人与天道。"敬身"是敬重自身之意。《礼记·哀公问》："公曰：'敢问何谓敬身？'孔子对曰：'君子过言，则民作辞；过动，则民作则。君子言不过辞，动不过则，百姓不命而敬恭，如是，则能敬其身；能敬其身，则能成其亲矣。'"君子言行要特别注意，如果说错话，做错事，对老百姓就会有不良影响。君子如果能不说错话，不做错事，老百姓就会不待命令而做到恭敬。如此这般地做好了，就是敬身。能够敬身，也就能够成就对父母的孝心。从孝道而言，敬身就是敬父母之遗体。《孔子家语·大婚解》："君子无不敬。敬也者，敬身为大。身也者，亲之支也，敢不敬与？不敬其身，是伤其亲；伤其亲，是伤其本也；伤其本，则支从之而亡。"敬身不仅是自己一个人的事情，自己不敬身，就会伤害亲人，这样亲人和自己都受到伤害，乃至毁亡。

第二，为下不乱。唐玄宗《御注》："当恭谨以奉上也。"邢昺《疏》云："为臣下者不可为挠乱之事。"《古文孝经指解》司马光曰："乱者，干犯上之禁令。"《古文孝经指解》范祖禹曰："为下而乱，则入刑之道也。"黄道周《孝经集传·纪孝行章》注曰："为下而争乱，忘身及亲，是君子之大戒也。"身处下位，恭敬谨慎侍奉在上者，不可有犯上作乱之事。《论语·学而》："其为人也孝弟，而好犯上者，鲜矣；不好犯上，而好作乱者，未之有也。"孝悌使人不忘己身，不忘亲人，乃能避免犯上作乱。

第三，在丑不争。唐玄宗《御注》："当和顺以从众也。"邢昺《疏》云："在丑辈之中不可为忿争之事。"《古文孝经指解》司马光曰："丑，类也，谓己之等夷。争而不已，必以兵刃相加。"《古文孝经指解》范祖禹曰："在丑而争，则兴兵之道也。"黄道周《孝经集传·纪孝行章》注曰："兵刑之生，皆始于争。为孝以教仁，为弟以教让，何争之有？"在群体中与他人和睦相处，由孝悌而仁让，便不会轻易引起纷争。并引《大学》："尧舜帅天下以仁而民从之，桀纣帅天下以暴而民从之。其所令反其所好，而民不从。是故君子有诸己而后求诸人，无诸己而后非诸人。所藏乎身不恕而能喻诸人者，未之有也。"强调"故恕者，圣人所养兵不用而藏身之固也"。"恕道"才能避免纷争，这就是圣人养兵而不轻易用兵，保护自身的原因。

本章最后强调"居上而骄则亡，为下而乱则刑，在丑而争则兵。三者不除，虽日用三牲之养，犹为不孝也"。邢昺《疏》云："是以居上须去骄，不去则危亡也；为下须去乱，不去则致刑辟；在丑辈须去争，不去则兵刃或加于身。若三者不除，虽复日日能用三牲之养，终贻父母之忧，犹为不孝之子也。""上居上而骄，为下而乱，在丑而争之三事，皆可丧亡其身命也。……奉养虽优，不除骄、乱及争竞之事，使亲常忧，故非孝也。"《古文孝经指解》司马光曰："三牲，牛、羊、豕太牢也。三者不除，忧将及亲，虽日具太牢之养，庸为孝乎？"《古文孝经指解》范祖禹曰："'居上不骄，为下不乱，在丑不争'，皆恐危其亲也……孝莫大于宁亲，三者不除，灾必及亲，虽能备物以养，犹为不孝也。"上述三种不良行为都会导致祸患临头。如果不戒除这三种行为，对父母供养得再好，也是不孝。这是从反面告诫人们什么是不孝，要尽力避免。项霦《孝经述注》注曰："人子先能安分保身，不贻父母之忧，然后得以遂甘旨奉养之欢。"孝子安分守己，不为以上三事，不让父母担忧，才能谈得上基本的物质奉养。

五刑章第十一

【原文】

子曰："五刑之属三千①，而罪莫大于不孝②。要君者无上③，非圣者无法④，非孝者无亲⑤。此大乱之道也。"

【注释】

① 五刑：即中国古代的五种刑罚——墨辟、劓（yì）辟、剕辟、宫辟、大辟。五刑最早源于有苗氏部落，另有一说源于上古时代蚩尤领导的九黎族。有苗氏亡于夏启后，夏启将有苗氏推行的刖、劓、琢、黥（qíng）等刑加以损益，形成了墨、劓、刖、宫、大辟五种刑罚，并使之成为主要的刑罚体系。自夏以后，商、周及春秋之际，五刑一直被作为主体刑罚而广泛使用。五刑之属三千：指应当处以五种刑罚的罪有三千条。

② 莫大于：没有超过的。

③ 要（yāo）：有所倚仗而强求。无上：藐视君上，目无君长。

④ 非：责怪，反对。无法：藐视法纪，目无法纪。

⑤ 无亲：藐视父母，目无父母。

【译文】

孔子说："应当处以墨、劓、刖、宫、大辟五种刑罚的罪行有三千多种，而其中没有比不孝的罪过更大的了。要挟君王的人，目无君上；非难圣人的人，目无法纪；反对孝行的人，目无父母。这三种人的行径，乃是天下大乱的根源所在。"

【解读】

本章言对不孝之罪的刑罚。邢昺《疏》云："以前章有骄乱忿争之事，言此罪恶必及刑辟，故此次之。"

唐玄宗《御注》：五刑"条有三千，而罪之大者，莫过不孝。君者，臣之禀命也，而敢要之，是无上也。圣人制作礼法，而敢非之，是无法也。善事父母为孝，而敢非之，是无亲也。言人有上三恶，岂唯不孝，乃是大乱之道"。邢昺《疏》云："五刑者，言刑名有五也。三千者，言所犯刑条有三千也。所犯虽异，其罪乃同，故言'之属'以包之。就此三千条中，其不孝之罪尤大，故云'而罪莫大于不孝'也。凡为人子，当须遵承圣教，以孝事亲，以忠事君。君命宜奉而行之，敢要之，是无心遵于上也。圣人垂范，当须法则，今乃非之，是无心法于圣人也。孝者百行之本，事亲为先，今乃非之，是无心爱其亲也。卉木无识，尚感君政；禽兽无礼，尚知恋亲。况在人灵？而敢要君，不孝也。逆乱之道，此为大焉。故曰：此大乱之道也。"上古以来，可以判处五刑的罪行有三千多条，不孝是其中最重的罪。因为否定孝道与要挟君上、否定圣人都是大乱之道，所以罪大恶极，绝对不能轻描淡写、草草了事，要进行严惩。这里"罪莫大于不孝"与《圣治章》"人之行，莫大于孝"是从正反两面来表达孝道的重要性。

《古文孝经指解》司马光曰："'五刑之属三千'者，异罪同罚，合三千条也。君令臣行，所谓顺也，而以臣要君，故曰无上。圣人，道之极，法之原也，而非之，是无法。无上则统纪绝，非法则规矩灭，无亲则本根蹶，三者大乱之所由生也。"《古文孝经指解》范祖禹曰："人之善莫大于孝，其恶莫大于不孝，故圣人制刑不孝之罪为大。君者，臣之所禀令也，而要之，是无上；圣人者，法之所自出也，而非之，是无法；人莫不有亲，而以孝为非，则是无其父母。此三者，致天下大乱之道也。圣人制刑，以惩夫不孝、要君、非圣之人，所以防天下之乱也。"以臣要君违背君臣伦理，目无长上。

圣人代表道统，也是法统之源，非圣就是蔑视法律。人有亲人，对亲人不孝，就是不认父母。无君、无圣、无父之人，是天下大乱之源，圣人制定刑法就是为了惩治他们，防止天下大乱。

黄道周《孝经集传·五刑章》注曰："兵用而后法，法用而后刑，兵刑杂用而道德乃衰矣。圣人之禁也，曰，示之以好恶。示之以好恶，则犹未有禁也，刑而后禁之。《周礼》司徒以六行教民，司寇以五刑匡其不率，于是有不孝之刑，不友之刑，不睦姻、不任恤之刑，此六者非刑之所能禁也。刑之所能禁者，寇贼奸宄耳。然其习为寇贼奸宄者，刑亦不能禁也。必以之禁，六行则是束民性而法之也。束民性而法之，不有阳窃，必有阴败。由是则尧舜之礼乐与名法争鹜矣，争鹜必绌。然且夫子犹言刑法，何也？夫子之言盖为墨氏而发也。人情易偷，偷而去节，则以礼为戎首。礼曰三千，刑亦三千，礼刑相维，以刑教礼。圣人之才与德皆足以胜之，胜之而存其真。众人之才与德不足以胜之，而见是繁重，则畔矣。夫子之时，墨氏未著，而子桑户、曾点、原壤之徒，皆临丧不哀，遁于天刑。自圣人而外，未有非者。夫子逆知后世之治，礼乐必入于墨氏。墨氏之徒，必有要君、非圣、非孝之说，以燀乱天下，使圣人不得行其礼，人主不得行其刑。刑衰礼息而爱敬不生，爱敬不生而无父无君者始得肆志于天下。故夫子特著而豫防之，辞简而旨危，忧深而虑远矣。"黄道周认为圣人在治道中运用兵、刑、礼、乐是有价值层级和先后轻重次序的，以礼乐为优先，再辅之以刑法。礼与刑相辅相成，要以刑教礼。并以墨家为例，墨家反对儒家礼乐，有要君、非圣、非孝之说，导致人们思想混乱，也淆乱了礼刑关系，刑衰礼息就不能产生爱敬，没有爱敬必然无父无君，所以孔子在此以刑来预防这样的情况发生，是辞简旨危，忧深虑远啊。

在要君、非圣、非孝三者的关系上，邢昺《疏》云："凡为臣下者，皆禀君教命，而敢要以从，已是有无上之心，故非孝子之行也。""圣人规模天下，法则兆民，敢有非毁之者，是无圣人之法也。""人不忠于君，不法于圣，不爱于亲：此皆为不孝，乃是罪恶之极，故经以大乱结之也。"简朝亮《孝经集注述疏》亦云："《经》方言不孝之罪，而以此三者参之，明此皆自不孝而来。不孝，则无可移之忠，由无亲而无上，于是乎敢要君；不孝，则不道先王之法言而无法，于是乎敢非圣人；不孝，则不爱其亲而无亲，于是敢非孝。"就是说，不孝才敢要君、非圣、非孝；反过来说，要君、非圣、非孝都由不孝发展而来，所以经文说这样就是大乱之道。从孝道角度如何处理君父关系？黄道周在《孝经集传·五刑章》传文部分引《礼记·丧服四制》："凡礼之大体，体天地，法四时，则阴阳，顺人情，故谓之礼。訾之者，是不知礼之所由生也。夫礼，吉凶异道，不得相干，取之阴阳也。丧有四制，变而从宜，取之四时也。有恩有理，有节有权，取之人情也。恩者仁也，理者义也，节者礼也，权者智也。仁义礼智，人道具矣。其恩厚者其服重，故为父斩衰三年，以恩制者也。门内之治恩掩义，门外之治义断恩。资于事父以事君而敬同，贵贵尊尊，义之大者也。故为君亦斩衰三年，以义制者也。"并发挥说："圣人之制礼也，因严教敬，因孝教忠。君父相等，仁义之极也。使君可无三年之服，则父亦可无三年之丧。使父可无三年之丧，则君亦可无一日之服……故要君、非圣、非孝之事，皆爱敬之不周，非尽观听者之过也。然且圣人犹以乱辟治之，所以发生民之真性，存百世之大坊也。然则要君何义也？谓托君服以要利禄者也。托君服以要利禄，故君过益彰，而亲谊益灭。子曰：'事君三违而不出竟，则利禄也。虽曰不要君，吾不信也。'"古代孝子对父亲的三年之孝是出于父子之亲的感恩，臣子对于君王的三年之孝是出于君臣之义的礼制，而在敬方面是相同的。之所以会出现要君、非圣、非孝之事，还是没有做到爱敬。要君一般主要是指托君服以要利禄者，这不但张扬为君之过，也毁灭父子之亲、君臣之义。

不孝的行为很多，《孟子·离娄下》说："世俗所谓不孝者五：惰其四支，不顾父母之养，一不孝也；博弈好饮酒，不顾父母之养，二不孝也；好货财，私妻子，不顾父母之养，三不孝也；从耳目之欲，以为父母戮，四不孝也；好勇斗很，以危父母，五不孝也。"孟子说："通常认为不孝的情况有五种：四肢懒惰，不赡养父母，这是第一种；酗酒聚赌，不赡养父母，这是第二种；贪吝钱财，只顾老婆孩子，不赡养父母，这是第三种；放纵声色享乐，使父母感到羞辱，这是第四种；逞勇好斗，连累父母，这是第五种。"《大戴礼记·曾子大孝》说："故居处不庄，非孝也；事君不忠，非孝也；莅官不敬，非孝也；朋友不信，非孝也；战陈无勇，非孝也。五者不遂，灾及乎身，敢不敬乎！"日常起居不端庄，不能算孝；侍奉君主不忠诚，不能算孝；担任官职不敬业，不能算孝；对朋友不讲信用，不能算孝；临阵作战不勇敢，不能算孝。这五个方面做不到，就会祸及父母，怎么敢不敬畏呢？既然孝是人的最高品行，那么不孝当然就是最卑劣的了，甚至是大逆不道、十恶不赦的罪过。

自从早期王权国家形成后，刑罚也逐渐正规起来，大禹时代就已经有了正式刑罚的雏形。《尚书·舜典》载："象以典刑，流宥五刑。鞭作官刑，扑作教刑，金作赎刑。眚（shěng）灾肆赦，怙终贼刑。"这里的"五刑"一般是指墨、劓、刖、宫、大辟五种主要刑罚方式。除了大辟是直接剥夺生命的刑罚外，其他都是对犯罪者身体进行残害的肉刑。《汉书·刑法志》载："禹承尧、舜之后，自以德衰而制肉刑，汤、武顺而行之。"商代的刑罚记载略详于夏代，从古代文献、甲骨卜辞和青铜铭文的记载来看，已有黥、劓、刖、醢（hǎi）、脯（fǔ）、焚、刳（kū）、剔、炮烙、剖心等刑罚。据文献记载，五刑还有两种说法。一是《国语·鲁语上》记载，根据刑具所划分的五刑："大刑用甲兵，其次用斧钺；中刑用刀锯，其次用钻笮（zé）；薄刑用鞭扑，以威民也。"二是《周礼·秋官·大司寇》根据统治范围所划分的五刑："以五刑纠万民：一曰野刑（施行于王城之外"野"的刑法，处罚偷懒耍滑者），上功纠力；二曰军刑（军中的刑罚，纠正军纪），上命纠守；三曰乡刑（乡里的刑罚，处罚德行败坏的人，特别是那些有不孝行为的人），上德纠孝；四曰官刑（惩戒官吏的刑罚之一，即鞭刑），上能纠职；五曰国刑（城中施行的刑罚，维护治安、打击暴力犯罪等），上愿纠暴。"西汉初，文帝、景帝时期废除残伤肢体的肉刑，以笞（chī）、杖代替。传统的五刑制度发生变化，历魏、晋、南北朝，不断有关于废除和恢复肉刑之争，并对原有的五刑屡加更定。到隋、唐时期，商周以来的墨、劓、刖、宫、大辟五刑制度，被笞、杖、徒、流、死的五刑制度所代替，直至明、清沿用不改。

不过，对于"五刑"，孔子有自己的看法。《孔子家语·五刑解》载冉有问于孔子曰："古者三皇五帝不用五刑，信乎？"孔子曰："圣人之设防，贵其不犯也。制五刑而不用，所以为至治也。凡夫之为奸邪窃盗靡法妄行者，生于不足。不足生于无度，无度则小者偷盗，大者侈靡，各不知节。是以上有制度，则民知所止；民知所止，则不犯。故虽有奸邪贼盗、靡法妄行之狱，而无陷刑之民。"孔子认为，在圣王那里，虽然已经有了五刑，但是实际上是制而不用，人们之所以会有奸邪窃盗靡法妄行，还是因为他们日子过不下去了，而他们之所以日子过不下去则是因为在上者横征暴敛、奢靡无度，人民苦不堪言，才会有违法犯罪之行。所以孔子认为先进行道德礼义教化："不孝者生于不仁，不仁者生于丧祭之无礼。明丧祭之礼，所以教仁爱也。能教仁爱，则服丧思慕，祭祀不解人子馈养之道。丧祭之礼明，则民孝矣。故虽有不孝之狱，而无陷刑之民。弑上者生于不义，义所以别贵贱，明尊卑也。贵贱有别，尊卑有序，则民莫不尊上而敬长。朝聘之礼者，所以明义也。义必明，则民不犯。故虽有杀上之狱，而无陷刑之民。斗变者生于相陵，相陵者生于长幼无序而遗敬让。乡饮酒之礼者，所以明长幼之序而崇敬让也。长幼必序，民怀敬让。故虽有变斗之狱，而无陷刑之民。淫乱者生于男女无别，男女无别则夫妇失义。婚礼聘享者，所以别男女、明夫妇之义也。男女既别，夫妇既明，故虽有淫乱之狱，而无陷刑之民。此五者刑罚之所从生，各有源焉。不豫塞其源，而辄绳之以刑，是谓为民设阱而陷之也。刑罚之源，生于嗜欲不节。夫礼度者，所以御民之嗜欲而明好恶，顺天之道。礼度既陈，五教毕修，而民犹或未化，尚必明其法典，以申固之。其犯奸邪、靡法、妄行之狱者，则饬制量之度；有犯不孝之狱者，则饬丧祭之礼；有犯杀上之狱者，则饬朝觐之礼；有犯斗变之狱者，则饬乡饮酒之礼；有犯淫乱之狱者，则饬婚聘之礼。三皇、五帝之所化民者如此。虽有五刑之用，不亦可乎？"通过丧祭之礼、朝聘之礼、乡饮酒之礼、婚礼聘享之礼就能够教人们懂得仁爱、孝顺、道义、敬让、恩义。如果缺乏礼义教化，缺乏仁爱、孝顺、道义、敬让、恩义，就会有各种违法犯罪，就不得已要用刑罚，这其实是给老百姓设置陷阱让他们掉下去啊！所以孔子强调治国理政先要进行道德礼义教化，防患于未然，尽可能不用五刑。孔子在这里其实表达了德礼与刑罚的关系，强调以德礼教化为先，刑罚为后。

对于"不孝"罪的惩罚也起源很早，《吕氏春秋·孝行览》说："《商书》曰：刑三百，罪莫重于不孝。"周初分封周公之弟康叔于卫时，周公就对康叔说："封，元恶大憝（duì），矧（shěn）惟不孝不友。子弗祗服厥父事，大伤厥考心，于父不能字厥子，乃疾厥子。于弟弗念天显，乃弗克恭厥兄，兄亦不念鞠子哀，大不友于弟。惟吊兹，不于我政人得罪，天惟与我民彝大泯乱。（天）曰，乃其速由文王作罚，刑兹无赦。"（《尚书·康诰》）周公辅佐成王平定管叔、蔡叔之后，把原商国的地盘和人民封给康叔管理，拟了三篇诰——《康诰》《酒诰》《梓材》。周公说："封啊，首恶招人大怨，也有些是不孝顺不友爱的。儿子不认真处理他父亲的事，大伤他父亲的心；父亲不能爱怜他的儿子，反而厌恶儿子；弟弟不顾天伦，不尊敬他的哥哥；哥哥也不顾念小弟弟的痛苦，对小弟弟极不友爱。父子兄弟之间竟然到了这种地步，不让行政人员去惩罚他们，上天赋予老百姓的常法就会大混乱。我说，就要赶快使用文王制定的刑罚，惩罚这些人，不要赦免。"《周礼·大司徒》所载"以乡八刑纠万民"的"八刑"中，首刑即"不孝之刑"，贾公彦《疏》："有不孝于父母者则刑之。《孝经》不孝不在三千者，深塞逆源，此乃礼之通教。兼戒凡品，故不孝有刑也。"《周礼·大司寇》："以五刑纠万民：……三曰乡刑，上德纠孝。"郑玄注："德，六德也。善父母为孝。"《礼记·檀弓下》："邾娄定公之时，有弑其父者。有司以告，公瞿（jù）然失席曰：'是寡人之罪也。'曰：'寡人尝学断斯狱矣：臣弑君，凡在官者杀无赦；子弑父，凡在宫者杀无赦。杀其人，坏其室，洿（wū）其宫而猪（潴）焉。'"邾娄定公在位的时候，有子杀父的事情发生。有关官员将此事报告给定公，定公惊骇地离开了席位，说："这和寡人没有教育好也有关系。"又说："我曾学过怎样审断这种案子：如果是臣杀其君，那么，凡是国家的官员无论其职位大小，都有权力把他杀掉，决不宽恕；如果是子杀其父，那么，凡是家庭成员无论其辈分高低，都有资格把他杀掉，决不宽恕。不仅要把凶手杀掉，还要拆毁凶手的住室，将其地基挖成大坑，然后再灌满水。"邢昺《孝经五刑章疏》还引《风俗通》曰："《皋陶谟》，是虞时造也。及周穆王训夏，里惵师魏，乃著《法经》六篇，而以盗贼为首。贼之大者，有恶逆焉，决断不违时，凡赦不免；又有不孝之罪，并编十恶之条。前世不忘，后世为式。"

春秋时期，孔子也赞同以法惩治不孝，不过他毕竟以仁爱为本，在具体执行过程中采取权变措施。《孔子家语·始诛》记载了一件事："孔子为鲁大司寇，有父子讼者，夫子同狴（bì）执之，三月不别，其父请止，夫子赦之焉。季孙闻之，不悦曰：'司寇欺余，曩告余曰，国家必先以孝，余今戮一不孝以教民孝，不亦可乎？而又赦，何哉？'冉有以告孔子，子喟然叹曰：'呜呼！上失其道，而杀其下，非理也。不教以孝，而听其狱，是杀不辜。三军大败，不可斩也。狱犴不治，不可刑也。何者？上教之不行，罪不在民故也。夫慢令谨诛，贼也。征敛无时，暴也。不试责成，虐也。政无此三者，然后刑可即也。'"孔子做鲁国的大司寇，有父子二人来打官司，孔子把他们羁押在同一间牢房里，过了三个月也不判决。父亲请求撤回诉讼，孔子就把父子二人都放了。季孙氏听到这件事，很不高兴，说："司寇欺骗我，从前他曾对我说：'治理国家一定要以提倡孝道为先。'现在我要杀掉一个不孝的人来教导百姓遵守孝道，不也可以吗？司寇却又赦免了他们，这是为什么呢？"冉有把季孙氏的话告诉了孔子，孔子叹息说："唉！身居上位不按道义行事而滥杀百姓，这违背常理。不用孝道来教化民众而随意判决官司，这是滥杀无辜。三军打了败仗，是不能用杀士卒来解决问题的；刑事案件不断发生，是不能用严酷的刑罚来制止的。为什么呢？统治者的教化没有起到作用，罪责不在百姓一方。法律松弛而刑杀严酷，是杀害百姓的行径；随意横征暴敛，是凶恶残酷的暴政；不加以教化而苛求百姓遵守礼法，是残暴的行为。施政中没有这三种弊害，然后才可以使用刑罚。"孔子主张惩罚不孝是为了教民为善，为政者应该先教后诛，如果不教而诛，就是滥杀无辜的暴虐行为。所以为政者首先要检讨自己是否完成教化，如果没有完成教化，老百姓犯罪就不应该残酷刑杀。

秦汉以降，由于《孝经》的影响，孝与不孝被纳入了法律条文，国家立法便将这些"不孝"内容具体化、法典化。在湖北云梦睡虎地出土的秦朝法律简文中，有不少对于"不孝"行为的定罪。云梦睡虎地秦简《法律答问》规定："免老告人以为不孝，谒杀。当三环（宥）之不？不当环（宥），亟执勿失。"老人控告人不孝，要求官府判处死刑，是否经三次原宥？不能，应立即捕获，不让不孝之子逃走。睡虎地秦简《封诊式》（案例汇编）中有一个普通士伍控告其子"不孝"的案例：

> 爰书：某里士五（伍）甲告曰："甲亲子同里士五（伍）丙不
> 孝，谒杀，敢告。"即令令史已往执。令史已爰书：与牢隶臣某执
> 丙，得某室。丞某讯丙，辞曰："甲亲子，诚不孝甲所，毋（无）它
> 坐罪。"

控告亲子对自己"不孝"，官府必须派人前往捉拿，经过审问定罪后要处死。

1983 年出土的湖北荆州张家山汉简《二年律令·贼律》规定："子牧杀父母，殴詈泰父母，父母、叚（假）大母（庶母）、主母、后母及父母告子不孝，皆弃市。""贼杀伤父母，牧杀父母，欧（殴）詈泰父母，父母告子不孝，其妻子为收者，皆锢，令毋得以爵偿、免除及赎。"有人告发子女杀害父母、殴打辱骂家长或父母告子不孝时，子女要受到"弃市"的处罚。可见，杀害、"牧杀"（未遂）、殴打、詈骂长辈（包括父母、祖父母、继父母、女主人）都属于"不孝"，凡是父母告子"不孝"罪成立，子女都要治以死罪。罪犯的妻、子都受到连坐，且不能以爵位、金钱等赎免。对于"不孝"

罪的教唆犯，张家山汉简也有惩处规定："教人不孝，黥为城旦舂。"（《贼律》）城旦舂是秦、汉时期的一种刑罚，属于徒刑。城旦是针对男犯人的刑罚，是指"治城"，即筑城；舂是针对女犯人的刑罚，是指"治米"，即舂米。《奏谳（yàn）书》对之作了更详细的说明："教人不孝，次不孝之律。不孝者弃市，弃市之次，黥为城旦舂。"汉律规定"殴父也，当枭首"（《太平御览》卷六四〇《董仲舒决狱》），对殴打父母的不孝罪行判处比弃市还重的砍头刑。这就是汉代法律儒家化的结果，汉代《公羊十六年传》何休注就有"不孝者，斩首枭之"之说。

南北朝时期，就出现了"不孝"入于"十恶"重罪的立法要求。《北齐律》首创"重罪十条"，第八条是不孝罪："指诅骂祖父母、父母，不奉养祖父母、父母，以及违反服制的行为。"不孝罪为重罪之一。西魏也有类似的法律，《隋书·刑法志》载："大统元年，命有司斟酌今古通变可以益时者，为二十四条之制……至保定三年三月庚子乃就，谓之《大律》，凡二十五篇……不立十恶之目，而重恶逆、不道、大不敬、不孝、不义、内乱之罪。"

隋唐时期，中国传统法律的格局基本定型，成为后代法典的圭臬。其中对于"不孝"之罪的惩处继承和发展了秦汉法律，同时又直接延续了上古礼制。隋朝《开皇律》在北齐"重罪十条"的基础上，正式确立了"十恶"罪名，其中不孝为十恶之一。按照《四库全书提要》的说法，唐律"一准乎礼"。《唐律疏议·名例》中有"十恶"（谋反、谋大逆、谋叛、恶逆、不道、大不敬、不孝、不睦、不义、内乱）之罪，其中"恶逆""不孝""不睦"三项涉及孝道问题。

恶逆："谓殴及谋杀祖父母、父母，杀伯叔父母、姑、兄姊、外祖父母、夫、夫之祖父母、父母。"

不孝："谓告言、诅詈祖父母、父母，及祖父母、父母在，别籍、异财，若供养有阙；居父母丧，身自嫁娶，若作乐，释服从吉；闻祖父母、父母丧，匿不举哀，诈称祖父母、父母死。"意思是检举告发祖父母、父母犯罪行为的；骂祖父母、父母的；背地里诅骂祖父母、父母的；祖父母、父母活着的时候，自己另立户口、私攒钱财的；对祖父母、父母不尽最大能力奉养，使其生活得不到满足的；父母丧事期间娶妻或出嫁的，父母丧事期间听音乐、看戏的；父母丧事期间脱掉丧服，穿红挂绿的；隐匿祖父母、父母死亡消息，不发讣告、不举办丧事的；祖父母、父母未死谎报死亡的。这十种情况，都属于不孝的犯罪行为，是侵犯家庭成员犯罪中最为严重的一种，都应受到严厉的惩罚。

不睦："谓谋杀及卖缌麻以上亲，殴告夫及大功以上尊长、小功尊属。"具体处罚措施，《唐律疏议·贼盗律》规定："诸谋杀期亲尊长、外祖父母、夫、夫之祖父母、父母者，皆斩。""谋杀缌麻以上尊长者，流二千里；已伤者，绞；已杀者，皆斩。""诸妻妾谋杀故夫之祖父母、父母者流二千里，已伤者，绞；已杀者，皆斩。"相比于上引秦汉时期的相同罪行，这些条文规定得更加细致了。

《元史·刑法志》的"恶逆"罪是："谓殴及谋杀祖父母、父母，杀伯叔父母、姑、兄、姊、外祖父母、夫、夫之祖父母、父母者。""不孝"罪是："谓告言诅詈祖父母、父母，及祖父母、父母在，别籍异财，若供养有阙；居父母丧，身自嫁娶，若作乐释服从吉；闻祖父母、父母丧，匿不举哀；诈称祖父母、父母死。"规定："诸子孙弑其祖父母、父母者，凌迟处死，因风狂者处死。诸醉后殴其父母，父母无他子，告乞免死养老者，杖一百七，居役百日。诸子弑其继母者，与嫡母同。诸部内有犯恶逆，而邻佑、社长知而不首，有司承告而不问，皆罪之。诸子弑其父母，虽瘐死狱中，仍支解其尸以徇。诸殴伤祖父母、父母者，处死。"瘐死，古指囚犯因冻饿、疾病、受刑死在监狱里。后也泛指在狱中病死。徇：对众宣示。

《宋刑统》完全继承唐律，对各种不孝行为的惩处作出了详尽而缜密的规定，成为宋代惩治不孝行为的法律依据。在"十恶"中也是"恶逆""不孝""不睦"，三项都涉及孝道问题。

恶逆："谓殴及谋杀祖父母、父母，杀伯叔父母、姑、兄、姊、外祖父母、夫、夫之祖父母、父母者。"

不孝："谓告、言诅詈祖父母、父母，及祖父母、父母在，别籍、异财，若供养有阙；居父母丧，身自嫁娶，若作乐，释服从吉；闻祖父母、父母丧，匿不举哀，诈称祖父母、父母死。"

不睦："谓谋杀及卖缌麻以上亲，殴告夫及大功以上尊长、小功尊属。"

并对诸多不孝行为有具体的惩处措施。如辱骂祖父母、父母者绞；"殴者斩，过失杀者流三千里，伤者徒三年"；祖父母、父母在，别籍异财者"徒三年"；对父母供养有阙者"徒二年"；闻祖父母、父母丧匿不举哀者"流二千里"；诈称祖父母、父母死者，"徒三年"。

《宋刑统》有关"不孝罪"的规定，几乎全文照录《唐律》，只是条目和简称略有更动。如将《唐律》中的"期亲"改为"周亲"；《唐律》中称"父祖或夫及主为人杀私和"，在《宋刑统》中称为"亲属被杀私和"。此外，宋律中对于"不孝罪"的规定较之唐律亦更加详细，比如：在状告周亲尊长的犯罪行为中，《宋刑统》还规定了："所犯虽不合论，告之者，犹坐。"意思是"周亲尊长以下，或年八十以上、十岁以下，若笃疾犯罪虽不合论，而卑幼告之，依法犹坐"。

《大明律》中规定："凡子孙告祖父母、父母，妻、妾告夫及夫之祖父母、父母者，杖一百，徒三年。但诬告者，绞。若告期亲尊长、外祖父母，虽得实，杖一百；大功，杖九十；小功，杖八十；缌麻，杖七十。其被告期亲、大功尊长及外祖父母，若妻之父母，并同。自首免罪。小功、缌麻尊长，得减本罪三等。若诬告重者，各加所诬罪三等（加罪不至于死）。其告尊长谋反、大逆、谋叛、窝藏奸细，及嫡母、继母、慈母、所生母杀其父，若所养父母杀其所生父母，及被期亲以下尊长侵夺财产，或殴伤其身（据实），应自理诉者，并听（卑幼）陈告，不在干名犯义之限。"具体处罚措施："凡骂祖父母、父母，及妻、妾骂夫之祖父母、父母者，并绞（须亲告乃坐）。凡妻、妾骂夫之期亲以下、缌麻以上尊长，与夫骂罪同。妾骂夫者，杖八十。妾骂妻者，罪亦如之。若骂妻之父母者，杖六十（并须亲告乃坐）。"

清律规定："凡子孙不孝、致祖父母、父母自尽之案。如审有触忤干犯情节，致亲窘迫自尽，即拟以斩决。若行为违犯教令，致亲抱忿轻生者，酌拟绞候。"（《乾隆实录》卷九〇六）当然，清代法律总体上也继承唐宋以来的法律，具体就不再举例了。

孝本来是道德规范，这里引申到法律上，反映了古代德治与法治结合的社会治理模式。在不孝罪的治理下，形成了尊老敬长的社会风尚，也有利于社会的和谐稳定。按照《孝经》的推论，一个人如果不尊敬自己的亲人，也就不会尊敬他人；一个人如果不孝顺父母，也就不会顺从上级、忠诚君主。这样的人不仅会危害个人、家庭，也会危及整个社会，是社会动乱的根源。所以，对不孝的行为是绝对不能饶恕的，要通过法律进行严惩。不过，应该看到，古代统治者以不孝罪打击不孝行为，是以亲疏远近、尊卑贵贱、长幼不平等为基础，以牺牲子女的合法利益为代价的，很多时候也出现了走极端的、违反人性人情的情况，需要明鉴和批判。

广要道章第十二

【原文】

子曰："教民亲爱，莫善于孝①。教民礼顺，莫善于悌②。移风易俗③，莫善于乐④。安上治民，莫善于礼。礼者，敬而已矣。故敬其父，则子悦；敬其兄，则弟悦；敬其君，则臣悦；敬一人⑤，而千万人悦⑥。所敬者寡，而悦者众。此之谓要道也。"

【注释】

① 莫善于：没有比……更好的了。

② 悌：敬爱兄长，也泛指敬重长上。

③ 移风易俗：改变旧的、不良的风俗习惯。

④ 乐：指古代礼乐的乐，与今天的"音乐"概念及内涵不完全相同。儒家认为，君王可以利用乐，改变人们的风俗习惯。

⑤ 一人：指父、兄、君任何一个受敬者。

⑥ 千万人：指子、弟、臣。千万，只是举其大数而已。悦：喜悦。

【译文】

孔子说："教育百姓互相亲近友爱，没有比孝道更好的了。教育百姓讲礼貌，知和顺，再没有比悌道更好的了。要改变旧习俗，树立新风尚，再没有比德音雅乐更好的了。使上位者身心安定，治理民众，再没有比礼更好的了。所谓礼，归根结底就是一个'敬'字而已。因此，尊敬人家的父亲，他的儿女就会高兴；尊敬人家的哥哥，他的弟弟就会高兴；尊敬人家的君王，他的臣子就会高兴。尊敬一个人，而千千万万的人感到高兴。所尊敬的虽然只是少数人，而感到高兴的却有很多人。这就是把孝道称为'要道'的缘由啊！"

【解读】

本章对孝与治国的关系作了进一步的阐述。要道，即《开宗明义章》中的"先王有至德要道"的"要道"，即最重要的道理。因为在此深入探讨，故称之为"广要道"。邢昺《疏》论本章主旨云："前章明不孝之恶，罪之大者，及要君、非圣人，此乃礼教不容。广宣要道以教化之，则能变而为善也。首章略云至德、要道之事，而未详悉，所以于此申而演之，皆云广也。故以名章，次《五刑》之后。《要道》先于'至德'者，谓以要道施化，化行而后德彰；亦明道德相成，所以互为先后也。"就是说，要避免前章不孝之事发生，要通过最重要的道理教化民众。

黄道周《孝经集传·广要道章》注曰："孝悌者，礼乐之所从出也。孝悌之谓性，礼乐之谓教。因性明教，本其自然，而至善之用出焉，亦曰不敢恶慢而已。敢于恶慢人，则敢于毁伤人。敢于毁伤人，则毁伤之者至矣。《夏书》曰：'民可近，不可下。'又曰：'予临兆民，凛乎若朽索之驭六马。'为人上者，奈何不敬？故敬者，礼之实也。敬而后悦，悦而后和，和而后乐生焉。敬一人而千万人悦，礼乐之本也。明主治天下，必知其本务而致力之。然则帝舜不敬伯鲧以悦神禹，仲尼不敬盗跖以悦展季，武王不敬辛受以悦微、箕，何也？曰：圣人非以敬而贸悦于人也。民情多散而敬以聚之，民情多傲而为敬以下之。虽在刑戮之中，而犹有敬意焉。天下之和睦，则必由此也。《诗》曰：'穆穆文王，于缉熙敬止'，如文王则可谓知要也。"孝悌为仁之本，礼乐是教化的重要手段，孝悌与礼乐相辅相成，集中体现为"敬"。由敬而悦，由悦而和，实现上下有序，社会凝聚，人们和谐相处。

本章"教民亲爱，莫善于孝。教民礼顺，莫善于悌。移风易俗，莫善于乐。安上治民，莫善于礼"一段，唐玄宗《御注》云："言教人亲爱礼顺，无加于孝悌也。风俗移易，先入乐声。变随人心，正由君德。正之与变，因乐而彰，故曰莫善于乐。礼所以正君臣、父子之别，明男女、长幼之序，故可以安上化下也。"邢昺《疏》云："此夫子述广要之义。言君欲教民亲于君而爱之者，莫善于身自行孝也。君能行孝，则民效之，皆亲爱其君。欲教民礼于长而顺之者，莫善于身自行悌也。人君行悌，则人效之，皆以礼顺从其长也。欲移易风俗之弊败者，莫善于听乐而正之；欲身安于上，民治于下者，莫善于行礼以帅之。"《古文孝经指解》司马光曰："亲爱，谓和睦。礼顺，有礼而顺。荡涤邪心，纳之中和。尊卑有序，各安其分，则上安而民治。"《古文孝经指解》范祖禹曰："孝于父则能和于亲，弟于兄则能顺于长，故欲民亲爱、礼顺，莫如教以孝弟。乐者，天下之和也；礼者，天下之序也。和故能移风易俗，序故能安上治民。夫风俗，非政令之所能变也，必至于有乐而后治道成焉。"项霦《孝经述注》："孝弟礼乐，教民之要道。四者皆本乎人心自有之德性而非外也，其见于亲爱曰孝，见于恭顺曰弟，见于敬让曰礼，见于和平曰乐，又施之于事君曰忠，治民曰政，罚其不率教曰刑，以至于酬应万变，亦何莫非此道之妙用者乎？"谈到治国安民之道，孝是最重要的，是基础，但孝只居其一，此外还有悌、乐、礼。为政者通过充分发挥孝、悌、礼、乐的教化功能，上行下效，移风易俗，安上治下，就能够国泰民安，天下大治。

黄道周在《孝经集传·广要道章》传文中注曰："冠、昏、燕、射、朝聘、乡饮酒、丧、祭，此八者，移风易俗、安上治民之路也。然而圣人之意常在于临雍养老，临雍养老则天下之父子兄弟皆有所劝。其所以劝者，谓天子所致敬在爵赏庆誉之外也。天子不能遍敬天下之父老，又不能使尚齿之义独据于德爵之上，故必合八者而行之，使三达之义本于一敬，使天下之强有力者不得与三达争驰。盖自其舞象成童时，服习已如此矣，故天下之血气平、筋力柔，而畔乱犯上者不作也。《诗》曰：'无竞维人，四方其训之。有觉德行，四国顺之'，言夫孝弟者天子所以训顺也。以敬训顺，是之为要道也。"冠、昏、燕、射、朝聘、乡饮酒、丧、祭这八种礼仪是实现移风易俗、安上治民的基本途径，而贯彻其中的是孝悌。由孝悌培养的训顺，就是要道。

关于"孝悌"。孝，《说文解字》解为"善事父母者"。善于侍奉父母为孝，孝是中国传统伦理道德的核心，被认为是一切道德的根本，是所有教化的出发点，是"德之本""仁之实"。悌，《说文解字》解为"善兄弟也"。贾谊《新书·道术》曰："弟敬爱兄谓之悌。"孝悌在儒家看来是一切道德行为的根本。《论语·学而》："其为人也孝悌，而好犯上者鲜矣。不好犯上，而好作乱者，未之有也。君子务本，本立而道生。""弟子入则孝，出则弟……"《孟子·滕文公下》："于此有焉：入则孝，出则悌。"通过孝悌之道进行教化，就能起到良好效果。当有人问孔子："子奚不为政？"他说："《书》云：'孝乎惟孝、友于兄弟，施于有政。'是亦为政，奚其为为政？"（《论语·为政》）这里的"友"指悌。在家庭行孝悌之道就是为政的前提和基础。《孟子·梁惠王上》云："谨庠序之教，申之以孝悌之义，颁白者不负戴于道路矣。"邢昺《疏》强调说："欲民亲爱于君，礼顺于长者，莫善于身自行孝悌之善也。"君主行孝悌之道，就能使民亲爱，臣礼顺。历代统治者都懂得这个道理，并以孝悌之道纯美风俗，教化民众。董仲舒认为孝悌是教化之不二法门，"《传》曰：政有三端：'父子不亲，则致其爱慈；大臣不和，则敬顺其礼；百姓不安，则力其孝弟。'孝弟者，所以安百姓也。力者，勉行之，身以化之"（《春秋繁露·为人者天》）。《旧唐书·孝友传序》："善父母为孝，善兄弟为友。夫善于父母，必能隐身锡类，仁惠逮于胤嗣矣；善于兄弟，必能因心广济，德信被于宗族矣！推而言之，可以移于君，施于有政，承上而顺下，令终而善始，虽蛮貊（mò）犹行焉，虽窘迫犹亨焉！"

关于"移风易俗，莫善于乐"，为什么乐最善于移风易俗呢？这大概与乐的特性有关。邢昺《疏》云："乐者本于情性，声者因乎政教，政教失则人情坏，人情坏则乐声移：是变随人心也。国史明之，遂吟以风上也。受其风上而行，其失乃行礼义以正之，教化以美之。上政既和，人情自治，是正由君德也。"《诗大序》云："风，风也，教也；风以动之，教以化之……治世之音安以乐，其政和；乱世之音怨以怒，其政乖；亡国之音哀以思，其民困。"《礼记·乐记》亦云："凡音者，生人心者也。情动于中，故形于声。声成文，谓之音。是故治世之音安以乐，其政和；乱世之音怨以怒，其政乖；亡国之音哀以思，其民困。声音之道，与政通矣。"有什么样的乐就对人们有什么样的影响，产生什么样的政治效应。就像风一样，不同的乐对人们有不同的影响。相传《南风》为虞舜所作，《礼记·乐记》："昔者舜作五弦之琴，以歌《南风》。"郑玄注："南风，长养之风也。"又《孔子家语·辩乐解》：

子路鼓琴，孔子闻之，谓冉有曰："甚矣，由之不才也！夫先王之制音也，奏中声以为节，流入于南，不归于北。夫南者，生育之乡；北者，杀伐之城。故君子之音，温柔居中，以养生育之气。忧愁之感，不加于心也；暴厉之动，不在于体也。夫然者，乃所谓治安之风也。小人之音则不然，亢丽微末，以象杀伐之气；中和之感，不载于心；温和之动，不存于体。夫然者，乃所以为乱之风。昔者，舜弹五弦之琴，造《南风》之诗，其诗曰：'南风之薰兮，可以解吾民之愠兮；南风之时兮，可以阜吾民之财兮。'唯修此化，故其兴也勃焉，德如泉流，至于今，王公大人述而弗忘。殷纣好为北鄙之声，其废也忽焉，至于今，王公大人举以为诫。夫舜起布衣，积德含和，而终以帝；纣为天子，荒淫暴乱，而终以亡。非各所修之致乎？由，今也匹夫之徒，曾无意于先王之制，而习亡国之声，岂能保其六七尺之体哉？"冉有以告子路。子路惧而自悔，静思不食，以至骨立。夫子曰："过而能改，其进矣乎！"

孔子听子路鼓琴，听出了问题，认为子路演奏的不是先王制作的中和之音。这种中和之音在南方流传，不流向北方。南方、北方由于地理环境的不同，音乐表现出不同的风格特征：南方音乐是"温柔居中，以养生育之气"的"君子之音"，属"治安之风"；北方音乐是"亢丽微末，以象杀伐之气"

的"小人之音"，属"为乱之风"。孔子所推崇和赞赏的显然是南方音乐。他举舜弹琴作的《南风》之诗为例，说明舜用琴音感化人民，用诗句表达自己要像和煦的南风一样给百姓带来快乐和富裕。正因为如此，舜治国生机蓬勃，美德如泉流不绝，至今王公大人还在传授，不敢忘记。又举殷纣喜好北方音乐，最后国破身亡，至今王公大人还引以为戒。他批评子路演习亡国之声，可能会有性命之忧。这极大地震撼了子路，而孔子则希望子路能够改过迁善，不断进步。孔子还批评郑卫之音，认为郑卫之音会引人堕落。《礼记·乐记》："郑、卫之音，乱世之音也，比于慢矣……桑间、濮上之音，亡国之音也，其政散，其民流，诬上行私而不可止也。"又曰："魏文侯问于子夏曰：'吾端冕而听古乐，则唯恐卧；听郑卫之音，则不知倦。敢问古乐之如彼，何也？新乐之如此，何也？'子夏对曰：'今夫古乐，进旅退旅，和正以广，弦匏笙簧，会守拊、鼓，始奏以文，复乱以武，治乱以相，讯疾以雅。君子于是语，于是道古。修身及家，平均天下。此古乐之发也。今夫新乐，进俯退俯，奸声以滥，溺而不止，及优、侏儒，猱杂子女，不知父子。乐终不可以语，不可以道古。此新乐之发也。'"子夏举例说："郑音好滥淫志，宋音燕女溺志，卫音趋数烦志，齐音敖辟乔志。此四者，皆淫于色而害于德。"《礼记正义》："新乐者，谓今世所作淫乐也。"子夏说："现在先说古乐：舞蹈时同进同退，整齐划一；唱歌时曲调平和中正而宽广。弦匏笙簧乐器虽然多种，一定会等到拊和鼓敲响后，众乐并作。开始表演时击鼓，结束表演时击铙。用相来调节收场之歌曲，用雅来控制快速的节奏。表演完毕，君子还要发表一通议论，借古喻今，当然不外乎是修身齐家治国平天下的道理。这就是古乐的演奏情形。再说新乐：舞蹈的动作参差不齐，唱歌的曲调邪恶放荡，使人沉湎其中而不能自拔。再加上俳优侏儒的逗趣，男女混杂，父子不分。表演完毕，让人无法给予评论，也谈不上借古喻今。这就是新乐的演奏情形。"所谓郑卫之音或新乐指春秋战国时郑、卫等国的民间音乐，诉诸感官刺激，让人放纵情欲，违背了西周礼乐制度和儒家思想的中庸之道和孔子"温柔敦厚""乐而不淫，哀而不伤"的音乐美学思想，所以孔子"恶紫之夺朱也，恶郑声之乱雅乐也”（《论语·阳货》），反对郑卫之音败坏雅乐。

《史记·乐书》还记载了晋平公好郑卫之音而导致的后果：

卫灵公之时，将之晋，至于濮水之上舍。夜半时闻鼓琴声，问左右，皆对曰“不闻”。乃召师涓曰：“吾闻鼓琴音，问左右，皆不闻。其状似鬼神，为我听而写之。”师涓曰：“诺。”因端坐援琴，听而写之。明日，曰：“臣得之矣，然未习也，请宿习之。”灵公曰：“可。”因复宿。明日，报曰：“习矣。”即去之晋，见晋平公。平公置酒于施惠之台。酒酣，灵公曰：“今者来，闻新声，请奏之。”平公曰：“可。”即令师涓坐师旷旁，援琴鼓之。未终，师旷抚而止之曰：“此亡国之声也，不可遂。”平公曰：“何道出？”师旷曰：“师延所作也。与纣为靡靡之乐，武王伐纣，师延东走，自投濮水之中，故闻此声必于濮水之上，先闻此声者国削。”平公曰：“寡人所好者音也，愿遂闻之。”师涓鼓而终之。

平公曰：“音无此最悲乎？”师旷曰：“有。”平公曰：“可得闻乎？”师旷曰：“君德义薄，不可以听之。”平公曰：“寡人所好者音也，愿闻之。”师旷不得已，援琴而鼓之。一奏之，有玄鹤二八集乎廊门；再奏之，延颈而鸣，舒翼而舞。

平公大喜，起而为师旷寿。反坐，问曰：“音无此最悲乎？”师旷曰：“有。昔者黄帝以大合鬼神，今君德义薄，不足以听之，听之将败。”平公曰：“寡人老矣，所好者音也，愿遂闻之。”师旷不得已，援琴而鼓之。一奏之，有白云从西北起；再奏之，大风至而雨随之，飞廊瓦，左右皆奔走。平公恐惧，伏于廊屋之间。晋国大旱，赤地三年。

卫灵公在位的时候，一次他将要去晋国，走到濮水边上，住在上等的馆舍中，半夜里突然听到抚琴的声音，问左右跟随的人，都回答说："没有听到。"于是召见一个名叫涓的乐师，对他说："我听到了抚琴的声音，问身边跟从的人，都说没有听到。这样子好像有了鬼神，你为我仔细听一听，把琴曲记下来。"涓说："好吧。"于是端坐下来，取出琴，一边听卫灵公叙述一边拨弄，随手记录下来。第二天，他说道："臣已经把每句都记下来了，但还没有串习，难以成曲，请允许我再住一宿，熟习几遍。"灵公说："可以。"于是又住一宿。第二天他说："练习好了。"卫灵公这才动身去晋国，见了晋平公。平公在施惠的台上摆酒筵招待他们。饮酒饮到酣畅痛快的时候，卫灵公道："我们这次来时，得到了一首新曲子，请求为您演奏，用来助酒兴。"平公说："好极了。"即命师涓在晋国乐师旷的身边坐下来，取琴弹奏。一曲没完，师旷甩袖制止说："这是亡国之音，不要再奏了。"平公说："为什么说出这种话来？"师旷道："这是师延作的曲子，他为纣王作了这种靡靡之音，武王讨伐纣王后，师延向东逃走了，投濮水自杀，所以这首曲子必是得于濮水之上，先听的国家就要削弱了。"平公说："寡人喜好的，是听曲子这件事，但愿能够听完它。"这样师涓才把它演奏完毕。

平公道："这是我听过的最动人的曲子了，还有比这更动人的吗？"师旷说："有。"平公说："能让我们听一听吗？"师旷说："必须修德行义深厚的人才能听此曲，您还不能听。"平公说："寡人喜好的只有听曲子一件事，但愿能听到它。"师旷不得已，取琴弹奏起来，奏第一遍，有十数只玄鹤飞集堂下廊门之前；第二遍，这些玄鹤伸长脖子，呦呦鸣叫起来，还舒展翅膀，随琴声跳起舞来。

平公大喜，起身为师旷祝酒。回身落座，问道："没有比这更动人的曲子了吗？"师旷道："有。过去黄帝合祭鬼神时奏的曲子比这更动人，只是您德义太薄，不配听罢了，听了将有败亡之祸。"平公说："寡人这一大把年纪了，还在乎败亡吗？我喜好的只是听曲，但愿能够听到它。"师旷没有办法，取琴弹奏起来。奏了一遍，有白云从西北天际出现；又奏一遍，大风夹着暴雨，扑天盖地而至，直刮得廊瓦横飞，左右人都惊慌奔走。平公害怕起来，伏身躲在廊屋之间。晋国于是大旱三年，寸草不生。

司马迁最后解释说："正教者皆始于音，音正而行正。故音乐者，所以动荡血脉，通流精神而和正心也。……故乐音者，君子之所养义也。"（《史记·乐书》）就是说，正当的教化是从音乐出发的，音乐正则人行为正。音乐激荡人的血气，可以疏通精神、感应心灵，所以听什么样的乐，与个人修养、国家政治、社会风气都有密切关系。"是故乐在宗庙之中，君臣上下同听之，则莫不和敬；在族长乡里之中，长幼同听之，则莫不和顺；在闺门之内，父子兄弟同听之，则莫不和亲。故乐者，审一以定和，比物以饰节，节奏合以成文，所以合和父子君臣，附亲万民也。是先王立乐之方也。"（《礼记·乐记》）雅乐的功能是和，通过雅乐调和人心，和谐人伦关系，发挥社会政治作用。

《荀子·乐论》也说："乐者，圣人之所乐也，而可以善民心。其感人深，其移风易俗，故先王导之以礼乐而民和睦。""故乐行而志清，礼修而行成，耳目聪明，血气平和，移风易俗，天下皆宁。"乐是圣人所喜欢的，而且可以用来改善民众的心性，它感动人的情感很深，它改变风俗也容易，所以古代的圣王用礼乐来引导人民而人民就和睦相处。因此，乐推行后，人们的志向就会高洁，礼修明后，人们的德行就能养成，礼乐使人们耳聪目明，感情温和平静。改变风俗，天下都安宁，没有什么比音乐更好的了。荀子认为，音乐可以使民心向善，通过乐促使人的情感自然而然地发生变化，进而达到人们思想道德面貌的改变，最终使社会风气和习俗得以改变。因此，礼乐兼用，才能使社会和谐安定。《汉书·地理志》："凡民函五常之性，而其刚柔缓急，音声不同，系水土之风气。故谓之风；好恶取舍，动静亡常，随君上之情欲，故谓之俗。孔子曰：'移风易俗，莫善于乐。'言圣王在上，统理人伦，必移其本，而易其末，此混同天下一之乎中和，然后王教成也。"

《吕氏春秋·察贤》有一个"鸣琴而治"的典故。孔子的学生宓子贱在山东单父县任知县时，把单父县治理得很好，后来他的继任者巫马期也在那儿治理这个县，治理得也很好，但巫马期不大明白，宓子贱治理时没他这么忙，也治理得很好。他则老是跑来跑去的，很忙。巫马期向宓子贱询问其中的缘故，原来宓子贱在二堂里摆了一张古琴，当事人来了之后，先弹琴，营造一种和谐的气氛，让大家心气平和，这样各种事务处理得都很好，达到了"政简刑清"的治理效果，后来人们说宓子贱治单父"身不下堂""鸣琴而治"，所以就把二堂叫"琴治堂"。通过这个故事，我们看到，宓子贱能够通过乐改变一个地方的社会风气，达到良好的治理效果。这使我们相信，通过"乐治"，同样可以转化企业、单位，甚至国家的社会风气。总之，乐作用于人的性情，调节人的情绪，影响人的行为，能够对人的修养和社会道德氛围的养成起到潜移默化、移风易俗、促进社会和谐稳定的作用。

关于"安上治民，莫善于礼"，《礼记·经解》云："礼之于正国也，犹衡之于轻重也，绳墨之于曲直也，规矩之于方圆也。故衡诚县，不可欺以轻重；绳墨诚陈，不可欺以曲直；规矩诚设，不可欺以方圆；君子审礼，不可诬以奸诈。是故隆礼由礼谓之有方之士，不隆礼、不由礼谓之无方之民，敬让之道也，故以奉宗庙则敬，以入朝廷则贵贱有位，以处室家则父子亲、兄弟和，以处乡里则长幼有序。孔子曰：'安上治民，莫善于礼。'此之谓也。"这是直接引《孝经》经文阐明礼在治国理民、维护政治社会秩序中所起的规范作用。黄道周《孝经集传·广要道章》传文引此段话发挥说："让者，礼之实也。孝弟者，让之实也。不孝弟则不仁，不仁则不让，不让则礼为虚设矣。《传》曰：'弦歌、干扬，乐之末也，故童者舞之。尊俎、笾豆，礼之末也，故有司掌之。'为治而不以仁让，行其孝弟，虽由礼无益也。然且君子贵之，贵其由礼以远于不由礼者也。故曰《礼记》者，《孝经》之传注也，如安上治民之论与家至日见之说是也。"《礼记·经解》继续说："故朝觐之礼，所以明君臣之义也；聘问之礼，所以使诸侯相尊敬也；丧祭之礼，所以明臣子之恩也；乡饮酒之礼，所以明长幼之序也；昏姻之礼，所以明男女之别也。夫礼，禁乱之所由生，犹坊止水之所自来也。故以旧坊为无所用而坏之者，必有水败；以旧礼为无所用而去之者，必有乱患。"通过朝觐、聘问、丧祭、乡饮酒等一整套礼仪规范来教化人们处理君臣、父子、兄弟、长幼、夫妇、朋友伦理关系，防止人伦关系紊乱而造成社会秩序混乱。这些礼仪犹如河堤防止河水漫溢一样，不可或缺。清代学者凌廷堪说："夫其所谓教者，礼也，即父子有亲、君臣有义、夫妇有别、长幼有序、朋友有信是也。"（凌廷堪：《复礼》，《校礼堂文集》卷四）黄道周《孝经集传·广要道章》传文引此段话发挥说："禁乱去患无他，亦曰敬而已。敬而后和，和而后悦，悦而后万国之欢心可聚也。故郊祀、禘尝、耕耤、视学、养老、选射六者，礼之至微者也；朝觐、聘、问、丧、祭、乡饮酒六者，礼之至著者也。以其微者通于贤士大夫，以其著者通于遐方殊俗，而后天下共欢，邦家无怨。故虽在一室之内而有郊祀之意焉，豫顺之谓也。能敬而后豫，由礼而后悦，先王所作乐崇德，殷荐上帝以配祖考则亦谓此也。"如果这些礼仪废弃，就会造成人们痛苦和祸患，《礼记·经解》说："故昏姻之礼废，则夫妇之道苦，而淫辟之罪多矣。乡饮酒之礼废，则长幼之序失，而争斗之狱繁矣。丧祭之礼废，则臣子之恩薄，而倍死忘生者众矣。聘觐之礼废，则君臣之位失，诸侯之行恶，而倍畔侵陵之败起矣。故礼之教化也微，其止邪也于未形，使人日徙善远罪而不自知也，是以先王隆之也。"所以古代圣王以礼乐教化来防止人们走上邪路，在不知不觉中趋向善良，远离罪恶。

《礼记·哀公问》载鲁哀公问于孔子曰："大礼何如？君子之言礼，何其尊也？"孔子曰："丘也小人，何足以知礼？"君曰："否。吾子言之也！"孔子曰："丘闻之，民之所由生，礼为大，非礼无以节事天地之神也，非礼无以辨君臣、上下、长幼之位也，非礼无以别男女、父子、兄弟之亲，昏姻、疏数之交也。君子以此之为尊敬然。"礼对于老百姓非常重要，通过礼侍奉天地鬼神，交通人神。通过礼区分君臣上下长幼、男女父子兄弟，调节人伦关系。正因为这样，礼被君子看得非常庄重恭敬。《礼记·曲礼上》说："夫礼者，所以定亲疏，决嫌疑，别同异，明是非也……道德仁义，非礼不成；教训正俗，非礼不备；分争辨讼，非礼不决；君臣上下、父子兄弟，非礼不定；宦学事师，非礼不亲；班朝治军、莅官行法，非礼威严不行；祷祠祭祀、供给鬼神，非礼不诚不庄。是以君子恭敬撙节退让以明礼。"礼是决定亲疏、判断嫌疑、分别异同、明辨是非的，是道德的标准、教化的手段、是非的准则，是政治关系和人伦关系的名分定位体系，是人神沟通的宗教性体系，是具有威严的法律体系，故而可以对社会各方面发挥整合作用，发挥治国理民的功能。对此，孟德斯鸠认识到：中国的立法者"把宗教、法律、风俗、礼仪都混在一起。所有这些东西都是道德，所有这些东西都是品德。这四者的箴规，就是所谓礼教。中国的统治者就是因为严格遵守这种礼教而获得了成功。中国人把整个青年时代用在学习这种礼教上，并把一生都用在实践这种礼教上。文人用之以施教，官吏用之以宣传，生活上的一切细微的行动都包罗在这些礼教之内，所以当人们找到使它们获得严格遵守的方法的时候，中国便治理得很好了"。①

《晏子春秋·外篇上》有这样一个故事：

> 景公饮酒数日而乐，释衣冠，自鼓缶，谓左右曰："仁人亦乐是夫？"
>
> 梁丘据对曰："仁人之耳目，亦犹人也，夫奚为独不乐此也？"
>
> 公曰："趣驾迎晏子。"
>
> 晏子朝服以至，受觞再拜。
>
> 公曰："寡人甚乐此乐，欲与夫子共之，请去礼。"
>
> 晏子对曰："君之言过矣！群臣皆欲去礼以事君，婴恐君子之不欲也。今齐国五尺之童子，力皆过婴，又能胜君，然而不敢乱者，畏礼也。上若无礼，无以使其下；下若无礼，无以事其上。夫麋鹿维无礼，故父子同麀（yōu）。人之所以贵于禽兽者，以有礼也。婴闻之，人君无礼，无以临其邦；大夫无礼，官吏不恭；父子无礼，其家必凶；兄弟无礼，不能久同。《诗》曰：'人而无礼，胡不遄死。'故礼不可去也。"
>
> 公曰："寡人不敏无良，左右淫蛊寡人，以至于此，请杀之。"

① ［德］黑格尔等著，何兆武、柳卸林主编：《中国印象——世界名人论中国文化》（上册），广西师范大学出版社 2001 年版，第 42 页。

晏子曰："左右何罪？君若无礼，则好礼者去，无礼者至；君若好礼，则有礼者至，无礼者去。"

公曰："善。请易衣革冠，更受命。"

晏子避走，立乎门外。公令人粪洒改席，召衣冠以迎晏子。晏子入门，三让，升阶，用三献焉；嗛（qiǎn）酒尝膳，再拜，告餍而出。

公下拜，送之门，反，命撤酒去乐，曰："吾以彰晏子之教也。"

景公好饮酒，常常连续几天，天天饮酒。一次酒酣之时，他竟然脱衣摘帽，亲自敲击瓦盆奏乐，还问身边近臣："仁德之人也喜好以此为乐吗？"近臣回答说："仁德之人的耳朵眼睛，同别人一样，他们为何偏偏不喜好以此为乐呢？"于是景公派人驾车去请晏婴，晏婴身穿朝服而来。景公说："我今天很高兴，愿与先生共同饮酒作乐，请你免去君臣之礼。"晏婴答道："假如群臣都想免去礼节来侍奉您，我怕君主您就不愿意了。现在齐国的孩童，凡身高中等以上者，力气都超过我，也能胜过您，然而却不敢作乱，是因为敬畏礼仪啊！假如君主不讲礼仪，就无法役使下属；如果下属不讲礼仪，就无法侍奉君主。人之所以比禽兽尊贵，就是因为有礼仪啊！我听说，君主如果不是因为礼仪规制，就无法正常治理国家；大夫如果不是因为礼仪规制，下面的官吏就会不恭不敬；父子之间如果没有礼仪规制，家庭就必有灾殃。可见礼仪规制不可免除啊！"景公说："我自己不聪敏，也没有好作风，加之身边近臣迷惑、引诱我，以至于如此，请处死他们！"晏婴说："身边的近臣没有罪。如果君主不讲礼仪，那么讲究礼仪之人便会悄然离去，不讲礼仪之人就会纷至沓来；君主如果讲究礼仪，那么讲究礼仪之人就会纷至沓来，不讲礼仪之人便会悄然离去。"景公听后说道："先生说得好啊！"于是景公让人换了衣冠，令下人洒扫庭院，更换坐席，然后重新请晏子。晏婴进入宫门，经过三次谦让，才登上台阶，采用的是"三献之礼"。随即，晏子再行拜别之礼，准备离去，景公回礼拜别，然后命令下人撤掉酒宴，停止音乐，并对身边臣子说："请让我以此表示接受晏婴对我的教诲。"这个故事可以说是对"安上治民，莫善于礼"的很好说明。

本章"礼者，敬而已矣。故敬其父，则子悦；敬其兄，则弟悦；敬其君，则臣悦；敬一人，而千万人悦。所敬者寡，而悦者众。此之谓要道也"一段，唐玄宗《御注》："敬者，礼之本也。居上敬下，尽得欢心，故曰悦也。"邢昺《疏》云："谓礼主于敬也。入明敬功至广，是要道也。其要正以谓天子敬人之父，则其子皆悦；敬人之兄，则其弟皆悦；敬人之君，则其臣皆悦：此皆敬父兄及君一人，则其子弟及臣千万人皆悦，故其所敬者寡而悦者众。即前章所言'先王有至德要道'者，皆此义之谓也。"《古文孝经指解》司马光曰："将明孝而先言礼者，明礼孝同术而异名。天下之父、兄、君、圣人，非能遍致其恭，恭一人则与之同类者，千万人皆悦。所守者约，所获者多，非要而何？"《古文孝经指解》范祖禹曰："礼，则无所不敬而已。天下至大，万民至众，圣人非能遍敬之也。敬其所可敬者，而天下莫不悦矣。故敬人之父，则凡为人子者无不悦矣；敬人之兄，则凡为人弟者无不悦矣；敬人之君，则凡为人臣者无不悦矣。敬一人而千万人悦者，以此道也。圣人执要以御繁，敬寡而服众，是以不劳而治道成也。"项霦《孝经述注》注云："礼主敬，乐主和，惟其敬己之父兄君长有限，此礼之所以行也。自然天下之子弟臣众各敬其亲长，人心和悦，则乐之所由生也。所敬者至简，人感化悦从者至多，非要道而何？"敬是礼的本质，在上者如果能够敬下，就能得到在下者的欢心。如果能够敬人之父、敬人之兄及敬人之君，就能够使子、弟以及臣僚千万人都感到喜悦。邢昺《疏》还引《尚书·五子之歌》："为人上者，奈何不敬"，强调"谓居上位，须敬其下"。因为"礼者，自卑而尊人"（《礼记·曲礼上》），何况有地位权势的人本应谦卑敬下，才能赢得人们的敬仰和爱戴。黄道周在《孝经集传·广要道章》传文中也说："止邪之道无他，亦曰敬而已矣。不敢遗小国之臣而后得之公、侯、伯、子、男，不敢侮于鳏寡而后得于士民，不敢失于臣妾而后得于妻子。凡患乱之生，始于不敬，不敬之生始于臣妾鳏寡小国之臣。故十二礼者皆所以章敬于臣妾鳏寡之义也，臣妾鳏寡以为不敬，则郊祀祖考亦无所致其敬矣。《诗》曰：'敬之敬之，天惟显思'，是之谓也。"黄道周主要归结为一个"敬"字。从天子到卿大夫都要致其敬。患乱生于不敬，行礼必有敬，才能有效应。

　　"礼"的内在精神之一就是"敬"，即恭敬，有恭敬之心，时时处处以礼待人。《礼记·曲礼》第一句话是"毋不敬"，这是礼的总纲。《礼记正义》引郑玄："礼主于敬"，孔颖达《正义》解释"毋不敬"云："人君行礼无有不敬，行五礼皆须敬也。"并具体解释五礼皆须敬云："五礼皆以拜为敬礼，则祭极敬、主人拜尸之类，是吉礼须敬也。拜而后稽颡之类，是凶礼须敬也。主人拜迎宾之类，是宾礼须敬也。军中之拜肃拜之类，是军礼须敬也。冠昏饮酒，皆有宾主拜答之类，是嘉礼须敬也。"所谓礼主于敬，君王行礼要时时处处体现出敬，所有的礼节都要体现出敬。如何体现？是由内而外，由敬而恭。《论语·八佾》载：子曰："居上不宽，为礼不敬，临丧不哀，吾何以观之哉？""宽"即宽容精神；"敬"指参加礼仪活动时要内心虔敬，态度恭敬；"哀"是一种情感，是参加丧葬之礼时应有的哀戚之情。三者都是礼的内在精神。邢昺《论语注疏》："此章摠言礼意。居上位者，宽则得众，不宽则失于苛刻。凡为礼事在于庄敬，不敬则失于傲惰。亲临死丧当致其哀，不哀则失于和易。凡此三失，皆非礼意。人或若此，不足可观，故曰吾何以观之哉。"朱熹《论语集注》："居上主于爱人，故以宽为本。为礼以敬为本。临丧以哀为本。既无其本，则以何者而观其所行之得失哉？"钱穆《论语新解》："苟无其本，则无可以观其所行之得失。故居上不宽，则其教令施为不足观。为礼不敬，则其威仪进退之节不足观。临丧不哀，则其擗踊哭泣之数不足观。"《孔子家语·大婚解》亦云："爱人礼为大，所以治。礼，敬为大……君子兴敬为亲，舍敬则是遗亲也。"讲习礼仪时敬最重要。君子做事重视礼敬，使互相可以亲近，丢掉礼敬便是抛弃相亲之道。《礼记·经解》云："恭俭庄敬，《礼》教也。"礼教主要教会人们恭逊、节俭、齐庄、敬慎。除了禽兽，凡是人，无不有礼敬，不过精粗之分而已。人有礼敬必吉，家有礼敬能昌，国有礼敬自强，若无礼敬必乱。

广至德章第十三

【原文】

子曰:"君子之教以孝也,非家至而日见之也^①。教以孝,所以敬天下之为人父者也。教以悌,所以敬天下之为人兄者也。教以臣,所以敬天下之为人君者也。《诗》云:'恺悌君子,民之父母。'^②非至德,其孰能顺民^③,如此其大者乎!"

【注释】

① 家至:到家,即一家一户地走到。日见:天天见面,即当面教人行孝。

② "恺悌"二句:语出《诗经·大雅·泂酌》。原诗是西周召康公为劝勉成王而作。恺悌(kǎi tì):《诗经》原作"岂弟",和乐平易。

③ 孰:谁。顺民:古文本作"训民",教导训诫民众。《国语·鲁语上》:"夫诸侯之患,诸侯恤之,所以训民也。"韦昭注:"训,教也。教相救恤也。"

【译文】

孔子说:"君子以孝道教化民众,并不是要一家一户地走到,天天见面教人行孝。以孝道教化民众,是要让天下做父亲的都能受到尊敬;以悌道教化民众,是要让天下做兄长的都能受到尊敬;以臣道教化民众,是要让天下做君王的都能受到尊敬。《诗经》里说:'和乐平易的君子,是民众的父母。'如果没有至高无上的德行,有谁能教导训诫民众,做出这样一番大事业呢?"

【解读】

本章推广、阐发"至德"二字的义理，即进一步阐述"孝道"是最为高尚的道德的理由。

唐玄宗《御注》："言教不必家到户至，日见而语之。但行孝于内，其化自流于外。举孝悌以为教，则天下之为人子弟者，无不敬其父兄也。举臣道以为教，则天下之为人臣者，无不敬其君也。"邢昺《疏》云："此夫子述广至德之义。言圣人君子，教人行孝事其亲者，非家家悉至而日见之。但教之以孝，则天下之为人父者，皆得其子之敬也；教之以悌，则天下之为人兄者，皆得其弟之敬也；教之以臣，则天下之为君者，皆得其臣之敬。"《古文孝经指解》司马光曰："在于施得其要而已。天下之父、兄、君，圣人非能身往恭之。修此三道以教民，使民各自恭其长上，则圣人之德无不遍矣。恺，乐。悌，易也。乐易，谓不尚威猛，而贵惠和也。能以三道教民者，乐易之君子也。三道既行，则尊者安乎上，卑者顺乎下，上下相保，祸乱不生，非为民父母而何？"《古文孝经指解》范祖禹曰："君子所以教天下，非人人而谕之也，推其诚心而已。故教民孝，则为父者无不敬之；教民弟，则为兄者无不敬之；教民臣，则为君者无不敬之矣。君子所谓教者，孝而已。施于兄则谓之弟，施于君则谓之臣，皆出于天性，非由外也。《诗》云：'恺悌君子，民之父母'。恺以强教之，悌以悦安之，为民父母，惟其职是教也。父母之于子，未有不爱而教之，乐而安之也。至德者，善之极也。圣人无以加焉，故曰顺民，而不曰治民。孝者，民之秉彝，先王使民率性而行之，顺其天理而已矣，故不曰治。"本章讲圣贤君子以身作则行孝道，为天下做表率，就能使天下为人子、人臣者知道孝悌父兄、尊敬君王。其教以孝悌，与前章相互发明。由家庭的孝悌扩充到普天之下，使天下人子皆知敬其父，人弟皆知敬其兄，把孝悌归结到"敬"字。其教为臣之道，就能使臣子敬其君，把臣道也归结到"敬"。

黄道周《孝经集传·广至德章》注曰："爱人者不敢恶于人，敬人者不敢慢于人。君子之不敢恶慢于人，非独为其父兄也，臣妾妻子犹且敬之。要其本性，立教则必自父兄始也。自父兄始者，所以帅天下子弟而君之，犹其子弟之天也。以子弟之天，悦天下之子弟。以子弟之君，敬天下之父兄，其事不烦而其本至一。故有父之尊，有母之亲，有师之严，有兄之友，而又有天之神焉，是天之所以立君也。天之立君以教天下，如其生杀则雨露霜霆，天且优为之也。惟是冠婚、丧祭、礼乐之务，非天子不能总其家政，故天以为家，帅其子弟而寄家令焉。《书》曰：'作之君，作之师，惟其克相上帝'。又曰'元后作民父母'，是之谓也。"他认为这里的君子是指天子。天子有父之尊，有母之亲，有师之严，有兄之友，又有天之神，其爱敬从家庭对父之孝、对兄之悌开始推衍到普天之下，所以才能称为民之父母。黄道周在《孝经集传·广至德章》传文部分还引《礼记·祭义》："祀乎明堂，所以教诸侯之孝也。食（sì）三老、五更于太学，所以教诸侯之弟也。祀先贤于西学，所以教诸侯之德也。耕藉，所以教诸侯之养也。朝觐，所以教诸侯之臣也。五者，天下之大教也。食三老、五更于太学，天子袒而割牲，执酱而馈，执爵而酳（yìn），冕而总干，所以教诸侯之弟也。是故乡里有齿而老穷不遗，强不犯弱，众不暴寡，此由太学来者也"，发挥说："五教而归于太学，五礼而归于养老。故礼教之有养老，犹六府之有嘉谷也。养老之礼废，而教子、教弟、教臣三教者无所致其敬。"《礼记·祭义》所讲包含孝悌的"五教"是在太学进行的，"五礼"之中养老很重要。如果没有养老之礼，教子、教弟、教臣三教就没有了致敬的对象。

《大戴礼记·曾子立孝》云："是故未有君而忠臣可知者，孝子之谓也；未有长而顺下可知者，弟弟之谓也；未有治而能仕可知者，先修之谓也。故孝子善事君，弟弟善事长。君子一孝一弟，可谓知终矣。"因此，虽然还没有君主在场，但可以知道某人是忠臣，这个人就是孝敬父母的人；虽然还没有遇到官长，但可以知道某人会顺从，这个人就是敬爱兄长的人；虽然还没有任职治事，但可以知道某人能成为称职的官吏，这个人就是先修于家的人。所以说，凡是孝敬父母的人就善于侍奉君主，凡是敬爱兄长的人就善于侍奉官长。君子既能孝敬父母又能敬爱兄长，就可以知道这个人终生的成就和作为了。这里讲孝悌与忠顺的关系，由孝敬父母、敬爱兄长就可以知晓一个人是否能够在社会上、在官场中忠君顺长。

《孔子家语·王言解》载孔子在回答曾子问何谓"七教"时说："上敬老则下益孝，上尊齿则下益悌，上乐施则下益宽，上亲贤则下择友，上好德则下不隐，上恶贪则下耻争，上廉让则下耻节，此之谓七教。七教者，治民之本也。政教定，则本正也。凡上者，民之表也，表正则何物不正？"居上位的人尊敬老人，那么下层百姓会更加遵行孝道；居上位的人尊敬比自己年长的人，那么下层百姓会更加敬爱兄长；居上位的人乐善好施，那么下层百姓会更加宽厚；居上位的人亲近贤人，那么百姓就会择良友而交；居上位的人注重道德修养，那么百姓就不会隐瞒自己的观点；居上位的人憎恶贪婪的行为，那么百姓就会以争利为耻；居上位的人讲廉洁谦让，那么百姓就会以不讲气节德操为耻。这就是所说的七种教化。这七教，是治理民众的根本。政治教化的原则确定了，那治民的根本就是正确的。凡是身居上位的人，都是百姓的表率，表率正，下面的人还有什么不正的呢？孔子强调在上位者是民众的表率，起着标杆的作用，在上位者身体力行，才能把孝、悌等七教推广下去。这是治民之本，大本立则政教成，国家治，天下平。

本章最后引《诗经·大雅·泂酌》"恺悌君子，民之父母"，提出了君子为民父母的论题，并强调"非至德，其孰能顺民，如此其大者乎！"邢昺《疏》云："夫子既述至德之教已毕，乃引《大雅·泂酌》之诗以赞美之。恺，乐也。悌，易也。言乐易之君子，能顺民心而行教化，乃为民之父母。若非至德之君，其谁能顺民心如此其广大者乎？"如有君子以乐易之道教民，顺应民心，就具备至德，就可以为民父母。《礼记·表记》孔子也引《诗经·大雅·泂酌》"凯弟君子，民之父母"，作了这样的解释："《诗》云：'凯弟君子，民之父母。'凯以强教之，弟以说安。乐而毋荒，有礼而亲，威庄而安，孝慈而敬，使民有父之尊，有母之亲，如此，而后可以为民父母矣。非至德，其孰能如此乎？"孔子认为为政者要具备"乐而毋荒，有礼而亲，威庄而安，孝慈而敬"的德行，使老百姓感到天子或国君有"父之尊""母之亲"，既能够感受到父亲般的尊严，又有母亲般的亲切，这样才可以做民众的父母。本章在"孰能"下加"顺民"，"如此"下加"其大"者，与《表记》略有文字差异，而意思大致相同。

对于《诗经·大雅·泂酌》原诗"岂弟君子，民之父母……岂弟君子，民之攸归……岂弟君子，民之攸墍"，方玉润发挥说："此等诗总是欲在上之人当以父母斯民为心，盖必在上者有慈祥岂弟之念，而后在下者有亲附来归之诚。曰'攸归'者，为民所归往也；曰'攸墍'者，为民所安息也。使君子不以'父母'自居，外视其赤子，则小民又岂如赤子相依，乐从夫'父母'？故词若褒美而意实劝戒。"①

君子为民父母的主题常见于儒家典籍，《尚书·洪范》篇："天子作民父母，以为天下王。"

《礼记·孔子闲居》载：

孔子闲居，子夏侍。子夏曰："敢问《诗》云'凯弟君子，民之父母'，何如斯可谓民之父母矣？"孔子曰："夫民之父母乎！必达于礼乐之原，以致五至，而行三无，以横于天下，四方有败，必先知之。此之谓民之父母矣。"

子夏曰："民之父母，既得而闻之矣，敢问何谓五至？"孔子曰："志之所至，诗亦至焉。诗之所至，礼亦至焉。礼之所至，乐亦至焉。乐之所至，哀亦至焉。哀乐相生。是故，正明目而视之，不可得而见也；倾耳而听之，不可得而闻也；志气塞乎天地，此之谓五至。"

子夏曰："五至既得而闻之矣，敢问何谓三无？"孔子曰："无声之乐，无体之礼，无服之丧，此之谓三无。"

子夏曰："三无既得略而闻之矣，敢问何诗近之？"

---

① 方玉润：《诗经原始》，李先耕点校，中华书局 1986 年版，第 520 页。

孔子曰："'夙夜其命宥密'，无声之乐也；'威仪逮逮，不可选也'，无体之礼也；'凡民有丧，匍匐救之'，无服之丧也。"

孔子在家安居，子夏在旁边侍立。子夏问道："请问《诗》上所说的'平易近人的君王，就好比百姓的父母'，怎样做才可以被叫作百姓的父母呢？"孔子回答说："说到'百姓的父母'嘛，他必须通晓礼乐的本源，达到'五至'，做到'三无'，并用来普及于天下；不管什么地方出现了灾祸，他一定能够最早知道。做到了这些，才算是'百姓的父母'啊！"

子夏说："什么是'百姓的父母'，学生已经领教了。再请问什么叫作'五至'？"孔子回答说："既有爱民之心至于百姓，就会有爱民的诗至于百姓；既有爱民的诗至于百姓，就会有爱民的礼至于百姓；既有爱民的礼至于百姓，就会有爱民的乐至于百姓；既有爱民的乐至于百姓，就会有哀民不幸之心至于百姓。哀与乐是相生相成的。这种道理，睁大眼睛来看，你无法看得到；支起耳朵来听，你无法听得到；但君王的这种思想却充塞于天地之间。这就叫作'五至'。"

子夏说："什么是'五至'，学生已经明白了。再请问什么叫作'三无'？"孔子回答说："没有声音的音乐，没有形式的礼仪，没有丧服的服丧，这就叫作'三无'。"

子夏说："什么是'三无'，大体上已经懂了。再请问什么诗最近乎'三无'的含义？"孔子回答说："'日夜谋政，志在安邦'，这句诗最近乎没有声音的音乐；'仪态安详，无可挑剔'，这句诗最近乎没有形式的礼仪；'看到他人有灾难，千方百计去支援'，这句诗最近乎没有丧服的服丧。"

孔子在这里给子夏解释了君子怎么才能成为民之父母，引《诗经·大雅·泂酌》"凯弟君子，民之父母"，告诉子夏必须通达礼乐的本源，致五至而行三无，即志、诗、礼、乐、哀五者并至，乐、礼、丧三者超越于具体的声音、形式和服装。

《孟子·梁惠王下》讲了什么样的国君才可以为民父母："国君进贤，如不得已，将使卑逾尊，疏逾戚，可不慎与？左右皆曰贤，未可也；诸大夫皆曰贤，未可也；国人皆曰贤，然后察之。见贤焉，然后用之。左右皆曰不可，勿听；诸大夫皆曰不可，勿听；国人皆曰不可，然后察之。见不可焉，然后去之。左右皆曰可杀，勿听；诸大夫皆曰可杀，勿听；国人皆曰可杀，然后察之。见可杀焉，然后杀之。故曰，国人杀之也。如此，然后可以为民父母。"国君选择贤才，在不得已的时候，甚至会把原本地位低的人提拔到地位高的人之上，把原本关系疏远的人提拔到关系亲近的人之上，这能够不谨慎吗？因此，左右亲信都说某人好，不可轻信；众位大夫都说某人好，还是不可轻信；全国的人都说某人好，然后去考察他，发现他是真正的贤才，再任用他。左右亲信都说某人不好，不可轻信；众位大夫都说某人不好，还是不可轻信；全国的人都说某人不好，然后去考察他，发现他真不好，再罢免他。左右亲信都说某人该杀，不可轻信；众位大夫都说某人该杀，还是不可轻信；全国的人都说某人该杀，然后去考察他，发现他真该杀，再杀掉他。所以说，是全国人杀的他。这样做，才可以成为老百姓的父母。在孟子看来，国君为政要广泛地听取社会不同阶层的意见，"左右""诸大夫""国人"都可以达成一致的意见，"皆曰贤""皆曰不可""皆曰可杀"，而只有"国人"的意见才应该是最后决策的根据，这样的国君才可以为民父母。所以，"为民父母"其实具有民主含义。《孟子·梁惠王上》又载：

梁惠王曰："寡人愿安承教。"孟子对曰："杀人以梃与刃，有以异乎？"曰："无以异也。""以刃与政，有以异乎？"曰："无以异也。"曰："庖有肥肉，厩有肥马，民有饥色，野有饿莩，此率兽而食人也。兽相食，且人恶之，为民父母，行政，不免于率兽而食人，恶在其为民父母也？仲尼曰：'始作俑者，其无后乎！'为其象人而用之也。如之何其使斯民饥而死也？"

梁惠王说："我很乐意听您的指教。"孟子回答说："用木棒打死人和用刀杀死人有什么不同吗？"梁惠王说："没有什么不同。"孟子又问："用刀杀死人和用政治害死人有什么不同吗？"梁惠王回答："没有什么不同。"孟子于是说："厨房里有肥嫩的肉，马厩里有健壮的马，可是老百姓面带饥色，野外躺着饿死的人，这等于在上位的人率领野兽吃人啊！野兽自相残杀，人尚且厌恶它，作为老百姓的父母官，施行政治，却不免于率领野兽来吃人，那又怎么能够做老百姓的父母官呢？孔子说：'最初采用土偶木偶陪葬的人，该是会断子绝孙吧！'这不过是因为土偶木偶太像活人而用来陪葬罢了，又怎么可以使老百姓活活地饿死呢？"这是孟子当面批评当时的君主没有仁心，不能以民为本，为了争夺土地和财物，不顾人民死活，轻易发动战争，造成率兽食人的悲惨景象，根本称不上为民父母官。《孟子·滕文公上》也载：

> 滕文公问为国。孟子曰："民事不可缓也。《诗》云：'昼尔于茅，宵尔索绹；亟其乘屋，其始播百谷。'民之为道也，有恒产者有恒心，无恒产者无恒心。苟无恒心，放辟邪侈，无不为已。及陷乎罪，然后从而刑之，是罔民也。焉有仁人在位罔民而可为也？是故贤君必恭俭礼下，取于民有制。……为民父母，使民盼（xì）盼然，将终岁勤动，不得以养其父母，又称贷而益之，使老稚转乎沟壑，恶在其为民父母也？"

滕文公问怎样治理国家。孟子说："治理百姓的事是不能松劲的。《诗经》上说：'白天去割茅草，晚上把绳搓好；赶紧上房修屋，就要播种百谷。'老百姓中形成这样一条准则，有固定产业的人会有稳定不变的思想，没有固定产业的人就不会有稳定不变的思想。如果没有稳定不变的思想，那么违礼犯法、为非作歹的事，没有不去干的。等到他们犯了罪，然后便用刑罚处置他们，这就像布下罗网陷害百姓。哪有仁人做了君主却干陷害百姓的事呢？所以贤明的君主必定要恭敬、节俭，以礼对待臣下，向百姓征收赋税有一定的制度……国君作为百姓的父母，却使百姓一年到头劳累不堪，结果还不能养活父母，还得靠借贷来补足赋税，使得老人孩子四处流亡，死在沟壑，这样的国君哪能算百姓的父母呢？"孟子认为，君子仁人在位要恭俭礼下，以道德礼义教化民众，如果不教而杀，剥削压榨，怎么称得上为民父母？

《荀子·礼论》："《诗》曰：'恺悌君子，民之父母。'彼君子者，固有为民父母之说焉。父能生之，不能养之；母能食之，不能教诲之；君者，已能食之矣，又善教诲之者也。"君主对待臣民就像父母养孩子一样要能养之，还要教诲之，这就是《尚书·泰誓上》"作之君，作之师"的君师合一理念。《荀子·王制》："天地者，生之始也；礼义者，治之始也；君子者，礼义之始也；为之，贯之，积重之，致好之者，君子之始也。故天地生君子，君子理天地；君子者，天地之参也，万物之揔也，民之父母也。"天地，是生命的本源；礼义，是天下大治的本源；君子，是礼义的本源。学习研究礼义，熟悉贯通礼义，积累增多礼义方面的知识，极其爱好礼义，这是做君子的开始。所以天地生养君子，君子治理天地。君子，是天地的参赞，万物的总管，人民的父母。君子参赞天地，化育万物，以天地万物为一体，才是民之父母。

《韩诗外传》卷六也引《诗经》"恺悌君子，民之父母"，并问："君子为民父母，何如？"曰："君子者，貌恭而行肆，身俭而施博，故不肖者不能逮也。殖尽于己，而区略于人，故可尽身而事也。笃爱而不夺，厚施而不伐，见人有善，欣然乐之，见人不善，惕然掩之，有其过而兼包之。授衣以最，授食以多。法下易由，事寡易为。是以中立而为人父母也。筑城而居之，别田而养之，立学以教之，使人知亲尊，亲尊，故为父服斩缞三年，为君亦服斩缞三年，为民父母之谓也。"这一段文字所论"为民父母"的内容涵盖很多方面，是汉代人对先秦这一论题的总结。

明太祖朱元璋认为"昔圣人以德化天下，则民乐从者众，否从者寡，天下治矣"（《明太祖文集》卷四）。基于"为治之要，教化为先"的治国理念，他极为重视以孝道教化社会，实现天下大治。他说："孝弟之行，虽曰天性，岂不赖有教化哉！自圣贤之道明，谊辟英君莫不汲汲以厚人伦、敦行义为正风俗之首务。旌劝之典，贲于闾阎，下逮委巷。"（《明史·孝义传》）"君能敬天，臣能忠君，子能孝亲，则人道立矣。"（《明通鉴》卷八）在《资世通训·君道章》中，他将圣君的行为标准归纳为十八项，其中一条便是"孝"，这样才能成为天下人的典范。洪武十八年（1385）十二月，他下诏曰："朕闻古者选用孝廉，孝者忠厚恺悌，廉者洁己清修，如此则能爱人守法，可以从政矣。其令州县，凡民有孝廉之行，著闻乡里者，正官与耆民以礼遣送京师，非其人勿滥举。"（《明太祖实录》卷一七六）洪武三十年九月辛亥，朱元璋命户部诏令天下："每乡里各置木铎一，内选年老或瞽者，每月六次持铎徇于道路，曰：'孝顺父母、尊敬长上、和睦乡里、教训子孙、各安生理、毋作非为。'"（《明太祖实录》卷二五五）这就是"圣谕六言"，又称圣谕六条、教民六条、圣训六条等，只有二十四字，却涵盖个人安身立命、家庭伦理教育、社会秩序治理等日常生活的道德规范，成为明代教化民众、治理社会的德治纲领。朱元璋将"孝顺父母、尊敬长上"排在"圣谕"第一和第二，足见朝廷对孝道、敬长的重视，这对社会教化产生了很大的影响。此后，圣谕先后通过木铎、乡约、族谱、家训、会社、书院、小说等多种途径，在民间进行广泛传播，许多家庭在自己订立的家训中要求子弟家人恪守这六条"圣谕"。

朱元璋还重视在全社会树立家训孝道教化的典型——浙江浦江的郑氏家族。它是一再受到封建统治者赏识的封建大家族，宋、元、明史中均被列入孝义传、孝友传中，朱元璋更是对其培植、表彰。早在洪武初年，朱元璋就亲自接见郑氏八世孙郑濂，问其治家长久之道，并欲赐其官职。当朱元璋看到郑家的家训《郑氏规范》后深有感慨地说："人家有法守之，尚能长久，况国乎！"此后，朱元璋又对郑家屡屡表彰：洪武十八年，朱元璋称赞郑氏家族为"江南第一家"；洪武二十三年，又亲笔题写了"孝义家"三字赐之；洪武二十六年，朱元璋聘请郑氏家族的郑济为皇家的家庭教师，专门为太孙讲授"家庭孝义雍睦之道"。①朱元璋还于洪武十一年亲自编撰家训《皇明祖训》训诫皇室子弟："凡古帝王以天下为忧者，唯创业之君、中兴之主，及守成贤君能之。其寻常之君，将以天下为乐，则国亡自此始。何也？帝王得国之初，天必授于有德者。若守成之君常存敬畏，以祖宗忧天下为心，则能永受天之眷顾；若生怠慢，祸必加焉。可不畏哉！"

明成祖朱棣在为政之余，也采辑圣贤格言，编为《圣学心法》一书，以君道、父道、臣道、子道揭其纲，其下分而为目，书中所采，皆经史子集之文，每条后各有附注，供皇子皇孙学习效法，使他们"以一身之孝，而率天下以孝，则不令而从，不严而治"（朱棣《圣学心法·序》），达到治国平天下的理想效果。这正如《礼记·祭义》所说："孝弟发诸朝廷，行乎道路，至乎州巷，放乎蒐狩，修乎军旅，众以义死之，而弗敢犯也。"孝悌之道，从朝廷开始，通行于道路，通行于乡里，通行于田猎，通行于军旅，大家都抱着宁可为孝道而死的信念，没有人敢违背它。孝悌之道如果从朝廷发出来，那影响深远广大，无可限量。

康熙以儒治国，提出以"教化为先""尚德缓刑"的主张，教化的内容主要为孝悌。康熙深信儒家的纲常名教，君臣、父子、夫妇、朋友之伦，上下尊卑之序，是社会赖以维系秩序的基本规范。他认识到："孝者，治天下之本"（《圣祖仁皇帝实录》卷一二三），要求士子"敦孝顺以事亲，秉忠贞以立志"（《圣祖仁皇帝实录》卷二百八）。康熙九年（1670）十月，康熙提出了化民成俗、文教为先的十六条圣训："敦孝悌以重人伦，笃宗族以昭雍睦，和乡党以息争讼，重农桑以足衣食，尚节俭以惜财用，隆学校以端士习，黜异端以崇正学，讲法律以儆愚顽，明礼让以厚风俗，务本业以定民志，训子弟以禁非为，息诬告以全良善，诫窝逃以免株连，完钱粮以省催科，联保甲以弭盗贼，解仇忿以重身命。"（《圣祖仁皇帝实录》卷三四）可以看出，圣训以儒家政教为指导，范围很广，从人伦教化以至于耕桑作息，

---

① 徐少锦、陈延斌：《中国家训史》，陕西人民出版社 2003 年版，第 476—477 页。

凡民情所习，无论本末或公私，都包含在内，但把孝悌放在第一位。十六条圣训的颁布，无异于宣布了康熙政教一体的执政纲领。康熙十年二月，康熙命汉族大臣编纂《孝经衍义》，并亲为鉴定，作《御制孝经衍义序》云："朕缅惟自昔圣王以孝治天下之义，而知其推之有本，操之有要也。夫孝者，百行之源，万善之极。《书》言'奉先思孝'，《诗》言'孝思维则'，明乎为天之经，地之义，人性所同然，振古而不易。故以之为己则顺而祥，以之教人则乐而易从，以之化民成俗则德施溥而不匮。帝王奉此以宰世御物，躬行为天下先，其事始于寝门视膳之节，而推之于配帝飨亲觐光扬烈，诚万民而光四海，皆斯义也。"（《圣祖仁皇帝御制文》第一集卷三一）以此颁行全国，欲使满汉官民皆知"孝悌为仁之本"，并在生活中贯彻落实。

雍正二年（1724）二月，雍正在康熙"圣谕十六条"基础上，寻绎其义，旁征博引，推衍其文，共得万言，题为《圣谕广训》，训谕世人遵守应有的德行、道理和礼法，译出满文本和蒙文本，并令地方官员到各处宣讲。各地方长官及文人做了各种通俗化的尝试，有浅显的文言、口语化的白话以及方言的解释。民间定于每月初一、十五两日进行，届期，城里的官民齐集学宫的明伦堂，听主讲者宣读。农村由乡约主持，宣讲后，对村民进行善恶两类的登记，以惩恶扬善，成为清一朝地方施政的要目之一，也是中国各地民众的团体活动之一，目标是最终达到"共勉为谨身节用之庶人，尽除夫浮薄嚣凌之陋习，则风俗醇厚，家室和平。在朝廷德化，乐观其成"（《世宗宪皇帝实录》卷十六）。又因学士张照之请，"令儒童县、府覆试，背录《圣谕广训》一条，著为令"（《清史稿·选举志》）。在"敦孝弟以重人伦"一条下，他说："我圣祖仁皇帝，临御六十一年，法祖尊亲，孝思不匮。钦定《孝经衍义》一书，衍释经文，义理详贯，无非孝治天下之意。故圣谕十六条，首以孝弟开其端。朕丕承鸿业，追维往训，推广立教之思，先申孝弟之义，用是与尔兵民人等宣示之。夫孝者，天之经、地之义、民之行也，人不知孝父母，独不思父母爱子之心乎？方其未离怀抱，饥不能自哺，寒不能自衣，为父母者，审音声、察形色，笑则为之喜，啼则为之忧，行动则跬步不离，疾痛则寝食俱废。以养、以教，至于成人，复为授家室、谋生理，百计经营，心力俱瘁。父母之德实同昊天罔极，人子欲报亲恩于万一，自当内尽其心，外竭其力，谨身节用，以勤服劳，以隆孝养。毋博弈饮酒，毋好勇斗狠，毋好货财、私妻子。纵使仪文未备，而诚悫有余，推而广之，如曾子所谓：居处不庄非孝，事君不忠非孝，莅官不敬非孝，朋友不信非孝，战阵无勇非孝，皆孝子分内之事也。至若父有冢子，称曰家督；弟有伯兄，尊曰家长。凡日用出入，事无大小，众子弟皆当咨禀焉。饮食必让，语言必顺，步趋必徐行，坐立必居下，凡以明弟道也。夫十年以长则兄事之，五年以长则肩随之，况同气之人乎？故不孝与不弟相因，事亲与事长并重。能为孝子，然后能为悌弟；能为孝子、悌弟，然后在田野为循良之民，在行间为忠勇之士尔。兵民亦知为子当孝，为弟当悌，所患习焉不察，致自离于人伦之外。若能痛自愧悔，出于心之至诚，竭其力之当尽，由一念孝弟，积而至于念念皆然，勿尚虚文，勿略细行，勿沽名而市誉，勿勤始而怠终，孝弟之道庶克敦矣。夫不孝不弟，国有常刑。然显然之迹，刑所能防；隐然之地，法所难及。设罔知愧悔，自陷匪僻，朕心深为不忍，故丁宁告诫。庶尔兵民，咸体朕意？感发兴起，各尽子弟之职。於戏！圣人之德，本于人伦；尧舜之道，不外孝弟。孟子曰：'人人亲其亲，长其长，而天下平尔'。"这一大段文字，雍正把帝王以孝治天下的意义、作用讲得很清楚，表达了以孝悌之道治国平天下的愿望。

广扬名章第十四

【原文】

子曰："君子之事亲孝，故忠可移于君①；事兄悌，故顺可移于长；居家理②，故治可移于官。是以行成于内③，而名立于后世矣④。"

【注释】

① 移：转移、迁移。

② 理：治理、管理。居家理：指家务、家政管理得好。

③ 行：指孝、悌、善于理家三种品行。内：家内。

④ 名立：立身扬名。立：树立。这里指名声长久地流传。

【译文】

孔子说："君子奉事双亲能尽孝道，因此就能够将对父母的孝移作奉事君王的忠；奉事兄长能尽悌道，因此就能够将对兄长的悌移作奉事官长的顺；管理家政有条有理，因此就能够把治家的经验移于做官治理国家。因此说能够在家里尽孝悌之道、管理好家政的人，其名声也就会长久地流传于后世。"

【解读】

本章是对首章"扬名于后世，以显父母"一句中"扬名"的展开，故称《广扬名章》。唐玄宗《御注》："以孝事君则忠，以敬事长则顺，君子所居则化，故可移于官也。修上三德于内，名自传于后代。"邢昺《疏》云："此夫子述《广扬名》之义。言君子之事亲能孝者，故资孝为忠，可移孝行以事君也。事兄能悌者，故资悌为顺，可移悌行以事长也。居家能理者，故资治为政，可移治绩以施于官也。是以君子若能以此善行成之于内，则令名立于身没之后也。"《古文孝经指解》范祖禹曰："君者，父道也；长者，兄道也；国者，家道也。以事父之心而事君则忠矣，以事兄之心而事长则顺矣，以正家之礼而正国则治矣。君子未有孝于亲而不忠于君，悌于兄而不顺于长，理于家而不治于官者也。故正国之道在治其家，正家之道在修其身，修身之道在顺其亲。此孝所以为德之本也。"项霖《孝经述注》："孝亲弟兄，忠君顺长，理家治国之事皆本乎德性，无有不通，故君子不出家而成教于国。其尽修齐治平之道，故能立身扬名显亲。"本章继续描述君子的优良品行，指出由于他们事亲孝，所以能够忠君；由于能尊敬兄长，所以能顺从官长；由于治家有方，所以可以治理国政。正因为如此，君子在家门之内奉行孝、悌、理三德，就可以树立自己的形象并且扬名后世。

《大学》所言"孝者所以事君也，弟者所以事长也，慈者所以使众也"，与本章意思接近，但有一点，《孝经》言孝、悌，不言慈，为什么？《谏诤章》虽然提到"慈"，但指的是慈于亲。简朝亮《孝经集注述疏》分析说："盖《孝经》者，专与人子言孝者也。瞽瞍不慈，舜以孝事之而厎豫，是能以子之孝成父之慈也。彼不孝者，岂不曰父不慈乎？"《礼记·坊记》云："父母在不称老，言孝不言慈……君子以此坊民，民犹薄于孝而厚于慈。"言孝者对父母，言慈对子女。父母慈爱子女是顺应人的自然之性的，一般没有问题，如大舜的父亲、后母实属少见。而子女对父母的孝则是逆着人的自然之性的，一般很难做到，故要特别强调。所以从俗世人来看，往往是薄于孝而厚于慈。

黄道周《孝经集传·广扬名章》从名实关系上进行发挥："君子之立行，非以为名也，然而行立则名从之矣。事亲孝，事兄悌，居家理，此三者修于实而无其名。事君忠，事长顺，居官治，此三者有其实而名应之。"由名实关系看，先有实而后有名，名实相符事乃成。因此，黄道周更强调"立行"，他引《礼记·杂记》："君子有三患：未之闻，患弗得闻也；既闻之，患弗得学也；既学之，患弗得行也。君子有五耻：居其位而无其言，君子耻之；有其言而无其行，君子耻之；既得之而又失之，君子耻之；地有余而民不足，君子耻之；众均而寡倍焉，君子耻之"，发挥说："是犹曾氏之言也。然则名不立于后世，君子不耻之，何也？曰：行不成于内，则君子耻之；没世无称，则是君子之所疾也。曾子曰：'华繁而实寡者，天也；言多而行寡者，人也。'夫多华言而寡实行，即其妻子臣妾犹且耻之，而况于君子乎？"君子贵在实行，不在多言。有实而后有名，实行才能名立于后世。

黄道周《孝经集传·广扬名章》在传文部分还引《大戴礼记·曾子立事》："曾子曰：'君子为小犹为大也，居犹仕也，备则未为备也，而勿虑存焉。事父可以事君，事兄可以事师长；使子犹使臣也，使弟犹使承嗣也；能取朋友者，亦能取所与从政者矣。赐与其宫室，亦犹庆赏于国也；忿怒其臣妾，亦犹用刑罚于万民也。是故为善必自内始也，内人怨之，虽外人亦不能立也'"，解释"行成于内"说："行成于内，是之谓也。君子之有内行者，必有外治，非以为名其所勿虑者然也。'忿怒其臣妾，犹刑罚于万民'，言其毁伤之有不敢也，而不知者以是为诟厉，则是以妻子臣妾为百姓徒役也。以妻子臣妾比于百姓徒役，而家能治者未之有也。"君子在家庭如何齐家，如何处理家庭伦理关系，关乎他能否为治一方，能否治国平天下。如果以妻子臣妾为百姓徒役，不但家治不好，国也治不好。

西汉刘向《说苑·建本》云："人之行莫大于孝。孝行成于内而嘉号布于外，是谓建之于本而荣华自茂矣。"这是对本章"行成于内，而名立于后世"很好的诠释。孝行成于家内，而美名传播在外，扬名后世。他指出在家之孝为本，在外美名是末。这种思想是对《孝经》的发展。

本章主旨可以概括为"移孝为忠"，即把孝顺父母之心转为效忠君主。可以与《士章》对照着看。《后汉书·韦彪传》："夫国以简贤为务，贤以孝行为首。孔子曰：事亲孝，故忠可移于君，是以求忠臣必于孝子之门。"子对父的"孝"是臣对君"忠"的基础，忠臣一定要去出孝子的家庭找。南朝梁元帝《上忠臣传表》云："资父事君，实曰严敬，求忠出孝，义兼臣子。"《旧唐书·孝友传》云："夫善于父母，必能隐身锡类，仁惠逮于胤嗣矣；善于兄弟，必能因心广济，德信被于宗族矣！推而言之，可以移于君，施于有政，承上而顺下，令终而善始，虽蛮貊犹行焉，虽窘迫犹亨焉！自昔立身扬名，未有不偕孝友而成者也。"由孝悌推移于君，施之于政，上承下顺，善始善终，即认为孝悌是事君施政之根基。《旧唐书·礼仪志四》还记载了一件事：

> 贞观十四年三月丁丑，太宗幸国子学，亲观释奠。祭酒孔颖达讲《孝经》，太宗问颖达曰："夫子门人，曾、闵俱称大孝，而今独为曾说，不为闵说，何耶？"对曰："曾孝而全，独为曾能达也。"制旨驳之曰："朕闻《家语》云：曾晳使曾参锄瓜，而误断其本，晳怒，援大杖以击其背，手仆地，绝而复苏。孔子闻之，告门人曰：'参来勿内。'既而曾子请焉，孔子曰：'舜之事父母也，使之，常在侧；欲杀之，乃不得。小棰则受，大杖则走。今参于父，委身以待暴怒，陷父于不义，不孝莫大焉。'由斯而言，孰愈于闵子骞也？"颖达不能对。太宗又谓侍臣："诸儒各生异意，皆非圣人论孝之本旨也。孝者，善事父母，自家刑国，忠于其君，战陈勇，朋友信，扬名显亲，此之谓孝。具在经典，而论者多离其文，迥出事外，以此为教，劳而非法，何谓孝之道耶！"

唐太宗以《孔子家语》曾子耘瓜事批评曾子"委身以待暴怒，陷父于不义，不孝莫大焉"，不能体现圣人论孝的本旨，他认为"善事父母，自家刑国，忠于其君，战陈勇，朋友信，扬名显亲"才称得上孝。这是从帝王以孝治天下的思路出发理解孝，与本章"移孝为忠"之旨颇合。古代多将忠孝并举，如《吕氏春秋·劝学》云："先王之教，莫荣于孝，莫显于忠。忠孝，人君人亲之所甚欲也；显荣，人子人臣之所甚愿也。然而人君人亲不得其所欲，人子人臣不得其所愿，此生于不知理义。不知理义，生于不学。"这里从人君和人臣双向角度论述，认为古代圣王的教化既要考虑通过忠孝实现人君人亲之欲，也要通过显荣实现人子人臣之愿，并不是后来一味地从君父角度强调忠孝，而忽视了人臣显荣之愿，以至于发展为愚孝愚忠。

类似的思想也见于《国语·齐语》："令夫士，群萃而州处，闲燕则父与父言义，子与子言孝，其事君者言敬，其幼者言弟。"让那些士人聚集在一起居住，空闲时父辈之间谈论礼义，子侄辈之间谈论孝道，侍奉国君的人谈论恪尽职守，年幼的则谈论兄弟和睦。《礼记·祭统》："忠臣以事其君，孝子以事其亲，其本一也。"忠臣侍奉国君，孝子侍奉双亲，都有一个共同的根本，其忠其孝都来源于一个"顺"字。《仪礼·士相见礼》："与君言，言使臣；与大人言，言事君；与老者言，言使弟子；与幼者言，言孝弟于父兄；与众言，言忠信慈祥；与居官者言，言忠信。"与君王谈话，所言着重于君使臣之礼；与卿大夫谈话，所言着重于臣事君尽忠之道；与老者谈话，所言着重在使弟子之事；与年幼者谈话，所言着重在孝亲敬长之节；与众人谈话，所言着重于忠信慈祥之行；与做官的人谈话，所言着重于忠诚信实之义。

《大戴礼记·曾子立事》："事父可以事君，事兄可以事师长，使子犹使臣也，使弟犹使承嗣也。"《大戴礼记·曾子立孝》："曾子曰：君子立孝，其忠之用也，礼之贵也。故为人子而不能孝其父者，不敢言人父不能畜其子者；为人弟而不能承其兄者，不敢言人兄不能顺其弟者；为人臣而不能事其君者，不敢言人君不能使其臣者。故与父言，言畜子；与子言，言孝父；与兄言，言顺弟；与弟言，言承兄；与君言，言使臣；与臣言，言事君。是故未有君而忠臣可知者，孝子之谓也；未有长而顺下可知者，悌弟之谓也；未有治而能仕可知者，先修之谓也。故曰：孝子善事君，悌弟善事长。君子一孝一悌，可谓知终矣。"这是从父子、兄弟、君臣三重伦理关系来探讨各自的道德要求，强调孝悌与忠顺的关系，由孝敬父母、敬爱兄长就可以知晓一个人是否能够在社会上、在官场中忠君顺长。黄道周《孝经集传·广扬名章》传文部分引此段话发挥说："一家之老达于天子，一市之邑通于天下，未有治而能仕可知者无它，亦曰孝弟而已。季康子问：'使民敬忠以劝，如之何？'子曰：'临之以庄则敬，孝慈则忠，举善而教不能则劝。'临之以庄，君臣之义也；孝慈则忠，父子之道也；举善而教不能，兄师之务也。合是三者，亦可以治天下矣。"由父慈子孝、兄友弟恭的家庭伦理就可以推及君礼臣忠的政治伦理，三者合治，乃可以治理天下。

　　贾谊《新书·大政》："事君之道，不过于事父，故不肖者之事父也，不可以事君。事长之道，不过于事兄，故不肖者之事兄也，不可以事长。使下之道，不过于使弟，故不肖者之使弟也，不可以使下。"这里所言与本章接近。

　　对于"移孝为忠"，先秦和秦汉以后的正统儒家认为可以移孝为忠，但孝为忠之本，当孝与忠发生矛盾时，"忠"应让位于"孝"，如《论语·子路》叶公语孔子曰："吾党有直躬者，其父攘羊，而子证之。"孔子曰："吾党之直者异是：父为子隐，子为父隐，直在其中矣。"就是说，孝的价值高于忠。但也有部分儒者认为忠优先于孝，不忠就是不孝，如《大戴礼记·曾子大孝》："事君不忠，非孝也；莅官不敬，非孝也。"东汉经学家马融模仿《孝经》作《忠经》[①]，是系统总结忠德的专门经典。马融因为有《孝经》而无《忠经》，故作此书来补阙，在《序》中他说："《忠经》者，盖出于《孝经》也。仲尼说《孝经》而敦事君之义，则知孝者俟忠而成。是所以答君亲之恩，明臣子之行，忠不可废于国，孝不可弛于家。孝既有经，忠则犹阙，故述仲尼之意，撰《忠经》焉。……作为此经，庶少裨补，诚则辞理薄陋，不足以称。为忠之所存，存于劝善；劝善之大，何以加于忠孝者哉？"其中首章《天地神明章》提出"天之所覆，地之所载，人之所覆，莫大乎忠"，把"忠"看作天下第一准则。其中《保孝行章》提出孝本于忠，以忠保孝的

---

① 关于《忠经》成书时代问题，学术界主要有三种说法：东汉说、唐代说、宋代说。《忠经》作者学界亦有分歧，有东汉马融说、唐居士马融说、海鹏说三种看法。学界多采用马融说。

思想："夫惟孝者，必贵本于忠。忠苟不行，所率犹非其道。是以忠不及之，而失其守，匪惟危身，辱及亲也。故君子行其孝，必先以忠，竭其忠，则福禄至矣。故得尽爱敬之心，则养其亲，施及于人，此之谓保孝行也。"这种观点不符合先秦儒学和儒家正统思想。

中国古代忠孝一体的思想有其特定的社会政治文化基础，家国一体的传统社会政治结构，决定了政治以伦理为本位，伦理以血缘为根基，家族的血缘伦理上升为治国礼法。在历史发展过程中，国是家的扩大，家是国的缩影，子善事父的孝道必然发展为臣善事君的政治伦理，这就是移孝为忠，忠孝一体。中国人讲究"忠孝传家"，千百年来，忠、孝一直是中国人的两大精神支柱，是维护社会肌体的"骨骼血脉"。所以，对国家尽忠，对父母尽孝，两样都做好，即"忠孝双全"，是古人的理想追求，代表人物有花木兰、岳飞、文天祥等。

花木兰的事迹最早出现于南北朝一首叙事诗《木兰诗》中，该诗约作于南北朝的北魏，最初收录于南朝陈的《古今乐录》。原文如下：

唧唧复唧唧，木兰当户织。不闻机杼声，唯闻女叹息。

问女何所思，问女何所忆。女亦无所思，女亦无所忆。昨夜见军帖，可汗大点兵，军书十二卷，卷卷有爷名。阿爷无大儿，木兰无长兄，愿为市鞍马，从此替爷征。

东市买骏马，西市买鞍鞯，南市买辔头，北市买长鞭。旦辞爷娘去，暮宿黄河边，不闻爷娘唤女声，但闻黄河流水鸣溅溅。旦辞黄河去，暮至黑山头，不闻爷娘唤女声，但闻燕山胡骑鸣啾啾。

万里赴戎机，关山度若飞。朔气传金柝（tuò），寒光照铁衣。将军百战死，壮士十年归。

归来见天子，天子坐明堂。策勋十二转，赏赐百千强。可汗问所欲，木兰不用尚书郎，愿驰千里足，送儿还故乡。

爷娘闻女来，出郭相扶将；阿姊闻妹来，当户理红妆；小弟闻姊来，磨刀霍霍向猪羊。开我东阁门，坐我西阁床。脱我战时袍，着我旧时裳。当窗理云鬓，对镜贴花黄。出门看火伴，火伴皆惊忙：同行十二年，不知木兰是女郎。

雄兔脚扑朔，雌兔眼迷离；双兔傍地走，安能辨我是雄雌？

《木兰诗》是一首长篇叙事诗，讲述了一个叫木兰的女孩，女扮男装，替父从军，在战场上建立功勋，回朝后不愿做官，只求回家团聚的故事。该诗热情赞扬了这位女子勇敢善良的品质、保家卫国的热情和英勇无畏的精神。"阿爷无大儿，木兰无长兄；愿为市鞍马，从此替爷征"，就是"天下兴亡，匹夫有责"，对父亲的孝、对国家的忠，让木兰毅然抛下女儿家的红装，换上沉重的武装，走上替父从军的忠孝之路，成为我国传统文化中经典的女性形象。花木兰的芳名传播远近，唐代追封花木兰为"孝烈将军"，设祠纪念。后世的人更以"花木兰"作为女英雄和"孝道"的代称。

岳飞也是"忠孝双全"的代表人物。他出生于河北西路相州汤阴县（今河南安阳汤阴县）的一个普通农家。传说岳飞出生时，有大禽若鹄，飞鸣室上，故父母给他取名飞，字鹏举。岳飞母亲姚太夫人，是妇女的楷模、母教的典范，在国家危亡之际，励子从戎，精忠报国，被传为佳话，为中国历史上三大贤母之一，"岳母刺字"成为中华民族母教的经典故事。岳飞特别孝顺，金兵南犯，他的母亲留在黄河以北，他就派人去寻找，在金国与伪齐的严格盘查之下，历经十八次反复，才将母亲从被敌人占领的故乡接出来。尽管这时他已高升为抗金统帅，依然侍母至孝。母亲有病，经久难愈，岳飞亲自调药换衣，无微不至。如果不出征，必早晚到母亲面前问安；如果出征，必然要把母亲的事情安排妥当。甚至为了照顾母亲的休息和调养，在家连走路和咳嗽都不敢出声。岳飞在克复襄汉六郡后，军务十分繁忙，但此时接到姚太夫人病重的消息。他心急如焚，即上疏高宗，请求辞职侍奉。母亲去世，岳飞悲痛难抑，三天不吃不喝。在上奏朝廷批文尚未传下时，即与长子岳云不避途潦蒸暑，千里扶护母亲灵柩，前往庐山安葬。在墓旁搭起草庐守丧。后来，由于战务紧急，高宗连续下诏起复，他才中止丁母忧，忍悲回到军中。

岳飞从二十岁起就弃家参军，以身报国，出生入死，经历大小战役二百余次，驰骋疆场近二十年，直到三十九岁被冤死。岳飞一生以"忠"为最高要求，至死不渝。他在《永州祁阳县大营驿题记》中深情写道："痛念二圣远狩沙漠，天下靡宁。誓竭忠孝，赖社稷威灵，君相贤圣。他日扫清胡虏，复归故国，迎两宫还朝，宽天子宵旰之忧，此所志也。"这种忠诚，已到了出自自觉、本能的地步。他的诗中也常有"忠义必期清塞水""誓将直节报君仇"这样感情直露的句子。而后世对岳飞的赞誉，也首推其忠。绍兴三十二年（1162），宋孝宗为岳飞平反时所写的诰文中即褒赞岳飞"位至将相，而能事上以忠，御众有法，屡立功效，不自矜夸，余烈遗风，至今不泯"。岳飞精神就是"忠"与"孝"的体现。大爱至孝，德为人之本，孝为德之先，岳飞最为突出的是大爱至孝的美德；岳飞以"精忠报国"为志，胸怀远大，这就是对国家的忠诚。在岳飞庙大门两侧墙上刻的"忠""孝"二字，可谓岳飞一生的写照。后人对岳飞的敬仰，就是出于对他这种"忠"与"孝"的推崇。

岳飞家中没有婢女伺候，吴玠一向敬仰岳飞，想与他结为好友，就将盛妆的美女送给他。岳飞说："主上终日为国事操劳，怎能是臣子贪图享乐之时？"岳飞没有接受，而将美女送回。吴玠就更加敬仰岳飞了。岳飞嗜酒，皇帝告诫他："等你到了河朔，才可以这样饮酒。"于是从此不再饮酒。皇帝曾经想要给岳飞建造一座住宅，岳飞推辞道："敌人尚未被消灭，怎能谈论家事！"有人问："天下何时才会太平？"岳飞说："文官不爱财，武将不怕死，天下就太平了。"岳飞的大孝大忠，为后人树立了光辉的榜样。后来，岳珂追述祖父岳飞时说："先臣天性至孝。"岳飞天性至孝，一定是受到其母亲的影响，所以岳飞认为，人臣应以尽孝为始，其次才能尽忠。岳飞在《乞终制札子》（《金佗粹编》卷十四《家集》卷五《奏议中》）中说："重念为人之子，生不能致菽水之欢，死不能终衰绖之制，面颜有腼，天地弗容。且以孝移忠，事有本末，若内不克尽事亲之道，外岂复有爱主之忠？"意思就是说，一个人如果不能孝顺自己的父母，又如何能够忠于自己的国家呢？从这一句话可以看出，岳飞已经将"忠""孝"二字紧密地联系在一起了。

文天祥的情况比较特殊。文天祥是南宋末政治家、文学家，爱国诗人，抗元名臣，民族英雄，与陆秀夫、张世杰并称为"宋末三杰"。德祐元年（1275），元军沿长江东下，文天祥罄家财为军资，招勤王兵至五万人，入卫临安。旋为浙西、江东制置使兼知平江府。遣将援常州，因淮将张全见危不救而败，退守余杭。旋任右丞相兼枢密使，奉命赴元军议和，因面斥元丞相伯颜被拘留，押解北上途中逃归。五月，在福州与张世杰、礼部侍郎陆秀夫、右丞相陈宜中等拥立益王赵昰为帝，建策取海道北复江浙，为陈宜中所阻，遂赴南剑州（今福建南平）聚兵抗元。景炎二年（1277）五月，再攻江西，终因势单力孤，败退广东。祥兴元年（1278）十二月，在五坡岭（今广东海丰北）被俘。次年，元军将其押赴崖山（今广东新会南），令招降张世杰。文天祥拒之，书《过零丁洋》诗以明志。"'人生自古谁无死，留取丹心照汗青。'弘范笑而置之。崖山破，军中置酒大会，弘范曰：'国亡，丞相忠孝尽矣，能改心以事宋者事皇上，将不失为宰相也。'天祥泫然出涕，曰：'国亡不能救，为人臣者死有余罪，况敢逃其死而二其心乎？'"（《宋史·文天祥传》）崖山破，文天祥目睹陆秀夫负主投海，张世杰被台风恶浪吞没，悲痛欲绝。南宋朝廷灭亡了。元将张弘范在庆功宴上向文天祥敬酒说："宋朝已亡，你的忠孝也尽到了。丞相如能为元朝做事，元朝宰相岂不非你莫属吗？"文天祥痛哭流涕地说："国亡而不能救，做大臣的死有余辜。难道还能贪生怕死，背叛祖国吗？"文天祥用自己的鲜血和生命书写下了英勇和忠贞，而他的两个弟弟，一个降了元，另一个则退隐不仕。文璧比文天祥小一岁，1278年冬，元军猛攻文璧驻守的惠州，他开城投降，年底文天祥被俘；文璋比文天祥小十三岁，随文璧投降，后隐居不仕。文璧自述其降元理由是：其一，不绝宗祀，文天祥两个儿子一个早死，一个于战乱中失散，文璧把自己一个儿子过继给文天祥；其二，文天祥母亲身死他乡，一直没有安葬，需要扶灵柩归乡；其三，不同于元军刚侵南宋时的投降派，文璧降元之时，南宋实际上已经灭亡，抗争的结果只能使全城被战火焚毁，百姓遭殃。当文天祥被押解到广州时，文璧也前来与兄长告别，文天祥有一首《寄惠州弟》的诗，从诗中可以看出文天祥是理解弟弟投降的："五十年兄弟，一朝生别离。雁行长已矣，马足远何之？葬骨知无地，论心更有谁？亲丧君自尽，犹子是吾儿。"他希望文璧替本是长子的他尽哀痛之情。据相关历史资料，至少文天祥对弟弟的投降是默许的，在文璧降后给他写信交代了五件事：在家乡买地安葬自己的骸骨，如骨不能归，可招魂封之；以文升为嗣子，使自己死而无憾；大妹一家流落大都，应竭力救出带回老家；请知心朋友邓光荐为自己撰写墓志铭；在文山建祠祭祀自己。文天祥在写给文璧过继给自己的儿子文升的信中也说："吾备位将相，义不得不殉国。汝生父（文璧）与汝叔（文璋）姑，全身以全宗祀，惟忠惟孝，各行其志矣……"（《文天祥全集》卷十八《拾遗·狱中家书·信国公批付男升子》）他给小弟文璋写信亦说："我以忠死，仲以孝仕，季也其隐……使千载之下，以是称吾三人。"（刘将孙《养吾斋集·读书处记》，四库全书本）文天祥以"孝"明确体谅、认可了文璧的选择，表达了自己要为南宋尽忠，但时移世易，没有必要满门忠烈以图虚名，而是文璧为文家尽孝，尽量做到忠孝双全。文天祥牺牲后，文璧也确实做到了哥哥交代的事。他降元后，历任临江路总管、广东宣慰使司事、宣慰使广西分司邕管。为官之时，"念广民兵后疮残，凡可以救民于水火与衣冠于涂炭者，尽心焉"（刘岳申《广西宣慰文公墓志铭》）。回到家乡后，文璧就代行起了长兄职责，承担全家抚养重任，《广西宣慰文公墓志铭》写道："方孙氏妹母子俱北，多方谋所以返之者，而后得与俱还。彭氏妹病羸，齐魏尤钟爱，因迎养惠州与俱，夫家破亡得免，则养之终身。经纪其季璋，食其伯指，尽复其所没田乃已。教母党之子，官其季明儒；固其从弟妹之贫病与其丧葬，养妻母杜及其乳母，荐其兄子南翁，官至大社令、丞郡，又教养其子维、斗。"从中可见文璧为安顿和保护文氏宗族尽了孝心，可谓呕心沥血，竭尽全力，操劳终生，赢得世人"孝悌无双"之誉。

但忠孝有时不能两全，怎么办？实际上往往在二者不能兼顾时就只能取前者舍弃后者，所以又有大孝为国，小孝为亲之说，甚至必要时要"大义灭亲"。例如为了向君主尽忠，儿子可以告发父亲，父亲也可以告发儿子，这就是"大义灭亲"。反之，如果于国家、君主不利的事情不举报，不但是犯不忠的罪，而且也有亏于孝道。如果"陷父母于不义"，又是不孝。当然，中国古代，忠君和爱国往往是不分的，皇帝就是国家的象征，在这个意义上，历史上有许多忠孝不能两全而尽忠不能尽孝的志士，有着不得已的苦衷，是不能看成"愚忠"的。如唐朝名将李光弼，天宝十五载（756）任河东节度副使，东出井陉，参与平定安史之乱，立下赫赫战功。乾元二年（759），任天下兵马副元帅、朔方节度使。上元二年（761），以河南副元帅、太尉兼侍中出镇临淮，震慑诸将，次年又命军镇压浙东袁晁起义，以功进封临淮郡王。763年，安史之乱平定，李光弼"战功推为中兴第一"，获赐铁券，名藏太庙，绘像凌烟阁。他一生戎马，功劳盖世，但是却遭到宦官鱼朝恩、程元振的嫉妒和陷害，拥兵不朝，声名受损，愧恨成疾，于广德二年（764）在徐州病逝。"光弼既疾亟，将吏问以后事"，老将军说："吾久在军中，不得就养，既为不孝子，夫复何言！"（《旧唐书·李光弼传》）李光弼临终时，身边将吏向弥留中的大将军问以身后事，李光弼感叹道："我一直为朝廷效命军前，家有老母不能奉养，未尽孝子之责，还有什么可说呢！"家有父母却不能膝下承欢、侍茶备饭，光弼深以为恨。忠孝未能两全，令人千古同悲。

谏诤章第十五

【原文】

曾子曰："若夫慈爱、恭敬、安亲、扬名，则闻命矣^①。敢问子从父之令，可谓孝乎？"子曰："是何言与^②！是何言与！昔者，天子有争臣七人^③，虽无道，不失其天下；诸侯有争臣五人^④，虽无道，不失其国；大夫有争臣三人^⑤，虽无道，不失其家；士有争友，则身不离于令名^⑥；父有争子，则身不陷于不义^⑦。故当不义，则子不可以不争于父；臣不可以不争于君；故当不义则争之。从父之令，又焉得为孝乎！"

【注释】

① 若夫：句首语气词，用以引起下文。慈爱：《古文孝经孔氏传·谏诤章》注："慈爱者，所以接下也。"指仁慈爱人，多指上对下或父母对子女的爱怜。但邢昺《疏》云："刘炫引《礼记·内则》，说子事父母，'慈以旨甘'。《丧服四制》云：'高宗慈良于丧。'《庄子》曰：'事亲则孝慈。'此并施于事上。夫爱出于内，慈为爱体……则知慈是爱亲也。"恭敬：邢昺《疏》云："敬生于心，恭为敬貌……恭是敬亲也。"他还引皇侃说："恭者貌多心少，敬者心多貌少。"安亲：安慰双亲。扬名：传播名声。闻命：接受命令或教导。

② 与：通"欤"（yú），句末语气词，表感叹或疑问语气。

③ 争（zhèng）臣：指能直言谏君，规劝君主过失的大臣。争，同"诤"。天子有争臣七人：《礼记·文王世子》说："虞、夏、商、周有师保，有疑丞。设四辅及三公，不必备，惟其人。"又，《尚书大传》曰："古者天子必有四邻：前曰疑，后曰

丞，左曰辅，右曰弼。天子有问无以对，责之疑；可志而不志，责之丞；可正而不正，责之辅；可扬而不扬，责之弼。"天子的辅政大臣有三公、四辅，合在一起是七人。"三公"是太师、太傅、太保。"四辅"是前曰疑、后曰丞、左曰辅、右曰弼。

④诸侯有争臣五人：邢昺《疏》云："诸侯五者，孔传指天子所命之孤，及三卿与上大夫。王肃指三卿、内史、外史以充五人之数。"诸侯的辅政大臣五人，或说是三卿（司徒、司马、司空）及内史、外史，合计五人。

⑤大夫有争臣三人：邢昺《疏》云："大夫三者，孔传指家相、室老、侧室以充三人之数。王肃无侧室，而谓邑宰。"大夫的家臣，主要有三人，指家相、室老、侧室或家相、室老、邑宰。

⑥令：唐玄宗《御注》："令，善也。"善，美好的意思。令名：好名声。

⑦陷：陷入，落入不利的境地。不义：不合乎道义，不正当。

【译文】

曾子说："您讲过的像慈爱、恭敬、安亲、扬名这些教诲，我已经听懂了。我想再冒昧地问一下，做儿子的能够听从父亲的命令，就可称得上孝吗？"孔子说："这是什么话呢？这是什么话呢？从前，如果天子身边有直言相谏的诤臣七人，即便天子不行正道，也不会失去其天下；如果诸侯身边有直言相谏的诤臣五人，尽管不行正道，也不会失去其侯国；如果卿、大夫身边也有直言劝谏的诤臣三人，尽管不行正道，也不会失去其家族的封邑；如果士人有能够直言劝谏的朋友，自己的美好名声就不会丧失；如果做父亲的有能够直言劝谏的儿子，就不会陷身于不义之中。所以，如果父亲有不义的行为，做儿子的不能不去劝谏；如果君王有不义的行为，做臣子的不能不去劝谏。面对不义的行为，一定要劝谏。做儿子的一味听从父亲的命令，又怎么能算得上孝呢？"

【解读】

本章相对独立，讲述行孝的谏诤问题。邢昺《疏》云："此章言为臣子之道，若遇君父有失，皆谏争也。曾子问闻扬名已上之义，而问子从父之令。夫子以令有善恶，不可尽从，乃为述谏争之事，故以名章，次《扬名》之后。"并进一步疏解说："夫子以曾参所问，于理乖僻，非谏争之义，因乃诮而答之，曰：汝之此问，是何言与？再言之者，明其深不可也。既诮之后，乃为曾子说必须谏争之事，言臣之谏君，子之谏父，自古攸然。故言昔者天子治天下，有谏争之臣七人，虽复无道，昧于政教，不至失于天下。言无道者，谓无道德。诸侯有谏争之臣五人，虽无道，亦不失其国也。大夫有谏争之臣三人，虽无道，亦不失于其家。士有谏争之友，则其身不离远于善名也。父有谏争之子，则身不陷于不义。故君父有不义之事，凡为臣子者，不可以不谏争。以比之故，当不义则须谏之。又结此以答曾子曰：今若每事从父之令，又焉得为孝乎？言不得也。""言父有非，子从而行，不谏，是成父之不义。"《古文孝经指解》司马光曰："谓养致其乐。慈亦爱也，《内则》曰：'慈以旨甘'。谓居致其恭。不近兵刑。立身行道。四者包摄上孔子之言。闻令则从，不恤是非。天下至大，万机至重，故必有能争者及七人，然后能无失也。士无臣，故以友争。通上下而言之。"《古文孝经指解》范祖禹曰："父有过，子不可以不争，争所以为孝也。君有过，臣不可以不争，争所以为忠也。子不争则陷父于不义，至于亡身。臣不争则陷君于无道，至于失国。故圣人深戒。"项霦《孝经述注》亦云："故当不义，则子不可以弗争于父，臣不可以弗争于君。故当不义则争之，从父之令，又焉得为孝乎？""此断以孝之大义，所以解千载之惑也。历代天子、诸侯、卿大夫之无道者，必至于亡天下，败国家，以其有争臣谏劝正救之，能改过迁善，故得不失令善也……自天子至于庶人一有不义，为臣子者必当谏劝救正，勿陷君父于恶，而以顺从为忠孝也。"黄道周《孝经集传·谏诤章》注曰："君父皆圣明者也，而亦有不义，何也？曰：圣明之过，不裁于义，则亦有不义者矣。裁而后显之，裁而后安之。然则显亲之与安亲有别乎？曰：安亲者当日之事，显亲者异日之事也。"孔子对于曾子提问的回答，特别强调了谏诤的重要性。天子有谏诤之臣，虽遭乱世能保天下，诸侯能保国，卿大夫能保家，士能保全名声。由此推论，父母有谏诤之子，可以帮助双亲避免蒙受不仁不义的恶名。因此，父母有过，子女向其谏诤不但合乎孝道，而且是孝子应尽的义务。"金无足赤，人无完人"，世界上没有完美的人，每个人都有缺点，而且人们对自己的过失往往不能自觉地意识到，这就需要别人指出来，直言规劝，促使其改正，这就是谏诤。儿女对于父母的缺点过失要善意地规劝，因此，一味地恭顺父母之命，并不是孝，面对父母违背道义的行为或主张，子女要进行谏诤，帮助父母改正错误。如果此时"从父之令"，不谏，就是陷父于不义，就是不孝。推而广之，臣之于君，亦是如此。

如何对父母谏诤是儒家讨论的一个重要话题，但在是否谏诤以及如何谏诤的问题上，儒家经典有不一致之处。

古人概括谏诤有"五谏"，即五种进谏方式，名目略有不同。汉刘向《说苑·正谏》："谏有五：一曰正谏，二曰降谏，三曰忠谏，四曰戆（gàng）谏，五曰讽谏。"《白虎通·谏诤》："人怀五常，故有五谏。谓讽谏、顺谏、窥谏、指谏、陷谏。"《后汉书·李云传》："礼有五谏，讽为上。"李贤注："讽谏者，知患祸之萌而讽告也。顺谏者，出辞逊顺，不逆君心也。窥谏者，视人君颜色而谏也。指谏者，质指其事而谏也。陷谏者，言国之害，忘生为君也。"《公羊传·庄公二十四年》"三谏不从"，汉何休注："谏有五，一曰讽谏，孔子曰：'家不藏甲，邑无百雉之城'，季氏自堕之是也；二曰顺谏，曹羁是也；三曰直谏，子家驹是也；四曰争谏，子反请归是也；五曰戆谏，百里子、蹇叔子是也。"《孔子家语·辨政》："忠臣之谏君，有五义焉：一曰谲谏，二曰戆谏，三曰降谏，四曰直谏，五曰风谏。"

臣子对君主的谏诤，刘向《说苑·正谏》："《易》曰：'王臣蹇蹇，匪躬之故。'人臣之所以蹇蹇为难，而谏其君者非为身也，将欲以匡君之过，矫君之失也。君有过失者，危亡之萌也；见君之过失而不谏，是轻君之危亡也。夫轻君之危亡者，忠臣不忍为也。三谏而不用则去，不去则身亡；身亡者，仁人之所不为也。是故谏有五：一曰正谏，二曰降谏，三曰忠谏，四曰戆谏，五曰讽谏。孔子曰：'吾其从讽谏乎。'夫不谏则危君，固谏则危身；

与其危君，宁危身；危身而终不用，则谏亦无功矣。智者度君权时，调其缓急而处其宜，上不敢危君，下不以危身，故在国而国不危，在身而身不殆；昔陈灵公不听泄冶之谏而杀之，曹羁三谏曹君不听而去，《春秋》序义虽俱贤而曹羁合礼。"人臣见君主有过失，要谏诤，但如何谏诤？刘向提出五种进谏方式，以求化解危君与危身之间的紧张，具体做法是君有过则谏，以匡君之过，矫君之失；三谏而不用则去；注意度君权时，调其缓急而处其宜。他还举了三个历史故事来说明。第一个故事，见于《说苑·君道》：

> 陈灵公行僻而言失，泄冶曰："陈其亡矣！吾骤谏君，君不吾听，而愈失威仪。夫上之化下，犹风靡草，东风则草靡而西，西风则草靡而东，在风所由，而草为之靡。是故人君之动，不可不慎也。夫树曲木者，恶得直景；人君不直其行，不敬其言者，未有能保帝王之号，垂显令之名者也。《易》曰：'夫君子居其室，出其言，善，则千里之外应之，况其迩者乎？居其室，出其言，不善，则千里之外违之，况其迩者乎？言出于身，加于民，行发乎迩，见乎远。言行，君子之枢机。枢机之发，荣辱之主，君子之所以动天地，可不慎乎？'天地动而万物变化。《诗》曰：'慎尔出话，敬尔威仪，无不柔嘉。'此之谓也。今君不是之慎，而纵恣焉，不亡必弑。"灵公闻之，以泄冶为妖言而杀之。后果弑于征舒。

泄冶对陈灵公的进谏属于正谏，但被陈灵公杀了。陈灵公是春秋时期陈国第十九任国君，为人荒淫无道，竟和大夫孔宁、仪行父三人同与司马夏征舒之母夏姬通奸，甚至在朝堂上穿着夏姬的汗衫炫耀嬉戏。大夫泄冶劝谏，陈灵公不听，并纵容孔宁、仪行父杀害泄冶。一天，陈灵公与孔宁、仪行父在夏征舒家喝酒，酒兴正浓时，陈灵公跟仪行父开玩笑，两人互说夏征舒长得像对方，因此激怒夏征舒，夏征舒便设伏兵射杀陈灵公。对于这件事情，孔子有很好的评价。《孔子家语·子路初见》曰：子贡曰："陈灵公宣淫于朝，泄治正谏而杀之。是与比干谏而死同，可谓仁乎？"子曰："比干于纣，亲则诸父，官则少师，忠报之心在于宗庙而已，固必以死争之，冀身死之后，纣将悔寤，其本志情在于仁者也。泄治之于灵公，位在大夫，无骨肉之亲，怀宠不去，仕于乱朝，以区区之一身，欲正一国之淫昏，死而无益，可谓狷矣。《诗》云：'民之多辟，无自立辟。'其泄冶之谓乎。"孔子认为，泄冶谏陈灵公与比干谏商纣王不能相提并论，比干是杀身成仁的象征，而泄冶只是捐身，连报国都谈不上，更别说仁了。

第二个故事见于《公羊传·庄公二十四年》："冬，戎侵曹。曹羁出奔陈。曹羁者何？曹大夫也。曹无大夫，此何以书？贤也。何贤乎曹羁？戎将侵曹，曹羁谏曰：'戎众以无义。君请勿自敌也。'曹伯曰：'不可'。三谏不从，遂去之，故君子以为得君臣之义也。"何休注曰："孔子曰：'所谓大臣者，以道事君，不可则止。'此之谓也。谏必三者，取月生三日而成魄，臣道就也。不从得去者，仕为行道，道不行，义不可以素餐，所以申贤者之志，孤恶君也……顺谏，曹羁是也。"（《春秋公羊传注疏》卷八）何休认为曹羁三谏不从而去是顺谏，是合乎孔子"以道事君，不可则止"之义的。刘向认为，泄冶"正谏"而捐身，谏亦无功；曹羁三谏不听，知难止谏，称贤合礼。

马融《忠经·忠谏章》云："忠臣之事君也，莫先于谏，下能言之，上能听之，则王道光矣。谏于未形者，上也；谏于已彰者，次也；谏于既行者，下也。违而不谏，则非忠臣。夫谏，始于顺辞，中于抗义，终于死节，以成君休，以宁社稷。《书》云：'木从绳则正，后从谏则圣。'"忠臣事君，重要的职能之一就是谏诤。具体怎么谏诤？马融提出谏诤能在所谏之事尚未发生之前，使君王将缺点、错误消灭于萌芽状态，这种进谏方式属于上等；事情或过失已经出现、发生了，再向君王直言进谏，这种进谏方式属于次等；事情或错误已经造成不良后果了，再向君王直言进谏，这种进谏方式属于下等。如果君王已经犯了过失，有悖常理，臣子却不去谏诤，那就不是忠良之臣。谏诤开始可以用让君王顺心可意之辞去劝说，以便他能够愉快地接受。

如果这样君王还不能接受的话，就用据理力争的方式去谏诤。如果这样君王仍然不能采纳谏言，最后就只能以死相谏了。

孝子对父母的谏诤，《论语·里仁》子曰："事父母几谏，见志不从，又敬，不违，劳而不怨。"孔子认为，侍奉父母，对他们的过错要用委婉的方式、柔和的语言来加以劝阻。子女把自己的心意表达清楚，看到父母不听从，还要敬重父母而不忤逆冒犯。虽然心里忧愁，但也不能因此产生怨恨。如何对待父母的缺点和过失，这是孝道中最大的难题。一味顺从会陷父母于不义，据理力争又似乎不敬。孔子要求君子应该在两难中求得两全，既要劝告，又要和颜悦色；一次不行，就等下次，趁他们高兴的时候再谏。但要一直保持恭敬的态度，不忤逆，不惹他们生气，自己也不生他们的气，只为父母过而未改担忧。这与《孝经·谏诤章》比较起来是相对中道温和的。黄道周《孝经集传·谏诤章》传文引本章发挥说："几，微也，微谏则犹之乎未谏也。微谏之可以谏者，何也？曰：爱也，敬也。致敬而诚，致爱而勤，因性而救志，则亦可以正志矣。"几谏就是微谏，即使父母不从，出于对父母的爱敬，也仍然要精心侍奉父母。

臣对君的谏诤、子对父的谏诤，《礼记·曲礼下》云："为人臣之礼，不显谏。三谏而不听，则逃之。子之事亲也，三谏而不听，则号泣而随之。"郑玄注："为夺美也。显，明也，谓明言其君恶，不几微。逃，去也。君臣有义，则合；无义，则离。至亲无去，志在感动之。"就是说，为人臣可以委婉地规劝君主，不要明显地揭露其恶。多次规劝不听的话就离开。子女对待父母，多次规劝不听的话则不能离开，因为父母子女有不可分割的血缘，只能是哭着规劝父母，直到感动父母为止。黄道周《孝经集传·谏诤章》传文引这段话发挥说："是礼也，何其反也？人臣而不显谏，则是臣而用子之几也。人子而至于号泣，则是子而用臣之显也。臣而用子之几则隐，子而用臣之显则乱矣。然且用之，何也？则亦各视其主也。又视其事，夫其主事而不可以显谏，则臣子共隐，未为过也。"臣对君、子对父的谏诤不同而有交叉。人臣而不显谏就是要用子对父的几谏，《曲礼》人子号泣而随则是子而用臣之显，会导致悖乱。而在现实中这样做，就要各视其主。还要具体情况具体分析，如果不可以显谏，则臣子们共隐也是可以的。

另外，其他经典文献也提出"微谏不倦"，《礼记·坊记》："从命不忿，微谏不倦，劳而不怨，可谓孝矣。"谏：规劝；微谏：以隐约委婉的话进谏。倦：疲倦，厌倦。微谏不倦：不知疲倦地反复耐心地用委婉的言辞规劝。听从父母的教导毫不懈怠，含蓄地规劝父母不知疲倦，为父母担忧而毫无怨言，这样的儿子可以称得上孝顺了。《大戴礼记·曾子立孝》："尽力而有礼，庄敬而安之，微谏不倦，听从而不怠，欢欣忠信，咎故不生，可谓孝矣。"君子的孝尽力侍奉父母而有礼敬，态度庄重恭敬而使父母生活安乐，（如果父母有过错）委婉地劝谏而不知疲倦，继续听从父母之命而不敢有所怠慢，欢喜欣悦地尽到内心的忠诚信实，如果做到这样，灾祸和意外事故就不会发生，这就称得上孝了。朱熹《论语集注》把"事父母几谏，见志不从，又敬，不违，劳而不怨"一章与《礼记·内则》进行比较阐发："此章与《内则》之言相表里。几，微也。微谏，所谓'父母有过，下气怡色，柔声以谏'也。见志不从，又敬，不违，所谓'谏若不入，起敬起孝，悦则复谏'也。劳而不怨，所谓'与其得罪于乡党州闾，宁熟谏。父母怒，不悦，而挞之流血，不敢疾怨，起敬起孝'也。"这里面就有值得反思的地方了，《论语集注》表达了子女对父母一味顺从、忍受的孝敬，以致许多人把"孝顺"合为一词，以为孝就要顺，顺就是孝。

结合《孝经·谏诤章》看，孔子其实是反对这样做的，《孔子家语·六本》中记载的故事可以作为旁证：

> 曾子耘瓜，误斩其根。曾晳怒，建大杖以击其背。曾子仆地而不知人久之。有顷，乃苏，欣然而起，进于曾晳曰："向也参得罪于大人，大人用力教参，得无疾乎？"退而就房，援琴而歌，欲令曾晳而闻之，知其体康也。孔子闻之而怒，告门弟子曰："参来，勿内。"曾参自以为无罪，使人请于孔子。子曰："汝不闻乎？昔瞽瞍

有子曰舜，舜之事瞽瞍，欲使之，未尝不在于侧；索而杀之，未尝可得。小棰则待过，大杖则逃走，故瞽瞍不犯不父之罪，而舜不失烝烝之孝。今参事父，委身以待暴怒，殪而不避，既身死而陷父于不义，其不孝孰大焉？汝非天子之民也，杀天子之民，其罪奚若？"曾参闻之，曰："参罪大矣！"遂造孔子而谢过。

　　曾子在瓜地里除草，失误锄断了瓜根。他的父亲曾晳很生气，举起大棒敲打他的背。曾子仆到在地，许久不省人事。过了一会儿苏醒过来，他不仅没有表现出痛苦，反而高兴地站起来，上前对曾晳说："刚才，我得罪了您老人家，您老人家用力教训我，没有让您受伤吧？"接着退回到房内，弹琴歌唱，想让曾晳听到，知道自己的身体仍然健康。孔子听说这件事，认为曾子做得太过分了，他生气地告诉看门的学生说："曾参来时不要让他进来。"曾子自认为没有过错，让人告诉孔子他要来拜见，孔子说："你没有听说吗？瞽瞍有个儿子叫舜。舜侍奉瞽瞍，让他来做事，没有不在父亲身旁的；瞽瞍想找到他把他杀了，从没有让父亲找到过。轻打就忍受，重打就逃走。所以瞽瞍没有犯不守父亲本分的过错，舜也没有失去淳厚、美好的孝德。曾参这样侍奉父亲，不顾身体忍受暴怒，就是死也不躲避。假如自己死去，就使父亲陷于不义，与不孝相比，哪个重要呢？你不是天子的臣民吗？杀害天子的臣民是什么样的罪过呢？"曾子听到这话后说："我犯了大罪过啊！"于是到孔子那里去检讨过错。这就是广为流传的"耘瓜受杖"的故事。孔子这番话的意思是说，子女应该以实际行动取悦父母，但不要过度，不要"愚孝"，而要学舜的"至孝""大孝"，这是孔子关于孝的智慧，是从舜那里得到的启发。再说，如果曾子被父亲打死了，那么其父就有罪，就使父亲陷于不义，那就是不孝之子了。孔子的这一观点对曾子影响至深，后来曾子也认识到子女不应该丧失原则立场，盲目顺从父母。

　　曾子的弟子单居离也就这一问题向曾子请教过，曾子的回答与孔子基本相似："父母之行，若中道则从，若不中道则谏，谏而不用，行之如由己。从而不谏，非孝也；谏而不从，亦非孝也。孝子之谏，达善而不敢争辩。争辩者，作乱之所由兴也。"（《大戴礼记·曾子事父母》）曾子为谏亲设立了一个标准："父母有过，谏而不逆。"（《大戴礼记·曾子大孝》）如果父母不思悔过，子女不应违逆父母，激烈争辩。曾子主张在这一问题上应合乎中道，维持而不能破坏父母与子女的基本伦理关系，避免走上犯上作乱的邪路。

《荀子·子道篇》也载有类似的材料："鲁哀公问于孔子曰：'子从父命，孝乎？臣从君命，贞乎？'三问，孔子不对。孔子趋出，以语子贡，曰：'乡者，君问丘也，曰："子从父命，孝乎？臣从君命，贞乎？"三问，而丘不对。赐以为何如？'子贡曰：'子从父命，孝矣；臣从君命，贞矣。夫子有奚对焉？'孔子曰：'小人哉！赐不识也！昔万乘之国，有争臣四人，则封疆不削；千乘之国，有争臣三人，则社稷不危；百乘之家，有争臣二人，则宗庙不毁；父有争子，不行无礼；士有争友，不为不义。故子从父，奚子孝？臣从君，奚臣贞？审其所以从之之谓孝、之谓贞也。'"鲁哀公问孔子说："儿子服从父亲的命令，就是孝顺吗？臣子服从君主的命令，就是忠贞吗？"问了三次，孔子不回答。孔子小步快走而出，对子贡说："刚才，国君问我，说：'儿子服从父亲的命令，就是孝顺吗？臣子服从君主的命令，就是忠贞吗？'问了三次而我不回答，你认为怎样？"子贡说："儿子服从父亲的命令，就是孝顺了；臣子服从君主的命令，就是忠贞了。先生又能怎样回答他呢？"孔子说："真是个小人，你不懂啊！从前拥有万辆兵车的大国，只要有了四个敢于谏净的大臣，那么疆界就不会被割削；拥有千辆兵车的小国，有了三个敢于谏净的大臣，那么国家政权就不会危险；拥有百辆兵车的大夫之家，有了两个谏净的大臣，那么宗庙就不会毁灭；父亲有了谏净的儿子，就不会做不合礼制的事；士人有了谏净的朋友，就不会做不合道义的事。所以，儿子一味听从父亲，怎能说这儿子是孝顺？臣子一味听从君主，怎能说这臣子是忠贞？弄清楚了听从的是什么才可以叫作孝顺、叫作忠贞。"孔子在这一问题上的态度十分明确：父义则从，父不义则谏。

《荀子·子道篇》又说："孝子所不从命有三：从命则亲危，不从命则亲安，孝子不从命乃衷；从命则亲辱，不从命则亲荣，孝子不从命乃义；从命则禽兽，不从命则修饰，孝子不从命乃敬。故可以从命而不从，是不子也；未可以从而从，是不衷也；明于从不从之义，而能致恭敬、忠信、端悫、以慎行之，则可谓大孝矣。"孝子不服从命令的情况有三种：服从命令，父母亲就会危险，不服从命令，父母亲就安全，那么孝子不服从命令就是忠诚；服从命令，父母亲就会受辱，不服从命令，父母亲就会光荣，那么孝子不服从命令就是奉行道义；服从命令，就会使父母的行为像禽兽一样野蛮，不服从命令，就会使父母的行为富有修养而端正，那么孝子不服从命令就是恭敬。所以，可以服从而不服从，这是不尽孝子之道；不可以服从而服从，这是不忠于父母。明白了这服从或不服从的道理，并且能做到恭敬尊重、忠诚守信、正直诚实地来谨慎实行它，就可以称为大孝了。

明初曹端很重视孝道中的"谏净"，他在《杂著·夜行烛》说："俗语云：'家有一争子，胜有万年粮。'能谏争于亲，本孝道之事。今以能保亲于无过之地，则能全家于无祸之乐。"又说："孝子保亲全家之道，当以进谏为心也。且先意承志，谕父母于道者，其孝大于养极甘脆者矣。和色柔声，谏父母于善者，其孝大于拜医求药者矣。《书》称虞舜曰：'父顽，母嚚，象傲，克谐以孝，烝烝乂不格奸'，良以此也。然此不惟孝子当行，而实慈父慈母之所当察焉。"（钦定四库全书《曹月川集》）曹端认为子女对父母的谏净，可以保证亲人无过，家庭和睦，比物质赡养、求医求药更重要，并以大舜恪尽孝道为例说明。

可惜的是，古代社会对孝道的提倡，往往片面地强调子女对父母、臣对君的孝敬、忠顺，过分强化了家长、君主的权力，谏净在实际中并没有很好地贯彻落实，甚至还走向另一个极端，如《汉书·韦贤传》就说："孝莫大于严父，故父之所尊子不敢不承，父之所异子不敢同。"后来就逐渐在社会上演变成了"天下无不是的父母，只有不是的子女"的愚孝思想，宣扬无原则地对老者逆来顺受的愚孝行为，出现了戴震愤怒批评的"尊者以理责卑，长者以理责幼，贵者以理责贱，虽失，谓之顺；卑者、幼者、贱者，以理争之，虽得，谓之逆……人死于法，犹有怜之者；死于理，其谁怜之"（戴震《孟子字义疏证·卷上·理》）的现象。这样就把传统的孝道思想完全变成了维护封建统治秩序的工具，孝道不再以是否有理作为评判的标准，而是以是否下犯上，维护贵贱、尊卑、长幼关系为标准。特别是《孝经》所极力倡导的孝被统治者曲解为顺从和愚忠，人民对于孝的美好情操，被封建强权大大扭曲，被演绎成为"君要臣死，臣不得不死，父要子亡，子不得不亡"的愚孝愚忠思想，用以奴化百姓，以便于其统治。这些都是对忠孝的最大歪曲。著名的《孔雀东南飞》就是一个典型例子：

序曰：汉末建安中，庐江府小吏焦仲卿妻刘氏，为仲卿母所遣，自誓不嫁。其家逼之，乃投水而死。仲卿闻之，亦自缢于庭树。时人伤之，为诗云尔。

孔雀东南飞，五里一徘徊。

"十三能织素，十四学裁衣，十五弹箜篌，十六诵诗书。十七为君妇，心中常苦悲。君既为府吏，守节情不移，贱妾留空房，相见常日稀。鸡鸣入机织，夜夜不得息。三日断五匹，大人故嫌迟。非为织作迟，君家妇难为！妾不堪驱使，徒留无所施，便可白公姥（mǔ），及时相遣归。"

府吏得闻之，堂上启阿母："儿已薄禄相，幸复得此妇，结发同枕席，黄泉共为友。共事二三年，始尔未为久，女行无偏斜，何意致不厚？"

阿母谓府吏："何乃太区区！此妇无礼节，举动自专由。吾意久怀忿，汝岂得自由！东家有贤女，自名秦罗敷，可怜体无比，阿母为汝求。便可速遣之，遣去慎莫留！"

府吏长跪告："伏惟启阿母，今若遣此妇，终老不复取！"

阿母得闻之，槌床便大怒："小子无所畏，何敢助妇语！吾已失恩义，会不相从许！"

府吏默无声，再拜还入户，举言谓新妇，哽咽不能语："我自不驱卿，逼迫有阿母。卿但暂还家，吾今且报府。不久当归还，还必相迎取。以此下心意，慎勿违吾语。"

新妇谓府吏："勿复重纷纭。往昔初阳岁，谢家来贵门。奉事循公姥，进止敢自专？昼夜勤作息，伶俜（pīng）萦苦辛。谓言无罪过，供养卒大恩；仍更被驱遣，何言复来还！妾有绣腰襦（rú），葳蕤自生光；红罗复斗帐，四角垂香囊；箱帘六七十，绿碧青丝绳，物物各自异，种种在其中。人贱物亦鄙，不足迎后人，留待作遗施，于今无会因。时时为安慰，久久莫相忘！"

鸡鸣外欲曙，新妇起严妆。著我绣夹裙，事事四五通。足下蹑丝履，头上玳瑁光。腰若流纨素，耳著明月珰。指如削葱根，口如含朱丹。纤纤作细步，精妙世无双。

上堂拜阿母，阿母怒不止。"昔作女儿时，生小出野里，本自无教训，兼愧贵家子。受母钱帛多，不堪母驱使。今日还家去，念母劳家里。"却与小姑别，泪落连珠子。"新妇初来时，小姑始扶床；今日被驱遣，小姑如我长。勤心养公姥，好自相扶将。初七及下九，嬉戏莫相忘。"出门登车去，涕落百余行。

府吏马在前，新妇车在后，隐隐何甸甸，俱会大道口。下马入车中，低头共耳语："誓不相隔卿，且暂还家去；吾今且赴府，不久当还归，誓天不相负！"

新妇谓府吏："感君区区怀！君既若见录，不久望君来。君当作磐石，妾当作蒲苇。蒲苇纫如丝，磐石无转移。我有亲父兄，性行暴如雷，恐不任我意，逆以煎我怀。"举手长劳劳，二情同依依。

入门上家堂，进退无颜仪。阿母大拊掌，不图子自归："十三教汝织，十四能裁衣，十五弹箜篌，十六知礼仪，十七遣汝嫁，谓言无誓违。汝今何罪过，不迎而自归？"兰芝惭阿母："儿实无罪过。"

阿母大悲摧。

还家十余日，县令遣媒来。云有第三郎，窈窕世无双，年始十八九，便言多令才。

阿母谓阿女："汝可去应之。"

阿女含泪答："兰芝初还时，府吏见丁宁，结誓不别离。今日违情义，恐此事非奇。自可断来信，徐徐更谓之。"

阿母白媒人："贫贱有此女，始适还家门。不堪吏人妇，岂合令郎君？幸可广问讯，不得便相许。"

媒人去数日，寻遣丞请还，说有兰家女，承籍有宦官。云有第五郎，娇逸未有婚。遣丞为媒人，主簿通语言。直说太守家，有此令郎君，既欲结大义，故遣来贵门。

阿母谢媒人："女子先有誓，老姥岂敢言！"

阿兄得闻之，怅然心中烦，举言谓阿妹："作计何不量！先嫁得府吏，后嫁得郎君。否泰如天地，足以荣汝身。不嫁义郎体，其往欲何云？"

兰芝仰头答："理实如兄言。谢家事夫婿，中道还兄门。处分适兄意，那得自任专！虽与府吏要，渠会永无缘。登即相许和，便可作婚姻。"

媒人下床去。诺诺复尔尔。还部白府君："下官奉使命，言谈大有缘。"府君得闻之，心中大欢喜。视历复开书，便利此月内，六合正相应。良吉三十日，今已二十七，卿可去成婚。交语速装束，络绎如浮云。青雀白鹄舫，四角龙子幡，婀娜随风转。金车玉作轮，踯躅青骢马，流苏金镂鞍。赍（jī）钱三百万，皆用青丝穿。杂彩三百匹，交广市鲑珍。从人四五百，郁郁登郡门。

阿母谓阿女："适得府君书，明日来迎汝。何不作衣裳？莫令事不举！"

阿女默无声，手巾掩口啼，泪落便如泻。移我琉璃榻，出置前窗下。左手持刀尺，右手执绫罗。朝成绣夹裙，晚成单罗衫。晻（ǎn）晻日欲暝，愁思出门啼。

府吏闻此变，因求假暂归。未至二三里，摧藏马悲哀。新妇识马声，蹑履相逢迎。怅然遥相望，知是故人来。举手拍马鞍，嗟叹使心伤："自君别我后，人事不可量。果不如先愿，又非君所详。我有亲父母，逼迫兼弟兄，以我应他人，君还何所望！"

府吏谓新妇："贺卿得高迁！磐石方且厚，可以卒千年；蒲苇一时纫，便作旦夕间。卿当日胜贵，吾独向黄泉！"

新妇谓府吏："何意出此言！同是被逼迫，君尔妾亦然。黄泉下相见，勿违今日言！"执手分道去，各各还家门。生人作死别，恨恨那可论？念与世间辞，千万不复全！

府吏还家去，上堂拜阿母："今日大风寒，寒风摧树木，严霜结庭兰。儿今日冥冥，令母在后单。故作不良计，勿复怨鬼神！命如南山石，四体康且直！"

阿母得闻之，零泪应声落："汝是大家子，仕宦于台阁，慎勿为妇死，贵贱情何薄！东家有贤女，窈窕艳城郭，阿母为汝求，便复在旦夕。"

府吏再拜还，长叹空房中，作计乃尔立。转头向户里，渐见愁煎迫。

其日牛马嘶，新妇入青庐。奄奄黄昏后，寂寂人定初。"我命绝今日，魂去尸长留！"揽裙脱丝履，举身赴清池。

府吏闻此事，心知长别离。徘徊庭树下，自挂东南枝。

两家求合葬，合葬华山傍。东西植松柏，左右种梧桐。枝枝相覆盖，叶叶相交通。中有双飞鸟，自名为鸳鸯，仰头相向鸣，夜夜达五更。行人驻足听，寡妇起彷徨。多谢后世人，戒之慎勿忘！

东汉末建安年间，庐江府小吏焦仲卿与妻刘兰芝感情甚笃，但婆婆虐待媳妇，逼焦仲卿休妻。尽管焦仲卿爱刘兰芝，刘兰芝也爱焦仲卿，但以孝道，母命不能违，焦仲卿只得劝刘兰芝先回娘家，随后他再想办法说服母亲。于是二人忍痛分别，相约不再嫁娶。兰芝兄贪图聘礼，逼妹妹改嫁太守之子，兰芝投水自尽。焦仲卿听到妻子的死讯后，也吊死在自家庭院的树上。当时的人哀悼他们，便写了这首诗。从中我们看到的是中国古代社会男女爱情婚姻受制于父母之命，缺乏独立性的悲剧，可以说这是孝道的异化。

感应章第十六

【原文】

子曰："昔者，明王事父孝，故事天明①；事母孝，故事地察②；长幼顺，故上下治。天地明察，神明彰矣③。故虽天子，必有尊也④，言有父也；必有先也⑤，言有兄也。宗庙致敬，不忘亲也。修身慎行，恐辱先也。宗庙致敬，鬼神著矣⑥。孝悌之至，通于神明，光于四海，无所不通。《诗》云：'自西自东，自南自北，无思不服。'"⑦

【注释】

① 事天明：虔敬地奉事天神上帝，明白上天覆庇万物的道理。

② 事地察：虔敬地奉事地神后土，明察大地孕育万物的道理。

③ "天地"二句：明王能以奉事父母的孝顺奉事天地，明晓天之道，明察地之理，天地神明感应其诚，就会显现神灵，降下福佑。

④ 尊：地位或辈分高。

⑤ 先：指年长于他的兄辈。

⑥ 著：显著、昭著，指祖先神灵显现。

⑦ "自西"三句：语出《诗经·大雅·文王有声》。原诗追述周文王、武王先后迁丰、迁镐京之事，歌颂周文王和武王显赫的文治武功。

【译文】

孔子说："从前的圣明天子，奉事父亲非常孝顺，所以在祭祀天帝时能够明白上天覆庇万物的道理；奉事母亲很孝顺，所以在社祭后土时能够明察大地孕育万物的道理；对长幼秩序能够理顺处理好，所以对上下各层也就能够治理好。能以奉事父母的孝顺奉事天地，明晓天之道，明察地之理，天地神明感应其诚，就会显现神灵，降下福佑。所以，虽然天子地位尊贵，但是必定还有尊于他的人，那就是他的父辈；必定还有长于他的人，那就是他的兄辈。在宗庙里祭祀表达恭敬之心，是表示不忘自己的亲人。修养身心，谨慎行事，是因为恐怕因自己的过失而使先人蒙受羞辱。在宗庙里祭祀表达恭敬之心，祖先神灵就会显现。真正能够把孝敬父母、顺从兄长之道做得尽善尽美，就可以通达于神明，光辉普照天下，任何地方都可以感应相通。《诗经·大雅·文王有声》篇中说：'从西到东，从南到北，天下没有人不服从孝悌之道的教化。'"

【解读】

本章讲述孝行的超凡作用，孝道达到极点就可以感应神明。感应，感者，从咸从心，动人心也。《易传·象传上·咸》曰："咸，感也。柔上而刚下，二气感应以相与。止而说，男下女，是以'亨利贞，取女吉'也。天地感而万物化生，圣人感人心而天下和平。观其所感，而天地万物之情可见矣。"由男女阴阳之气的感应，推演到天地万物有感有应，互相影响，交感相应。这里指孝悌之道，可以通于天地之神，神明受到感动而降下福佑。

邢昺《疏》云："此章言天地明察，神明彰矣。又云：孝悌之至，通于神明，皆是应感之事也。前章论谏争之事，言人主若从谏争之善，必能修身慎行，致应感之福。故以名章，次于《谏争》之后。"

本章可以分为两部分：第一部分"昔者，明王事父孝，故事天明；事母孝，故事地察；长幼顺，故上下治。天地明察，神明彰矣"。唐玄宗《御注》云："王者父事天，母事地，言能敬事宗庙，则事天地能明察也。君能尊诸父，先诸兄，则长幼之道顺，君人之化理。事天地能明察，则神感至诚而降福佑，故曰彰也。"邢昺《疏》云："此章夫子述明王以孝事父母，能致应感之事。言昔者明圣之王，事父能孝，故事天能明，言能明天之道，故《易·说卦》云：'乾为天为父。'此言事父孝，故能事天明，是事父之孝通天也。事母能孝，故事地能察，言能察地之理，故《说卦》云：'坤为地为母。'此言事母孝，故事地察，则是事母之道通于地也。明王又于宗族长幼之中，皆顺于礼，则凡在上下之人，皆自化也。又明王之事天地既能明察，必致福应，则神明之功彰见。谓阴阳和，风雨时，人无疾厉，天下安宁也。经称'明王'者二焉：一曰'昔者明王之以孝治天下也'，二即此章言'昔者明王事父孝'，俱是圣明之义，与先王为一也。言先王，示及远也；言明王，示聪明也。"《古文孝经指解》司马光曰："王者，父天母地。事父孝，则知所以事天，故曰明；事母孝，则知所以事地，故曰察。长幼者，言乎其家；上下者，言乎其国。能使家之长幼顺，则知所以治国之上下矣。神明者，天地之所为也。王者知所以事天地，则神明之道昭彰可见矣。"范祖禹曰："王者事父孝，故能事天；事母孝，故能事地。事天以事父之敬，事地以事母之爱。明者诚之显也，察者德之著也。明察，事天地之道尽矣。长幼顺者，其家道正也。上下治者，其君臣严也。事父母以格天地，正长幼以严朝廷，上达乎天，下达乎地，诚之所至，则神明彰矣。"项霦《孝经述注》注曰："天地父母，一气贯通，明昭著察，鉴谛亦该，仰观俯察之义，圣王道心纯一通明，素与天合，故于此章推事父母诚敬之心，以事天地，则仰观俯察之际，宜神祇之昭著鉴谛也。以至尊尊卑卑，上下和平，亦无所往而不贯通，益见道心周流，如四时之错行，如日月之代明，至有不可以言喻。"本章是讲圣明的天子以天地为父母，能以奉事父母的孝顺奉事天地，就能明晓天之道，明察地之理，从而天地神明感应其诚，就会显现神灵，降下福佑。

《尚书·泰誓上》："惟天地万物父母，惟人万物之灵。"天地是万物的父母，当然包括人，而人在万物之中最为灵秀。孔安国云："天地所生，惟人为贵。"孔颖达疏云："万物皆天地生之，故谓天地为父母也。"天地生人与万物，故为人与万物的父母，而人在天地之间则最为尊贵。《白虎通·爵》：

"天子者，爵称也。王者父天母地，为天之子也。"天子是以天地为父母，所以被称为天之子。天子敬事宗庙，蒸尝以时，疏数合礼，移事父母之孝以事天地，就能够事天明事地察。邢昺《疏》还引《礼记·祭义》曾子曰："'树木以时伐焉，禽兽以时杀焉。'夫子曰：'断一树，杀一兽，不以其时，非孝也。'"又，《礼记·王制》曰："獭（tǎ）祭鱼，然后虞人入泽梁；豺祭兽，然后田猎；鸠化为鹰，然后设罻（wèi）罗；草木零落，然后入山林；昆虫未蛰，不以火田。"认为这些都是"令无大小，皆顺天地，是事天地能明察也"。天子通过以父母之孝事天地，能明察，就会对万物也有爱惜之心，所以不按时令乱砍滥杀地破坏生态的行为都是不孝的，上升到了孝道的高度予以谴责，这就在客观上起到了重视保护环境的作用。另外，《论语·述而》记载孔子"钓而不纲，弋不射宿"，《逸周书·文传解》记载周文王告示太子发之言说："山林非时不升斤斧，以成草木之长；川泽非时不入网罟，以成鱼鳖之长；不麛（mí）不卵，以成鸟兽之长。畋渔以时，童不夭胎，马不驰骛，土不失宜。土可犯，材可蓄。润湿不谷，树之竹苇莞蒲；砾石不可谷，树之葛木，以为绨绤，以为材用。"山林不到季节不举斧子，以成就草木的生长；河流湖泊不到季节不下渔网，以成就鱼鳖的生长；不吃鸟卵不吃幼兽，以成就鸟兽的生长。打猎有季节，不杀害怀胎的牛，不驱驰幼马。土地不失其所宜。泥土可以作陶范，材木可以积蓄。低湿地不能种谷，就种上竹子、芦苇、水葱、香蒲；砾石地不能种谷，就种上葛藤与树木，用以织葛布、为材用。这就充分地表达出重视土地利用的效益和生态保护的措施，已经具有了国策的性质。《荀子·王制》说："圣王之制也，草木荣华滋硕之时，则斧斤不入山林，不夭其生，不绝其长也；鼋鼍鱼鳖鳅鳝孕别之时，罔罟毒药不入泽，不夭其生，不绝其长也；春耕、夏耘、秋收、冬藏，四者不失时，故五谷不绝，而百姓有余食也；污池渊沼川泽，谨其时禁，故鱼鳖优多，而百姓有余用也；斩伐养长不失其时，故山林不童，而百姓有余材也。"圣明帝王的制度是：草木正在开花长大的时候，砍伐的斧头不准进入山林，这是为了使它们的生命不夭折，使它们不断生长；鼋、鼍、鱼、鳖、泥鳅、鳝鱼等怀孕产卵的时候，渔网、毒药不准投入湖泽，这是为了使它们的生命不夭折，使它们不断生长；春天耕种、夏天锄草、秋天收获、冬天储藏，这四件事都不错失时机，所以五谷不断地生长而老百姓有多余的粮食；池塘、水潭、河流、湖泊，严格禁止在非规定时期内捕捞，所以鱼、鳖丰饶繁多而老百姓有多余的资财；树木的砍伐与培育养护不错过季节，所以山林不会光秃秃而老百姓有多余的木材。这段文字是荀子对合理利用和开发自然资源作为"圣人之制"的基本要求提出来的，说明他是高度重视自然资源的可持续性利用和自觉地维护生态平衡的，反对对山林的过度采伐和对鱼虾的滥捕滥杀。这体现了古圣先贤伟大而朴素的环保意识和"可持续"发展观，也反映了人与自然和谐相处的美好愿望。

《礼记·礼运》认为圣王顺着天时、地利、人情而制礼，以礼制治国平天下，就能做到人与自然和谐相处，实现天下太平的理想："圣王所以顺，山者不使居川，不使渚者居中原，而弗敝也。用水火金木，饮食必时。合男女，颁爵位，必当年德，用民必顺。故无水旱昆虫之灾，民无凶饥妖孽之疾。故天不爱其道，地不爱其宝，人不爱其情。故天降膏露，地出醴泉，山出器车，河出马图，凤凰麒麟皆在郊棷（sǒu），龟龙在宫沼，其余鸟兽之卵胎，皆可俯而窥也。则是无故，先王能修礼以达义，体信以达顺，故此顺之实也。"圣王顺着天时、地利、人情而制礼，不使惯于山居者徙居水旁，不使惯于居住河洲者迁居平原，这样，人们就会安居乐业。使用水、火、金、木和饮食，都要因时制宜。男婚女嫁，应当及时；颁爵晋级，应当依据德行。使用百姓要趁农闲，不夺农时，所以就没有水旱蝗螟之灾，也没有凶荒妖孽作祟。这造就天不吝惜其道，地不吝惜其宝，人不吝惜其情的太平盛世。于是天降甘露，地涌甘泉，山中出现现成的器皿和车辆，大河中出现龙马负图，凤凰、麒麟、神龟、蛟龙四灵毕至，或栖息在郊外的草泽，或畜养在宫中的水池，至于尾随四灵而来的其他鸟兽更是遍地做巢，与人类友好相处，它们产的卵，人们低头就可以看到，它们怀的胎，人们伸手就可以摸到。没有别的原因，只是先王能够通过制礼而把种种天理人情加以制度化，又通过诚信以达到顺应天理人情的缘故。而太平盛世也不过是顺应天理人情的结果罢了。

本章第二部分："故虽天子，必有尊也，言有父也；必有先也，言有兄也。宗庙致敬，不忘亲也。修身慎行，恐辱先也。宗庙致敬，鬼神著矣。孝悌之至，通于神明，光于四海，无所不通。"唐玄宗《御注》："父谓诸父，兄谓诸兄，皆祖考之胤也。礼：君宴族人，与父兄齿也。言能敬事宗庙，则不敢忘其亲也。天子虽无上于天下，犹修持其身，谨慎其行，恐辱先祖而毁盛业也。事宗庙能尽敬，则祖考来格，享于克诚，故曰著也。能敬宗庙，顺长幼，以极孝悌之心，则至性通于神明，光于四海，故曰'无所不通'。"邢昺《疏》云："王者虽贵为天子，于天下宗族之中，必有所尊之者，谓天子有诸父也；必有所先之者，谓天子有诸兄也。宗庙致敬，是不忘其亲；修身慎行，是不辱其祖考。故能致敬于宗庙，则鬼神明著而歆享之。是明王有孝悌之至性，感通神明，则能光于四海，无所不通。然谏争兼有诸侯大夫，此章唯称王者，言王能致应感，则诸侯已下，亦当自勉勖也。"《古文孝经指解》司马光曰："天子至尊，继世居长，宜若无所施其孝弟然。故举此四者，以明天子之孝弟也。有尊，谓承事天地；有先，谓尊严德齿之人也。知所以事宗庙，则其余事鬼神之道皆可知。'通于神明'者，鬼神歆其祀而致其福；'光于四海'者，兆民归其德而服其教。鬼神至幽，四海至远，然且不违，况其迩者，乌有不通乎？道隆德洽，四方之人无有思为不服者，言皆服也。"《古文孝经指解》范祖禹曰："天子者，天下之至尊也。承事天地，以教天下，则以有父也；贵老敬长，以率天下，则以有兄也。'宗庙致敬'，非祭祀而已也。'修身慎行'，恐辱及宗庙也。鬼神之为德，视之而不见，听之而不闻，为之宗庙以存之，则可以著见矣。《书》曰：'祖考来格'，又曰：'黍稷非馨，明德惟馨'，孝至于此，则鬼神享其诚而致其福，四海服其德而顺其行，格于上下，旁烛幽隐，天之所覆，地之所载，日月所照，霜露所坠，无所不通。四方之人，岂有不思服者乎？"项霦《孝经述注》注曰："承上文申明事父兄，宗庙祭祀之义，以扩充其践履，刑于四海之盛也。通结上文因引诗歌咏，而极言其功效之广大，益可见圣王至孝之发用，即天地鬼神之变化，浑然贯通，无所间隔，夷夏咸服，六合同风，莫非至诚之验也欤？"天子虽为天下至贵至尊，父天母地，但有其生身父母兄弟及诸父、诸兄。天子通过宗庙祭祀向祖先致敬，鬼神来歆享祭品，是不忘记自己血脉的来源，自我修身，谨慎行事，以免做出有辱先人的事情。天子这些行为体现了其孝悌的本性，就能感通神明，光耀四海，无所不通。

这里需要注意的是两个"宗庙致敬"含义不同，邢昺《疏》曰："上言宗庙致敬，谓天子尊诸父，先诸兄，致敬祖考，不敢忘其亲也。此言宗庙致敬，述天子致敬宗庙能感鬼神。虽同称致敬，而各有所属也。"还有第一部分的"神明"与第二部分的"鬼神"也有区别，邢昺《疏》云："上言神明谓天地之神也，此言鬼神谓祖考之神。《易》曰：'阴阳不测之谓神。'先儒释云：'若就三才相对，则天曰神，地曰祇，人曰鬼。'言天道玄远难可测，故曰神也。祇者知也，言地去人近，长育可知，故曰祇也。鬼者归也，言人生于无，还归于无，故曰鬼也，亦谓之神。案《五帝德》云'黄帝死，而民畏其神百年'是也。上言神明，尊天地也。此言鬼神，尊祖考也。"神明是指天地之神，天子以父母侍奉天地，天地明察，是为了尊天地。鬼神指人鬼，也可以称为祖先神，天子致敬宗庙，是为了尊祖先。

黄道周《孝经集传·感应章》将本章分为三部分：从开始到"鬼神著矣"为第一部分，他注云："凡为明王，父天母地，宗功祖德，因郊祀以致敬于祖祢，因禘尝以致爱于邦族，因祖祢以敬人之父老，因邦族以爱人之子弟，因天下之父老子弟以自爱敬其身。身者，天地鬼神之知能也。天地鬼神有天子之身以效其知能，而后礼乐有以作，位育有以致。孟子曰：'人之所不虑而知者其良知也，所不学而能者其良能也。'天地鬼神，托于天子以效其知能，虽不学虑而所学虑者，固已多矣。"明王父天母地，宗功祖德，之所以能够感通天地鬼神，是出于自身的良知良能。从"孝悌之至"到"无所不通"为第二部分，他注云："郊祀、明堂、吉禘、祫庙，因而及于山川、坛墠（wéi）、田祖、后稷、丘陵、坟衍，宗工先臣之有功德于民者，以及于百蜡、厉傩之祭，皆以致悫之义通之，则亦无所不通矣。释奠于学、誓于泽宫、乞言、合语、养老、养幼、饮酒于乡、选士于射、惠鲜小民及于鳏寡，皆以致爱之义通之，则亦无所不通矣。悫与爱，兼致也。不敢恶慢，则皆有神明之道焉。为天子而以神明待天下，天下亦以神明奉天子。《传》曰：'天之所覆，地之所载，日月所照，霜露所队（zhuì），凡有血气者莫不尊亲，故曰配天。'故《孝经》者，周公之志也。"各种礼仪，无非是使人们学会恭谨和爱敬，天地人神都感应贯通，以神明之道治理天下，这就是周公制礼作乐的志向啊！从"《诗》云"到结束为第三部分。他注云："其无不服者，何也？敬也，天地神明之治也。尊在而尊，长在而长，亲在而亲，无它，达之天下也。日月之相迎，星辰之相次，风雷山泽之相命，无不由此者。曾子曰：'仁者，仁此者也；义者，宜此者也；忠者，中此者也；信者，信此者也；礼者，体此者也；行者，行此者也；强者，强此者也。乐自顺此生，刑自反此作。夫孝者，天地之大经也。置之而塞于天地，溥之而衡于四海，施诸后世而无朝夕，推而放诸东海而准，推而放诸西海而准，推而放诸南海而准，推而放诸北海而准。《诗》云：自西自东，自南自北，无思不服，是之谓也。'"孝道使天地人神无所不通，无所不服，精神内核就是"敬"，是天地神明之治的根本。引《礼记·祭义》曾子之言，把仁、义、忠、信、礼、行、强都归结于孝道。所以孝道是天地之常道，充塞天地，超越时空，放之四海皆准。

本章主旨是说孝悌之至就会感应天地神明。邢昺《疏》云："事天地若能明察，则神祇感其至和，而降福应以佑助之。是神明之功彰见也。"邢昺又引《瑞应图》曰："圣人能顺天地，则天降膏露，地出醴泉。"《诗》云："降福穰穰。"《易》曰："自天佑之，吉无不利。"从这些文献中可以看出人如果顺应天地之道，就能够感应天地万物降下祥瑞，就能够有神明护佑之。伪古文《尚书·大禹谟》有"至诚（xián）感神"，伪孔传："诚，和……言易感。"孔颖达疏："帝至和之德尚能感于冥神。"舜帝有极其和顺的德行，所以可以感应神明。

黄道周《孝经集传·感应章》传文部分引《礼记·郊特牲》："先王之荐，可食也，而不可耆也。卷冕、路车，可陈也，而不可好也。《武》，壮而不可乐也。宗庙之威，而不可安也。宗庙之器，可用也，而不可便其利也。所以交于神明者，不可同于安乐之义也。酒醴之美，玄酒明水之尚，贵五味之本也。黼黻、文绣之美，疏布之尚，反女功之始也。莞簟之安，而蒲越、稿鞂之尚，明之也。大羹不和，贵其质也。大圭不琢，美其质也。丹漆雕几之美，素车之乘，尊其朴也。贵质而已矣。所以交于神明者，不可同于安乐之义也"，并发挥说："神明之道始于太素，父母之道始于太质，天地之道始于太朴。此三始者，孝弟之本义也，有其质而后文生焉。天子之始存于世子，世子之始存于孩提，故以三命加于父兄，为天子而绌亲长，非礼也。然则为天子则绝斋期之丧，何也？曰：未之绝也，其意犹有存焉，去文而已。《孝经》之意在于反质，反质追本，不忘其初。《春秋》之严，《孝经》之质，皆溯始于天地，明本于父母，所以致其素朴，交于神明之道也。"黄道周受《易纬·乾凿度》"夫有形生于无形，乾坤安从生？故曰有太易、有太初、有太始、有太素也。太易者未见气也，太初者气之始也，太始者形之始也，太素者质之始也"的影响，提出神明之道始于太素，父母之道始于太质，天地之道始于太朴，以此三始为孝悌之本。《孝经》旨在由文返质，追本溯源，不忘其初，故通于神明之道。

南宋真德秀《泉州劝孝文》云："孝悌之至，通于神明。天下万善，孝为之本。若能勤行孝道，非惟乡人重之，官司敬之，天地鬼神亦将佑之。如其悖逆不孝，非惟乡人贱之，官司治之，天地鬼神亦将殛之。"明代曹端在《杂著·夜行烛》中写道："孝乃百行之原，万善之首，上足以感天，下足以感地，明足以感人，幽足以感鬼神，所以古之君子，自生至死，顷步而不敢忘孝焉。"（钦定四库全书《曹月川集》）

受《孝经》"孝感"思想的影响，历代孝行感动天地神鬼，天降灵验的故事不计其数。最具代表性的就是《二十四孝》中第一个故事，郭居敬《全相二十四孝诗》之"孝感动天"。"虞舜，瞽瞍之子，性至孝。父顽母嚚，弟象傲。舜耕于历山，有象为之耕，有鸟为之耘，其孝感如此。帝尧闻之，事以九男，妻以二女，遂以天下让焉。系诗颂之。诗曰：对对耕春象，纷纷耘草禽。嗣尧登帝位，孝感动天下。"讲的是传说中远古帝王大舜的孝道故事。舜，本姓姚，名重华，号有虞氏，史称虞舜。父亲瞽瞍，不明事理，很顽固，对舜非常不好。舜的生母叫握登，非常贤良，但不幸在舜小的时候就过世了。父亲再娶。后母没有妇德，很凶狠。生了弟弟象以后，父亲偏爱后母和弟弟。象也狂傲骄纵，对舜打骂虐待是家常便饭，而且三人联合起来多次想害死舜：让舜修补谷仓顶时，在谷仓下纵火，舜手持两个斗笠跳下逃脱；让舜掘井时，瞽瞍与象却下土填井，舜掘地道逃脱。事后舜毫不嫉恨，仍对父亲恭顺，对弟弟慈爱。他的孝行感动了天帝，他到历山耕种，大象替他耕地，鸟代他锄草。他到黄河边制作陶器，烧陶的人都为他提供方便；他去湖里捕鱼，其他捕鱼的人都愿意把自己所得与他分享。帝尧知道了他的孝行，觉得他有处理政事的才干，就将自己的两个女儿嫁给舜为妻，经过多年观察和考验，选定舜做他的继承人，最后把天下让给了他，于是舜因孝而"富有天下，贵为天子"。舜登天子位后，去看望父亲，仍然恭恭敬敬，并封象为诸侯，用他至诚的孝心孝行，终于感化了他的父母和象，同时把天下也治理得很好。舜作为大孝子，其事迹传扬至今。

《二十四孝》中第三个故事是《全相二十四孝诗》之"啮指心痛"。"周，曾参，字子舆，事母至孝。参曾采薪山中，家有客至，母无措，参不还，乃啮其指。参忽心痛，负薪以归，跪问其母。母曰：'有客忽至，吾啮指以悟汝耳。'后人系诗颂之。诗曰：母指方缠啮，儿心痛不禁。负薪归未晚，骨肉至情深。"说的是曾参对母亲至孝之诚产生感应的故事。曾参是孔子的学生，品德高尚，孝顺父母。有一次，他吃过午饭便到山里砍柴去了，他母亲一个人在家。家里忽然来了客人，当时家里没有什么东西可以用来招待客人。母亲着急，一时不知如何是好。"哎，要是曾参这时候能够回来帮我一下就好了。"她这样想着，并焦急地盼望着儿子出现。可是等啊等，等了好长时间，还是不见儿子的身影。情急之下，忽然想到了一个办法，她知道母子的血脉是相通的，于是就将自己的一根手指咬破。果然，曾子在山里忽然感到一阵心痛，他料想家里一定是发生了什么事情，就急忙挑着柴回家了。回到家里，客人还没有走，曾子便帮着母亲招待客人。待客人走后，曾子跪在母亲膝前，请母亲告诉他为什么家里来了客人他会心痛。母亲便向他解释道："因为客人来了以后，家里没有招待客人的东西，我见你尚未归来，就咬破手指，我想你必定会有感觉，能早点回来，帮助我招待客人。"故事中的"啮指心痛"虽然有些夸张，倒也可以看作对《孝经》这一章的说明，曾子事母至孝，感动了神明。大家都知道"母子连心"这句话，是说父母与子女之间血脉相连，心心相印，息息相关，彼有所动，此有所感，彼此相互感应，这实际上就是现代人所谓的心灵感应。

大概到两汉之际，孝子行孝而感应神明，得到天地、鬼神保佑的灵异事件开始出现，并在社会上广为流传，进而被载入史书。孝道的感应神明现象也渗透在民间信仰当中，从汉代画像石可以看到众多的孝子、孝女，如李善、董永，都和各种神灵、圣王与英雄排列在一起，受世人祭拜。可见在汉人的信仰世界，"孝悌"确实可以产生"通乎神明"的力量。这种感应神明也被道教接受和发挥，如《老子想尔注》中说："道用时，臣忠子孝，国则易治。时臣子不畏君父也，乃畏天神。孝其行，不得仙寿，故自至诚。既为忠孝，不欲令君父知，自默而行。"便是受忠孝思想的直接影响。到了南朝梁时，道士陶弘景在《真诰·阐幽微第二》中说："至孝者，能感激鬼神，使百鸟山兽巡其坟埏（yán）也。"

董永孝感神仙传说的文字记载最早见于汉刘向的《孝子图传赞》。稍后，三国时曹植的《灵芝篇》有描述："董永遭家贫，父老财无遗。举假以供养，佣作致甘肥。责家填门至，不知何用归。天灵感至德，神女为秉机。"东晋干宝在《搜神记》的"董永变文"中，叙董永孝行，织女下凡与永为妻，助永织绢偿债等情节。唐代敦煌写卷中的《搜神记》卷一、《孝子传》、《董永变文》等对董永故事作了综合改编，最后以俗讲（唐代佛寺禅门讲经形式）同民间讲唱文学相结合的形式，使董永故事在下层民众中得到非常广泛的传播。元代郭居敬编绘的《二十四孝图》中的"卖身葬父"将董永事迹作了简洁叙述："汉,董永家贫,父死,卖身贷钱而葬。及去偿工,途遇一妇,求为永妻。俱至主家,主令织布三百匹始得归。妇织一月而成。归至槐荫会所,遂辞永而去。有诗为颂。诗曰:葬父贷孔兄,仙姬陌上逢。织布偿债主,孝感动苍穹。"宋元时代,随着说书行业的发达,"董永遇仙"的传说在话本中流行。到了明代,经过文人洪楩(pián)的采编、整理,将此收入他的《清平山堂话本》的"雨窗集"中。明代嘉靖前后,民间艺人又依据宋元话本《董永遇仙》改编成戏曲《槐荫树》《织锦记》《遇仙记》等。

董永的故事,两千多年在民间久传不衰,人们大都认为,湖北孝感地名来源于董永卖身葬父、孝心感动天地的故事。其实,在汉至三国时这里就涌现出董永、董黯、黄香、孟宗四大孝子。南朝刘宋皇帝提倡孝道,公元454年,析置孝昌县,以孝子董黯立名。后唐时期,庄宗为避其祖父李国昌名讳,于同光二年(924)改孝昌为孝感,取董永、孟宗孝行感动天地之义,并一直沿用至今。据南宋王象之《舆地纪胜》卷七十七记载:"孝昌县,宋分安陆县置……因孝子董黯立名也……后唐改'孝感',避庙讳也。"董黯事迹在唐代《艺文类聚》、北宋《太平御览》中有记载。据《太平御览》引晋虞预《会稽典录》说:"董黯事母孝,家贫采薪供养,母甚肥悦。邻人家富,有子不孝,母甚瘦。不孝子疾黯母肥,常辱之。黯不报,及母终。负土成坟,境,杀不孝子置冢前以祭。诣狱自系,和帝释其罪,旌异行,诏拜郎中。"说董黯因母亲受辱愤而杀人,并主动投案,最后被东汉和帝无罪释放,赐封郎中官。至于由董黯改为董永则出自李贤、彭时等撰《明一统志》卷六十一"孝感县"条记载:"本汉安陆县地,刘宋因孝子董永分置孝昌县。"清代顾祖禹《读史方舆纪要》卷七十七"孝感县"云:"汉安陆县地,刘宋置孝昌县,以孝子董永名也……五代唐改县曰'孝感'。"清代徐文范《南北朝郡县表》在"安陆郡"下也说:"孝武帝(刘宋)孝建元年,因孝子董永析置孝昌,而立安陆郡。"另外,传说孝子孟宗的故乡在孝感市北青山乡(现孝感市孝昌县周巷镇有哭竹巷)。郭居敬《全相二十四孝诗》之"哭竹生笋"写道："三国孟宗，字恭武，少孤。母老病笃，冬月思笋煮羹食。宗无计可得，乃往竹林中，抱竹而泣。孝感天地，须臾地裂，出笋数茎。归持，作羹奉母，食毕疾愈。有诗为颂。诗曰：泪滴朔风寒，萧萧竹数竿。须臾冬笋出，天意报平安。"虽是故事，但孟宗（？—271）却确有其人，曾任三国时东吴司空，为避吴主孙皓（字元宗）字讳，更名为孟仁。

如何认识孝感现象？孝感现象产生于两汉之交，与这一时期社会上流行阴阳五行学说、谶纬之学、神仙方术等有密切关系，《孝经》中的孝感思想此前已随着《孝经》的准经学化广泛流行，世人对行孝产生了幻想，促进人们通过虔诚行孝以获得神助。"绝大多数孝感灵异事件的出现，最初可能流传于民间，带着广大劳动人民的某种愿望而口耳相传，后来才被统治阶级的某些知识分子所改造而带着统治阶级的某种目的而被载入史册。所以，孝感灵异现象中的人文信息，既饱含着被统治阶级的愿望，也寄寓着统治阶级的要求，是二者的混合体。"[1] 梁元帝萧绎在《金楼子》卷五《著书篇》写道："夫安亲扬名，陈乎三德；立身行道，备乎六行。孝无优劣，能使甘泉自涌，邻火不焚，地出兼金，天降神女……孟仁之笋出林……感通之至良可称。"梁元帝《孝德传序》亦云："夫天经地义，圣人不加。原始要终，莫逾孝道，能使甘泉自涌，邻火不焚，地出黄金，天降神女，感通之至，良有可称。"元帝的目的是宣扬孝感思想，为了有说服力，他借用了"甘泉自涌""涌泉跃鲤""邻火不焚""地出黄金"等四个前代的孝感灵异事件来证明自己所说不诬。"甘泉自涌"出自《拾遗记》卷六："曹曾，鲁人也。本名平，慕曾参之行，改名为曾。家财巨亿，事亲尽礼，日用三牲之养，一味不亏于是。不先亲而不食新味也。为客于人家，得新味则含怀而归。不畜鸡犬，言喧嚣惊动于亲老。时亢旱，井池皆竭。母思甘清之水，曾跪而操瓶，则甘泉自涌，清美于常。""涌泉跃鲤"见《全相二十四孝诗》："汉，姜诗，事母至孝。妻庞氏，奉姑尤谨。母性好饮江水，妻出汲而奉母。又嗜鱼脍，夫妇常作之，

---

[1] 朱明勋：《中国古代的孝感灵异现象论析》，《内江师范学院学报》2014 年第 5 期。

召邻母共食之。后舍侧忽有涌泉，味如江水，日跃双鲤，诗时取以供母。有诗为颂。诗曰：舍侧甘泉出，朝朝双鲤鱼。子能恒孝母，妇亦孝其姑。""邻火不焚"出于《晋书·何琦传》，何琦"年十四丧父……事母孜孜，朝夕色养，常患甘鲜不赡，乃为郡主簿，察孝廉，除郎中，以选补宣城泾县令……及丁母忧，居丧泣血，杖而后起，停柩在殡，为邻火所逼，烟焰已交，家乏僮使，计无从出，乃匍匐抚棺号哭。俄而风止火息，堂屋一间免烧，其精诚所感如此"。"地出黄金"是指《全相二十四孝诗》的"为母埋儿"："汉，郭巨家贫，有子三岁，母尝减食与之。巨谓妻曰，贫乏不能供母，子又分父母之食，盍埋此子。及掘坑三尺，得黄金一釜，上云：官不得取，民不得夺。有诗为颂。诗曰：郭巨思供亲，埋儿为母存。黄金天所赐，光彩照寒门。"对于类似的孝感现象我们今天应以科学观来看，以儒家中道智慧处理，既不能简单否定，也不能沉迷其中，应清除其中迷信的雾霾，还其人文精神的本质，弘扬孝道文化的优秀传统。

事君章第十七

【原文】

子曰："君子之事上也①，进思尽忠②，退思补过③，将顺其美④，匡救其恶⑤，故上下能相亲也。《诗》云：'心乎爱矣，遐不谓矣？中心藏之，何日忘之？'"⑥

【注释】

①上：唐玄宗《御注》："上，谓君也。"

②进：上朝见君。

③退：下朝回家。

④将：唐玄宗《御注》："将，行也。"邢昺《疏》云："言君施政教有美，则当顺而行之。"美：好事，美德。将顺其美：顺行国君，成全美事，亦作"顺从其美"。

⑤匡：唐玄宗《御注》："匡，正也。"纠正。救：唐玄宗《御注》："救，止也。"

⑥"心乎"四句：语出《诗经·小雅·隰桑》。原诗相传是一首人民怀念有德行的君子的作品。遐：何，为什么。谓：诉说。

【译文】

孔子说："君子的奉事国君，在朝堂之上，谋划国事，尽忠竭力；退朝以后，还殚思竭虑，想着怎样弥补国君的过失。顺行国君，成全其美德善事；纠正阻止国君，补救其恶行坏事。所以，上上下下能够相亲相爱。《诗经》里说：'心里对他爱恋着呀，为什么不能向他诉说？心中深深藏起他，哪天才能忘记？'"

【解读】

本章是在孝道前提下讲君子的事君之道。

邢昺《疏》论本章旨意曰："此章首言君子之事上，又言进思尽忠，退思补过，皆是事君之道。孔子曰：'天下有道则见，无道则隐。'前章言明王之德、应感之美，天下从化，无思不服。此孝子升朝事君之时也，故以名章，次《应感》之后。"

唐玄宗《御注》："进见于君，则思尽忠节。君有过失，则思补益。君有美善，则顺而行之。君有过恶，则正而止之。下以忠事上，上以义接下。君臣同德，故能相亲。"邢昺《疏》云："此明贤人君子之事君也。言入朝进见，与谋虑国事，则思尽其忠节。若退朝而归，常念己之职事，则思补君之过失。其于政化，则当顺行君之美道，止正君之过恶。如此则能君臣上下情志通协，能相亲也。"《古文孝经指解》司马光曰："尽忠以谏诤。掩上之过恶。将，助也。上有美，则助顺而成之。上有恶，则正救之。凡人事上，进则面从，退有后言。上有美不能助而成也，有恶不能救而止也，激君以自高，谤君以自洁，谏以为身而不为君也，是以上下相疾，而国家败矣。"范祖禹曰："入则父，出则君，父子天性，君臣大伦。以事父之心而事君，则忠矣。故孔子言孝必及于忠，言事君必本于事父。忠孝者，其本一也。未有舍孝而谓之忠，违忠而谓之孝。'进思尽忠，退思补过，将顺其美，正救其恶'，此四者，事君之常道也。昔者禹、益、稷、契之事舜也，进则思所以规谏，退则思所以儆戒，颂君之美而不为谄，防君之恶如丹朱傲虐而不为激，是故君享其安逸，臣预其尊荣，此上下相亲之至也。若夫君有大过则谏，谏而不可则去，此岂所欲哉？盖不得已也。"项霦《孝经述注》："进仕则思尽自己忠心，致君于圣明。退闲则思补自己过失，增益其所不能。君欲行善事，则开导赞引顺承以行之；恶事，则委曲谏诤正救以止之。故君臣上下，同心戮力，而政教成矣。"有德有位的君子，侍奉国君，朝堂上进前见君，就知无不言，言无不尽，谋划国事，尽忠竭力。既见而退了下来，他就检讨自己，是否有未尽到责任？自己的言行，是否有过失？殚思竭虑，弥补过错。君王有美好的德行，想做善事，就顺应辅助，竭力成全。如果国君有未善之处，甚至恶行，就要起而纠正，尽力阻止。君子如能这样侍奉国君，国君自然洞察忠诚，以义待下，所谓君臣同德，上下一气，犹如元首和四肢百骸一体，君享其安乐，臣获得尊荣，上下自能相亲相爱了。

唐玄宗注"进见于君，则思尽忠节"一句加了一个"节"字，邢昺继续疏解："忠者善事君之名也。节，操也。言事君者敬其职事，直其操行，尽其忠诚也。言臣常思尽其节操，能致身授命也。"这就扩展和丰富了为臣尽忠的含义。

黄道周《孝经集传·事君章》注曰："忠顺不失，以事其上，是士君子之孝也。士君子既以忠顺自著，则亦恂恂粥粥，使上下称，恭谨足矣。而又曰尽忠补过，将顺匡救，何也？曰：恶夫爱其君之不若爱其父，敬其君之不若敬其父者也。生我者莫如父，爱我者莫若父，其父有过而犹且谏之，谏之不听而号泣以随之；至于君，则曰非独吾君也，是爱敬其君不若其父之至也。且以父为得罪于州里乡党，不惮劳身以成父之名；至于君而独不然者，宁使君取咎于天下万世，不欲当吾身失其禄位，则是以身之禄位重于君之社稷也。孟子曰：'《小弁》之怨，亲亲也。亲亲，仁也。亲之过小而怨，是不可矶也；亲之过大而不怨，是愈疏也。不可矶，不孝也；愈疏，亦不孝也。'夫以怨而犹谓之孝，以尽忠匡救而谓之不忠，则君臣上下亦泮乎如道路人而已。《诗》曰'不属于毛，不离于里'，言夫上下之不相亲也。不相亲而亲之，莫如以忠与上，以过自与，以美救恶，以恶匡美，是仲尼所以取讽也。"本章虽然是讲君子如何事君，黄道周认为忠顺才是事上之道。他从人子对父亲的爱与敬引申到事君也应爱和敬，强调士君子事君，如果君有过要谏净，匡救其恶，这才是尽忠，才能实现君臣上下不相亲而亲之。

本章"进思尽忠，退思补过"，邢昺《疏》案《左传》："晋荀林父为楚所败，归，请死于晋侯。晋侯许之，士渥浊谏曰：'林父之事君也，进思尽忠，退思补过。'晋侯赦之，使复其位。"认为荀林父的做法就符合本章之义。荀林父（？—前593），姓不详，荀氏，名林父，在晋文公建立霸业中即崭露头角，晋文公三年（前633），城濮之战前，担任晋文公的御戎，即为国君驾御兵车。晋文公四年，晋文公"作三行（三支步兵队伍）以御敌"，荀林父担任中行的主持。其后任上军佐、中军佐，至晋景公时出任中军元帅，主持国政。晋成公七年（前600），晋与楚争强，荀林父率师伐陈，以救郑，击败楚师。晋景公三年（前597），荀林父任中军元帅，执掌国政，率师与楚进行邲（今河南荥阳东北）之战。时楚庄王亲率楚军再次围攻郑国，晋国派荀林父率三军再次救郑，双方在邲地展开争夺，在作战中，晋军内部分歧不断，将帅不和，缺乏统一指挥而各自为战，又顾忌秦军从背后偷袭。楚军利用晋军的弱点，适时出击，战胜对手，从而一洗城濮之战中失败的耻辱，在中原争霸斗争中暂时占了上风。楚庄王也由于此役的胜利而一举奠定了"春秋五霸"之一的地位。荀林父在这次大战中指挥不力，未能说服主要将领服从他的意图，也未能约束全军统一行动，惨遭失败。晋师回国之后，荀林父请求处自己以死罪。晋景公打算答应，士渥浊劝谏晋景公，说荀林父侍奉国君，进，想着竭尽忠诚；退，想着弥补过错，是国家的股肱之臣，怎么能杀他呢？景公于是让荀林父官复原位。黄道周在《孝经集传·事君章》传文部分引《礼记·表记》："子曰：'事君难进而易退，则位有序；易进而难退，则乱也。'又曰：'事君三违而不出竟，则利禄也。人虽曰不要，吾不信也。"并发挥说："易进难退，亦有大言大利之望者乎！大入而望大利，大言而受大禄，夫皆以是要君者也，其达不以情，其自不以人，其辞不以伦。贿赂是行，奸宄是因，功利是称，此三者皆所以要君也。以是三者要君，故以圣人之法、孝子仁人之言皆不足称也，是天下之所由乱也。故知易进难退之可以长乱者，则亦知所以远乱矣。子曰：'君子三揖而进，一辞而退，以远乱也。'其所以远乱者，何也？不与利禄之人共其功名也。""难进易退"指入朝做官再三考虑，离开官场时唯恐不速；"易进难退"指入朝做官毫不犹豫，离开官场时流连忘返。易进难退是为了利禄，这种人就是

"要君"之人，必然会贪污腐败，作奸犯科，唯功利是求，是天下大乱的缘由。君主认识到这一点，就能够远离祸乱；君子认识到这一点，就不与利禄之人同朝为官。清人谷应泰《明史纪事本末》卷二十六记载："上谕黄淮、杨士奇曰：东宫侍侧，朕问：'讲官今日说何书？'对曰：'《论语》君子小人和同章。'因问：'何以君子难进易退，小人则易进难退？'对曰：'小人逞才而无耻，君子守道而无欲。'"

对于本章引《诗经·小雅·隰桑》"心乎爱矣，遐不谓矣？中心藏之，何日忘之？"，唐玄宗《御注》："遐，远也。义取臣心爱君，虽离左右，不谓为远。爱君之志，恒藏心中，无日暂忘也。"邢昺《疏》云："夫子述事君之道既已，乃引《小雅·隰桑》之诗以结之。言忠臣事君，虽复有时离远，不在君之左右，然其心之爱君，不谓为远；中心常藏事君之道，何日暂忘之？"《古文孝经指解》司马光曰："遐，远也。言臣心爱君，不以君疏远己而忘其忠。"范祖禹曰：《诗》云：'心乎爱矣，遐不谓矣？中心藏之，何日忘之？'夫君子之爱君，虽在远犹不忘也，而况于近可不尽忠益乎！"项霦《孝经述注》："引诗歌咏言，臣有真实爱君之心，岂谓疏远而暂忘！末二句尤见拳拳爱君不忘之诚，此忠厚之至也。"最后引《诗经·小雅·隰桑》这一段诗句，是借男女深厚的爱情表达臣子对君王的敬爱之情。臣事君，发自内心爱护君王，虽然因故离开左右，或者君王因故疏远，心中还是要常常想着君王之事，无论距离多远，都不能忘却事君之道。这就是为臣事君尽忠的极致。

黄道周《孝经集传·事君章》注曰："爱，资母者也。敬，资父者也。敬则不敢谏，爱则不敢不谏。爱敬相摩，而忠言进出矣。故为子而忘其亲，为臣而忘其君，臣子之大戒也。然则忠孝之义并与？曰：何为其然也？忠者，孝之推也。忠之于天地，犹疾雷之致风雨也。孝者，天地之经义也，物之所以生，物之所以成也。以孝事君则忠，以孝事长则顺，以孝事友则信，以孝事鬼神则格，以孝事天地则礼乐和平，祸患不生，灾害不作，故孝之于经义，莫得而并也。孟子曰：'人少则慕父母，知好色则慕少艾，仕则慕君。

不得于君则热中。'故忠者，孝之中务也，以孝作忠，其忠不穷。《诗》曰：'王事孔棘，不能艺黍稷，父母何食'，言夫孝之穷于忠者也。"既然对父母的爱敬使得孝子对父母的过错要敢于谏诤，因为爱敬才能忠言进出。士君子事君的"忠"，就是孝子事父母以爱敬的推衍。孝是天地经义，由此推衍不仅止于事君忠，事长顺，而且可以朋友信，鬼神格，祸患不生，灾害不作，实现人与人、人与天地万物的保合太和。忠是孝中的要务，以孝作忠，其忠不穷，而孝则穷尽于忠。

邢昺《疏》还以周公东征、召公听讼于甘棠为例来说明。周公东征，平定"三监"及武庚叛乱。周武王死后，周成王年幼继位，周公就辅助成王理政。但是周武王的弟弟管叔、蔡叔和霍叔不服，就散布谣言，说周公要篡夺皇位，与纣王之子武庚纠合，联络一批殷商的贵族，并且煽动东夷几个部落，联合起兵叛乱。周公在召公支持下，率军东征。在战争中，周公团结内部，采取军事攻势与政治争取并举的谋略，以及先弱后强、各个破敌的作战方略，首先以重兵沿武王伐纣路线，直取朝歌，击溃武庚所部，攻占管叔、蔡叔治地，杀武庚、诛管叔、放逐蔡叔，贬霍叔为庶人。继之进兵东南，采用先弱后强的方针，先攻徐、淮等九夷。经连续作战，攻灭熊、盈族十七国，迁殷民于洛邑（今洛阳）。最后才挥师北上攻奄，迫使奄国投降。随之，蒲姑等国也相继降服，胜利结束了历时三年的东征。召公姬奭与周武王、周公同辈。召公辅佐周武王灭商后，受封于蓟（今北京），建立燕国（北燕）。他派长子姬克管理燕国，自己仍留在镐京，辅佐朝廷。周武王死后，成王继位。当时周成王在丰地，召公奉命建造洛邑，以完成周武王的遗愿。不久，召公担任三公之一的太保。自陕地（今河南三门峡陕州区）以西，由召公奭主管；自陕地以东，由周公旦主管。召公治理陕地以西地区时，深受百姓们的拥护。他巡行乡里城邑，便在一棵棠梨树下断案，处理政事，上至侯伯、下到百姓都各得安置，无人失职，政通人和，深受爱戴。后人为纪念他，舍不得砍伐此树，《诗经·召南·甘棠》中曾称颂此事："蔽芾甘棠，勿翦勿伐，召伯所芨（bá）。蔽芾甘棠，勿翦勿败，召伯所憩。蔽芾甘棠，勿翦勿拜，召伯所说。"朱熹《诗集传》云:"召伯循行南国,以布文王之政,或舍甘棠之下。其后人思其德,故爱其树而不忍伤也。"周公、召公辅助成王,忠心耿耿,即使远离成王,也都尽心竭力,做好政事,使周初政局逐渐稳定,分陕而治,皆有美政。

"忠"是本章的一个关键词。提到"忠",很多人以为就是指"忠君",其实"忠君"只是"忠"的一个方面的含义,《说文》:"敬也。从心,中声。"段玉裁补"尽心曰忠"。《玉篇·心部》:"忠,直也。"《增韵》:"内尽其心,而不欺也。"《周礼·大司徒》六德:"知,仁,圣,义,忠,和。"郑玄疏曰:"中心曰忠,中下从心,谓言出于心,皆有忠实也。"《尚书·伊训》:"居上克明,为下克忠。"孔颖达疏:"事上竭诚。"蔡沈《书集传》:"言能尽事上之心。"《左传·桓公六年》:"上思利民,忠也。"《左传·昭公元年》:"临患不忘国,忠也。""忠"字在《论语》中出现过十七次,具有更广泛的含义,不是像后世那样,专指处理君臣关系的道德规范,曾子说:"为人谋而不忠乎"(《论语·学而》),反省自己替别人办事是否尽心竭力了。司马光《四言铭系述》说"尽心于人曰忠",朱熹《四书集注》:"尽己之谓忠。"而且在传统社会,即使"忠君",也同时意味着忠于社稷,即忠于国家。如汉代苏武滞留匈奴,与匈奴君臣、投降者斗,与恶劣的自然环境斗,其信念与精神挑战了生命的极限,最终回到了大汉怀抱。在他的心中,君就是国,忠君就是报国,这两者是不可分开的。

东汉马融因有感于已经有了《孝经》,而独缺忠经,因而补之,使忠孝的德行得以两全。《忠经》是系统总结忠德的专门经典,《忠经》对于不同阶层的人,提出了不同的要求,且尽忠有君子与小人之分,并分章对人类社会各阶层应履行的忠道一一进行了阐述,上自君王,下至平民,须各尽其忠,同心同德,因此可感动天地,各种美好的祥瑞都来相应,这就是忠的力量。其中《天地神明章》把忠说成是天地间的至理至德:"昔在至理,上下一德,以征天休,忠之道也。天之所覆,地之所载,人之所履,莫大乎忠。忠者,中也,至公无私。天无私,四时行;地无私,万物生;人无私,大亨贞。忠也者，一其心之谓矣。为国之本，何莫由忠？忠能固君臣，安社稷，感天地，动神明，而况于人乎？夫忠，兴于身，著于家，成于国，其行一焉。是故一于其身，忠之始也；一于其家，忠之中也；一于其国，忠之终也。身一，则百禄至；家一，则六亲和；国一，则万人理。"对忠的含义、标准、目的作了全面的阐释。其中《冢臣章》对为臣忠君作了阐释："为臣事君，忠之本也，本立而后化成。冢臣于君，可谓一体，下行而上信，故能成其忠。夫忠者，岂惟奉君忘身，徇国忘家，正色直辞，临难死节已矣！在乎沉谋潜运，正国安人，任贤以为理，端委而自化。尊其君，有天地之大，日月之明，阴阳之和，四时之信。圣德洋溢，颂声作焉。《书》云：'元首明哉，股肱良哉，庶事康哉。'"这章讲冢臣（高官、大臣）怎样辅佐君王，成为一代贤臣良相。作为臣子侍奉君王，最根本的是恪守忠道。忠道之本确立了，才能收到教化、治理的功效。大臣与君王的关系，是不可分割的整体，君王能够信任臣子的所作所为，臣子才能够做到对君王恪尽忠心。所谓忠道，不仅仅只是侍奉君王、忘记自己，顺从国家、舍弃家庭，遇事敢于直言进谏，为守信义誓死不屈这样一些做法，真正的忠道应该是深谋远虑，运筹帷幄，正国安人，任用贤能治理国家，端正自身使百姓自然而然受到教化。尊信君王，使其恩德广布天地之间，像日月那样光明，像阴阳那样和合，像四季那样循环往复。君王的圣明之德广泛传播，全国上下就会出现一片欢乐、歌颂之声。这就像《尚书》上讲的："君主英明啊！大臣贤良啊！诸事安康啊！"

怎么样才算是忠臣？《晏子春秋·内篇问上》载：

　　景公问于晏子曰："忠臣之事君也何若？"晏子对曰："有难不死，出亡不送。"公不说，曰："君裂地而封之，疏爵而贵之，君有难不死，出亡不送，可谓忠乎？"对曰："言而见用，终身无难，臣奚死焉；谋而见从，终身不出，臣奚送焉。若言不用，有难而死之，是妄死也；谋而不从，出亡而送之，是诈伪也。故忠臣也者，能纳善于君，不能与君陷于难。"

齐景公问晏子说："忠臣怎样侍奉国君？"晏子回答说："国君有灾难时，不为国君殉身，国君出逃不追随。"景公不高兴，说："国君分割土地分封给他，分封爵位而使他尊贵。国君有难而不为他殉身，出逃而不追随，能称得上'忠'吗？"晏子回答说："进言而被采用，国君终生不会有灾难，臣子为何而死呢？出谋划策而被听从，国君终身都不会出逃，臣子为何去追随他呢？如果进言而不能被采用，有了灾难时为国君殉死，是糊涂地死；出谋划策而不被听从，国君出逃却去追随他，是巧诈虚伪。所以，忠臣能使国君采用好的建议，而不让国君陷入灾难。"晏婴对忠臣的理解，从相反的角度阐释，为臣通过进言与谋划使国君纳善，治理好国家，避免陷入内乱灾难，这才是真正的忠臣，与本章可谓殊途同归。

董仲舒用阴阳五行学说解释孝子忠臣之行，如："忠臣之义，孝子之行，取之土。土者，五行最贵者也，其义不可加矣。"（《春秋繁露·五行对》）"土，五行之中也。……土之事天竭其忠。故五行者，乃孝子忠臣之行也。"（《春秋繁露·五行之义》）"孝子之行、忠臣之义，皆法于地也。地事天也，犹下之事上也。"（《春秋繁露·阳尊阴卑》）他认为忠臣之义、孝子之行取法于五行的土，而土在五行中处于居中的地位，是最尊贵的，但从天地父子、君臣的关系来说，天为父、为君，地为子、为臣，地事天，犹子事父、臣事君，推而广之则为下事上。

《大戴礼记·曾子大孝》云："事君不忠，非孝也。"事君不忠，不能保有俸禄、赡养父母、光宗耀祖，也属于不孝。《吕氏春秋·孝行览》也有同样的话。这就从忠君的角度把忠孝联系在一起，使"忠"属于"孝"的范畴。

中国历史上事君之道做得最好的当数三国时的诸葛亮。诸葛亮本为布衣，决心献身国家，为光复汉室，扶翼正统而奋斗，忠心耿耿，可昭日月。诸葛亮为刘备制定了一系列统一天下的方针、策略，辅佐刘备振兴汉室，建立了蜀汉政权，形成了与曹魏、孙吴三足鼎立的局面。至章武三年（223）

二月，刘备病重，召诸葛亮到永安，与李严一起托付后事，刘备对诸葛亮说："君才十倍曹丕，必能安国，终定大事。若嗣子可辅，辅之；如其不才，君可自取。"你的才能是曹丕的十倍，必定能够安定国家，终可成就大事。如果嗣子刘禅可以辅助，便辅助他；如果他没有才干，你可以自行取代。诸葛亮涕泣说："臣敢竭股肱之力，效忠贞之节，继之以死！"臣必定竭尽股肱的力量，报效忠贞的节气，直到死为止！刘备又让刘禅视诸葛亮为父。延至四月，刘备逝世，刘禅继位，封诸葛亮为武乡侯，开设官府办公。不久，再领益州牧，政事上的大小事务，刘禅都依赖于诸葛亮，由诸葛亮决定。《出师表》是诸葛亮在北伐中原之前给后主刘禅上书的表文。为了实现全国统一，诸葛亮在平息南方叛乱之后，于227年决定北上伐魏，夺取凉州，临行之前上书后主，阐述了北伐的必要性以及对后主刘禅治国寄予的期望，言辞恳切，劝勉后主要广开言路、严明赏罚、亲贤远佞，以此兴复汉室；同时也表达自己以身许国，忠贞不贰的思想感情："臣本布衣，躬耕于南阳，苟全性命于乱世，不求闻达于诸侯。先帝不以臣卑鄙，猥自枉屈，三顾臣于草庐之中，咨臣以当世之事，由是感激，遂许先帝以驱驰。后值倾覆，受任于败军之际，奉命于危难之间，尔来二十有一年矣。""先帝知臣谨慎，故临崩寄臣以大事也。受命以来，夙夜忧叹，恐托付不效，以伤先帝之明……此臣所以报先帝，而忠陛下之职分也。"此后，诸葛亮为实现统一大业亲率大军北伐，出斜谷道，据武功五丈原（今陕西省宝鸡市岐山南），屯田于渭滨，与司马懿对峙于渭南。司马懿曾向蜀汉使者询问诸葛亮的睡眠、饮食和办事多少，不打听军事情况，使者答道："诸葛公夙兴夜寐，罚二十以上，皆亲揽焉；所啖（dàn）食不至数升。"诸葛公早起晚睡，凡是二十杖以上的责罚，都亲自披阅；所吃的饭食不到几升。司马懿据此认为诸葛孔明进食少而事务烦，他活不了多久了。司马懿乃分兵屯田，在魏国境内与百姓共同种粮自给自足，打算长期驻扎下去，但诸葛亮却因过于操劳而病重。建兴十二年（234）八月，诸葛亮病故于五丈原，享年五十四岁。杨仪等率军还，姜维等遵照诸葛亮遗嘱，秘不发丧，缓缓退军。司马懿率军追击，见蜀汉军帅旗飘扬，孔明羽扇纶巾坐在车里。司马懿怀疑是孔明用计诱敌，赶紧策马收兵，于是便有"死诸葛吓走生仲达"，即死诸葛吓走活仲达一事。可见，诸葛亮真正是因为身心交瘁、积劳成疾才死于军中。诸葛亮从隆中出山至病逝于岐山五丈原军中，忧国恤民，忠于刘蜀，起思安，居思危，夙夜操劳二十七载，把毕生精力贡献给了刘蜀事业，实现了他"鞠躬尽力，死而后已"（《三国志·诸葛亮传》）的铿锵誓言，赢得了后人的景仰和推崇。在中国历史上，诸葛亮是智慧的代表，是忠臣的楷模。

丧亲章第十八

【原文】

子曰："孝子之丧亲也，哭不偯①，礼无容②，言不文③，服美不安④，闻乐不乐⑤，食旨不甘⑥，此哀戚之情也⑦。三日而食，教民无以死伤生⑧。毁不灭性⑨，此圣人之政也。丧不过三年，示民有终也⑩。为之棺、椁、衣、衾而举之⑪；陈其簠、簋而哀戚之⑫；擗踊哭泣⑬，哀以送之⑭；卜其宅兆⑮，而安措之⑯；为之宗庙，以鬼享之⑰；春秋祭祀，以时思之。生事爱敬，死事哀戚，生民之本尽矣⑱，死生之义备矣⑲，孝子之事亲终矣。"

【注释】

① 偯（yǐ）：唐玄宗《御注》："气竭而息，声不委曲。"哭的余声曲折委婉。不偯：是指哭的时候，哭声随气息用尽而自然停止，发不出悠长的哭腔。

② 容：仪表，仪容。礼无容：是说丧亲时孝子的行为举止不讲究礼仪容姿。

③ 文：有文采，指文辞方面的修饰。言不文：唐玄宗《御注》："不为文饰"，是说丧亲时孝子说话不应讲究文辞修饰，词藻华丽。

④ 服美：穿着华美的衣服。服美不安：是说孝子丧亲时穿着华美的衣服会于心不安，按照丧礼规定要穿缞（cuī）麻。

⑤ 前一"乐"字读 yuè，指音乐，后一"乐"字读 lè，指快乐。闻乐不乐：唐玄宗《御注》："悲哀在心，故不乐也。"丧亲心中悲哀，孝子听到音乐也并不感到快乐。按照丧礼规定，孝子在服丧期内不得演奏或欣赏音乐。

⑥旨：美味的食品。食旨不甘：唐玄宗《御注》："不甘美味，故蔬食水饮。"孝子丧亲时吃着美味的食物也会因为哀痛不觉得好吃，所以就吃素食，喝白开水。

⑦哀戚：忧愁，悲哀。

⑧"三日"二句：《礼记·问丧》："水浆不入口，三日不举火，故邻里为之糜粥以饮食之。"唐玄宗《御注》："不食三日，哀毁过情，灭性而死，皆亏孝道，故圣人制礼施教，不令至于殒灭。"丧礼规定，孝子三天之内不进食，三天之后即进粥食；不要因为哀痛死者长久不吃饭而伤害活人的身体，甚至死亡，因其与孝道不合。

⑨毁：破坏、损害，指因悲哀过度而损坏身体健康。性：命。毁不灭性：《礼记·檀弓下》："毁不危身，为无后也。"指不能过分悲伤而损坏身体，危及生命，造成无后也是大不孝。

⑩"丧不过"二句：唐玄宗《御注》："三年之丧，天下达礼，使不肖企及，贤者俯从。夫孝子有终身之忧，圣人以三年为制者，使人知有终竟之限也。"孝子为父母之死服丧不超过三年，教民行孝，在礼制上是有终止时间的。

⑪棺、椁（guǒ）：古代棺木有两重，里面的一套叫棺，外面的一套叫椁。衣：寿衣。衾（qīn）：被子，此指为死者入殓时盖的大被子。

⑫簠（fǔ）：古代祭祀时盛放黍、稷、粱、稻等食物的器具，基本形制为长方形，盖和器身形状相同，大小一样，上下对称，合则一体，分则为两个器皿。簋（guǐ）：古代祭祀时用于盛放煮熟的饭食的器皿，圆口，双耳。陈其簠、簋而哀戚之：丧礼规定，从父母去世，到出殡入葬，死者的身旁都要供奉食物，用簠、簋、鼎、笾、豆等器具盛放，此处只举簠、簋为代表。

⑬擗（pǐ）踊（yǒng）：用手拍胸，以脚顿地。

⑭送：指出殡、送葬。

⑮卜：占卜。宅：墓穴，阴宅。兆：墓地的界线。

⑯措，或作"厝"（cuò），二字可通，安置，措置。安措：停放灵柩待葬或浅埋以待正式安葬。

⑰"为之"二句：根据古代礼制，父母安葬后，要建家庙或宗祠，三年丧礼结束后移灵于宗庙，以鬼神之礼祭祀。

⑱ 生民：人民。本：根本，指孝道。

⑲ 义：此指礼仪制度。

【译文】

孔子说："孝子在父母去世之时，要哭得声嘶力竭，发不出悠长的哭腔，举止行为失去了平时的礼仪容姿，言语没有了条理文采，穿上华美的衣服就心中不安，听到美妙的音乐也不快乐，吃美味的食物不觉得可口，这是做子女的因失去亲人而悲痛哀伤的表现。丧礼规定，父母去世后三天，孝子应当开始吃饭，这是教导人民不要因为哀悼死者而伤害了生者的身体。不能过分悲伤而损坏健康，危及生命，这是圣人的为政之道。孝子为父母服丧不超过三年，教民行孝，在礼制上是有终止期限的。办丧事的时候，要为去世的父母准备好棺材、外棺、穿戴的衣饰和铺盖的被子等，妥善地将遗体装殓好；摆好簠、簋各类祭奠器具，盛放上供奉的食物，以寄托孝子的哀痛和悲伤。出殡的时候，捶胸顿足，号啕大哭，悲痛万分地送葬。占卜墓穴吉地，妥善地加以安葬。兴建祭祀用的家庙或宗祠，三年丧礼结束后移灵于宗庙，以鬼神之礼祭祀。以后按照时令举行祭祀，以表明孝子每逢季节变化都在思念亡故的亲人。父母活着的时候，以爱敬之心奉养父母；父母去世之后，以哀痛之情料理后事，能够做到这些，就算尽到了孝道，养生送死的各种礼仪才算是完备了，也才算是完成了作为孝子侍奉亲人的责任和义务。"

【解读】

本章讲亲人去世后孝子应行孝之终，应遵循"生事爱敬，死事哀戚"的原则，即指在父母活着的时候孝之以爱敬之心，父母去世的时候孝之以悲伤之情。

本章从"子曰"到"示民有终也"，邢昺《疏》云："此夫子述丧亲之义，言孝子之丧亲，哭以气竭而止，不有余偯之声；举措进退之礼，无趋翔之容；有事应言，则言不为文饰；服美不以为安；闻乐不以为乐；假食美味不以为甘：此上六事，皆哀戚之情也。'三日而食'者，圣人设教，无以亲死多日不食伤及生人；虽即毁瘠，不令至于殒灭性命：此圣人所制丧礼之政也。又服丧不过三年，示民有终毕之限也。"《古文孝经指解》司马光曰："偯，声余从容也。皆内忧，不假外饰。甘，美味也。此皆民自有之情，非圣人强之。礼，三年之丧，三日不食，过三日则伤生矣。灭性，谓毁极失志，变其常性也。政者，正也。以正义裁制其情。孝子有终身之忧，然而遂之，则是无穷也。故圣人为之立中制节，以为'子生三年，然后免于父母之怀'，故以三年为天下之通丧也。举者，举以纳诸棺也。谓朝夕奠之。谓祖载以之墓也。擗，拊心也。踊，跃也。男踊而女擗。宅，冢穴也。兆，墓域也。措，置也。送形而往，迎精而返，为之立主以存其神。三年丧毕，迁祭于庙，始以鬼礼事之。言春秋则包四时矣。孝子感时之变而思亲，故皆有祭。"《古文孝经指解》范祖禹曰："古者葬之中野，厚衣之以薪，丧期无数。后世圣人为之中制，中则欲其可继也，继则欲其可久也，措之天下而人共守焉。圣人未尝有心于其间，此法之所以不废也。是故苴衰之服，饘粥之食，颜色之戚，哭泣之哀，皆出于人情。不安于彼而安于此，非圣人强之也。三日而食，三年而除，上取象于天，下取法于地，不以死伤生，毁不灭性，此因人情而为之节者也。"项霦《孝经述注》注曰："哀戚之情，出乎天性自然，非假强饰。偯哭有余，剩转曲声。容善容仪，以饰观美。凡有一毫矫伪不诚，则失其本性矣……圣人顺中正以制礼，使贤者俯而就之，不肖者跂而及之。"孝子要尽哀戚之情，在哭声、礼容、言语、服饰、音乐、食物六件事情上依礼制而行，特别要遵守三日而食，丧不过三年的礼制。这些礼制既能表达丧亲之哀，也体现了不以死伤生，丧而有终的精神。

黄道周《孝经集传·丧亲章》注曰："子曰：'丧与其易也，宁戚。'易，则文也，戚则质也。天下之文不能胜质者，独丧也。圣人以孝教天下，本于人所自致而致之……擗踊、号泣、啜水、枕块、苴杖、居庐、哀至则哭，升降不由阼阶，出入不当门隧，默而不唯，唯而不对，对而不问，此非有物力致饰于死也。凡若是者，性也。性者，教之所自出也。因性立教，而后道德仁义从此出也。夫谈道德仁义于孝子之前者，抑末矣。故以丧礼立教，犹万物之反首于霜雪也。帝王礼乐之所著根也。""性而授之以节，谓之教，教因性也。三日而食粥，三年而终丧，犹三日而瞑，三年而明语也。知生谓之理，知终谓之道，知制谓之法。理不可谕，道不可告。因性立教，则贤者可抑而退，不肖者可挽而进也。然则上古有以毁灭性，有以丧逾制者乎？曰：未之有也。未之有而禁之，何也？曰：圣人之教也，以谓世皆孝子也。尊性而明教，欲与世之孝子共准于道。然则是不已文与？曰：其情有余也，而裁之质，则犹未为文也。"他认为，本章丧礼的具体仪节是本于孝子的人性竭尽自己的心力就行，不一定非要求耗费财物人力把仪式搞得多么奢华。圣人以丧礼教化世人，是因性立教，而后形成道德仁义，是礼乐的根本。丧礼是符合人性人情、尊重生命的，三日而食粥，三年而终丧，其中包含着尊性明教、称情立文的道理。

黄道周《孝经集传·丧亲章》传文部分还引《礼记·问丧》："辟踊哭泣，哀以送之，何也？送形而往，迎精而反也。其往送也，望望然，汲汲然，如有追而弗及也。其反哭也，皇皇然，若有求而弗得也。故其往送也如慕，其反也如疑。求而无所得也，入门而弗见也，上堂又弗见也，入室又弗见也，亡矣，丧矣，不可复即矣。故哭泣辟踊，尽哀而已矣。怅焉怆焉，惚焉忾焉，心绝志悲而已矣。祭之宗庙，以鬼享之，徼幸复反也。成圹而归，不敢入处室，居于倚庐，哀亲之在外也。寝苫枕块，哀亲之在土也。故哭泣无时，服勤三年，思慕之心，孝子之志也，人情之实也"，并发挥说："孝子之志，非父所制也。故曰：礼义之经，非从天降也，非从地出也，人情而已。极于人情之为质，从人情而著焉之为文。"亲人去世后的丧礼仪式，都是依据人的情感而制定的。情感为丧礼的本质，仪节为丧礼的文饰。

关于"三日而食"，《礼记·檀弓上》载曾子谓子思曰："伋！吾执亲之丧也，水浆不入于口者七日。"子思曰："先王之制礼也，过之者俯而就之，不至焉者，跂而及之。故君子之执亲之丧也，水浆不入于口者三日，杖而后能起。"曾子丧亲七日不饮食，有点过了，子思认为不符合丧礼的要求。

从现代科学来讲，七日不饮食达到了生命的极限，会伤害身体，甚至导致死亡。

"三年之丧"是古代礼制中居丧制度的规定，对孝子在亲人去世后的服饰、言容、居处、娱乐、饮食等都有详细的要求。为什么说要三年？《礼记·三年问》云："夫三年之丧，天下之达丧也。"郑玄云："达，谓自天子至于庶人。"就是说，三年之丧是古代自天子至于庶人即所有人通用的丧礼期限。三年之丧合乎中庸之道，《礼记·丧服四制》曰："此丧之所以三年，贤者不得过，不肖者不得不及，此丧之中庸也。"礼制上虽然是三年之丧，其实二十五个月就结束了。

追根溯源，"三年之丧"的形成有一个历史过程。目前学界关于"三年之丧"起源的学术观点分歧很大，至今还没有确切、明了的答案。丧葬习俗可能早在氏族社会就已出现，但在丧葬习俗产生的早期阶段，丧期是不确定的，会因时因地因人而有所不同，甚至根本就没有丧葬期限的规定。《周易·系辞下》所谓"古之葬者……丧期无数"，《晋书·志第十·礼中》："臣闻上古丧期无数，后世乃有年月之渐。"可能最初在亲人从死亡到安葬一段时间内，为了表达生者哀痛之情，家人和亲属在饮食起居等方面形成与平时不同的行为，又因人、因时、因地、因民族而表现各异，并无统一的标准。关于"三年之丧"的具体产生，《礼记·三年问》曰："故三年之丧，人道之至文者也。夫是之谓至隆，是百王之所同，古今之所壹也，未有知其所由来者也。"《礼记》作者认为是上古传下来的，但已弄不清楚具体来历了。当今学界多认为"三年之丧"的形成和确立与孔子及先秦儒家学派有密切关系，但未必就是孔子与儒家学派的创制，因为早于孔子的叔向就已在提倡"三年之丧"了，《左传·昭公十五年》："王一岁而有三年之丧二焉。"杜预注："天子绝期，唯服三年，故后虽期，通谓之三年丧。"齐国晏婴为父服三年之丧。《左传·襄公十七年》："齐晏桓子卒，晏婴粗缞斩，苴绖、带、杖，菅屦食粥，居倚庐，寝苫，枕草。"这就近似于"三年之丧"的礼制。由孔子开始，儒家学者对"三年之丧"很重视，论述最为系统、倡导最力者当推孔、孟、荀，并将其发展为礼制，这就是《仪礼·丧服》中所提出的子为父母、妻为夫、臣为君的三年丧期（实际为二十七个月）。《礼记》又对三年丧期内的守丧行为在容体、声音、言语、饮食、衣服、居处等方面提出了具体的标准，如丧期内不得婚嫁，不得娱乐，不得洗澡，不得饮酒食肉，不能与妻妾同房，不得有任何庆祝活动，不得在节日拜访亲友，最好是守制期间在父（母）墓前搭建简陋草庐独居三年，在外做官的必须告假回家守孝三年，称为丁忧，等等。

《论语·学而》载：子曰："父在观其志，父没观其行，三年无改于父之道，可谓孝矣。"《论语·阳货》载宰我问孔子："三年之丧，期已久矣！君子三年不为礼，礼必坏；三年不为乐，乐必崩。旧谷既没，新谷既升，钻燧改火，期可已矣。"子曰："食夫稻，衣夫锦，于女安乎？"曰："安。""女安！则为之！夫君子之居丧，食旨不甘，闻乐不乐，居处不安，故不为也。今女安，则为之！"宰我出。子曰："予之不仁也！子生三年，然后免于父母之怀。夫三年之丧，天下之通丧也。予也，有三年之爱于其父母乎？"孔子告诉我们，每个人都由父母所生，父母把孩子生下来以后，起码三年离不开父母的怀抱。父母抱持、护佑、养育，都在父母怀里。直到三岁才慢慢离开父母的怀抱。这一重养育之恩子女应该报答。所以行丧用三年的时间，是体现儿女对父母的报恩之情。刘向《说苑·修文》谈到这个问题时就说："子生三年，然后免于父母之怀，故制丧三年，所以报父母之恩也。"

《孟子·万章上》曰："《尧典》曰：'二十有八载，放勋乃徂落，百姓如丧考妣，三年，四海遏密八音。'……舜既为天子矣，又帅天下诸侯以为尧三年丧。"又曰："舜相尧二十有八载，……尧崩，三年之丧毕，舜避尧之子于南河之南，天下诸侯朝觐者，不之尧之子而之舜。……舜崩，三年之丧毕，禹避舜之子于阳城。……禹崩，三年之丧毕，益避禹之子于箕山之阴。"《孟子·滕文公上》又曰："三年之丧，齐疏之服，饘粥之食，自天子达于庶人，三代共之。"《孟子·尽心上》亦云："不能三年之丧，而缌、小功之察；放饭流歠，而问无齿决，是之谓不知务。"不能够施行三年的丧礼，却仔细地讲求缌麻三月、小功五月的丧礼；在尊长面前进餐，大口吃饭，大口喝汤，却讲求不用牙齿咬断干肉，这就叫不识大体。可以看出，按照孟子的说法，"三年之丧"早在尧舜时代就已存在，至夏商周三代则更成为"自天子达于庶人"的通行制度。孟子的说法不一定看成对"三年之丧"的历史考证，倒可以看作是对"三年之丧"的当代重构。

《荀子·礼论》有一大段文字讨论"三年之丧"："三年之丧，何也？曰：称情而立文，因以饰群、别亲疏贵贱之节而不可益损也。故曰：无适不易之术也。创巨者其日久，痛甚者其愈迟，三年之丧，称情而立文，所以为至痛极也。齐衰，苴杖，居庐，食粥，席薪，枕块，所以为至痛饰也。三年之丧，二十五月而毕，哀痛未尽，思慕未忘，然而礼以是断之者，岂不以送死有已，复生有节也哉！凡生乎天地之间者，有血气之属必有知，有知之属莫不爱其类。今夫大鸟兽则失亡其群匹，越月逾时，则必反铅；过故乡，则必徘徊焉，鸣号焉，蹢躅焉，踟蹰焉，然后能去之也。小者是燕爵，犹有啁噍之顷焉，然后能去之。故有血气之属莫知于人，故人之于其亲也，至死无穷。将由夫愚陋淫邪之人与？则彼朝死而夕忘之，然而纵之，则是曾鸟兽之不若也，彼安能相与群居而无乱乎？将由夫修饰之君子与？则三年之丧，二十五月而毕，若驷之过隙，然而遂之，则是无穷也。故先王圣人安为之立中制节，一使足以成文理，则舍之矣。然则何以分之？曰：至亲以期断。是何也？曰：天地则已易矣，四时则已遍矣，其在宇中者莫不更始矣，故先王案以此象之也。然则三年何也？曰：加隆焉，案使倍之，故再期也。由九月以下何也？曰：案使不及也。故三年以为隆，缌、小功以为杀，期、九月以为间。上取象于天，下取象于地，中取则于人，人所以群居和一之理尽矣。故三年之丧，人道之至文者也。夫是之谓至隆，是百王之所同，古今之所一也。"这就在孔孟基础上更详尽地论证了"三年之丧"的意义、价值、期限，体现了儒家人文精神。《礼记·三年问》与《荀子·礼论》这一段文字基本相同，历代学者均认为是《礼记》编者摘录了《荀子·礼论》。

重视"三年之丧"还反映在历代法律之中，如对官员有"丁忧"之制。

丁忧，又称"丁艰"，据《尔雅》"丁，当也"，是"遭遇、遭逢"的意思，是古代遭逢父母之丧的统称，其形成时间最早可追溯到西周，当时是一种丧葬习俗。汉代受《孝经》和以孝治天下思想的影响，更加注重丁忧，《春秋公羊传·宣公元年》："古者臣有大丧，则君三年不呼其门。"《礼记·王制》云："父母之丧，三年不从政。"《礼记·丧服四制》云："始死，三日不怠，三月不解，期悲哀。三年忧，恩之杀也。"汉朝以后以法律的形式规定，凡是丁忧期间，子女不得婚娶，不得娱乐，不得生育，不得远游。如果是官员（主要指文官）遭遇丁忧，需要解职回乡守制。因此，丁忧从汉朝以前的习俗，变成了汉朝以后的法律，凡是违背丁忧规定的人，都会遭到惩处。唐朝丁忧服丧被纳入相关法律细则条文，凡有违丁忧规定的各类行为，均被列为犯"不孝"罪而被施以严厉的刑律惩罚，如《唐律疏议·职制》载："诸闻父母若夫之丧，匿不举哀者，流二千里；丧制未终，释服从吉，若忘哀作乐，自作、遣人等，徒三年。""父母之丧，法合二十七月，二十五月内是正丧，若释服求仕，即当'不孝'，合徒三年；其二十五月外，二十七月内，是'禫制未除'，此中求仕，名为'冒哀'，合徒一年。"《唐律疏议·诈伪》载："诸父母死应解官，诈言余丧不解者，徒二年半。"《疏》议曰："父母之丧，解官居服。而有心贪荣任，诈言余丧不解者，徒二年半。"唐代这一"解官居服"的条文几乎原封不动地被宋、明、清各代沿袭，而且历代朝廷还以天子诏令反复告诫群臣，一再重申丁忧必须解官的丧礼原则。如宋代，诏"在官丁父母忧者，并放离任"（《礼仪典》卷五七《丧葬部汇考二十一》）。明代，诏"百官闻父母丧，不待报，得去官"（《明史·孝义传》）。可见，官员丁忧解官，既是封建国家强制性立法条律，同时也是古代官场相袭沿用的既定人事行政陈规。

但是，古代官员在丁忧期间的不孝行为，史书不绝。如有些官员为了不失去手中的权力，会"匿丧不举"，即隐瞒父母的丧事。由于古代通信不发达，朝廷也不好一一核实，因此，这种事情屡屡发生。而这种事情一旦被发现，就意味着这名官员是"不忠不孝"之人，将受到惩罚。据《旧五代史》记载："滑州掌书记孟升匿母服，大理寺断处流，特赦孟升赐自尽。"五代时期，滑州有一名叫孟升的官员，隐瞒母亲去世的消息，最后事发，被赐自尽，后来又被改判死刑。丁忧期间，不得娶亲生子，不得行房事，不得娱乐，不得远游。但有些人禁不住诱惑，在丁忧期间偷偷作乐，《续资治通鉴长编》卷八"太祖乾德五年"条记载："工部侍郎毋守素免，坐居父昭裔丧纳妾"，毋守素因"大不孝"受到惩处，政治前途从此断送。还有居丧生子的，《后汉书·陈蕃传》记载了这样一个故事：有个叫赵宣的人，在葬亲后没有关闭墓道，一连二十多年都住在墓道里，因此成了著名孝子，于是郡长官举为孝廉，推荐他做官。后来新上任的刺史陈蕃，慕名前来拜访，却发现他有五个不到二十岁的儿女，都是在墓道守丧期间与妻子所生，这就说明他违反了居丧期间夫妇不可同房的规定，于是大怒，立即剥夺了州郡给赵宣的各种荣誉称号，宣布其罪状，并把他囚禁起来，给他以惩罚。赵宣本想以居丧持久来哗众取宠，却不料身败名裂，成了天下笑柄。

因丁忧的时间长达三年，必然会使朝廷的行政中断，尤其是身居要职者的丁忧，于是"夺情"便是针对这一问题所制定的制度。古代官员遇到丁忧，如果朝廷因为特殊情况，比如政治或军事方面的需要，官员不得回乡丁忧，必须留在朝廷，或者官员已经回乡丁忧但期限未满，朝廷提前强令召回，这两种情况都叫"夺情"，意思是为国家夺去了孝亲之情，让官员牺牲小我，成全大我。当然，"夺情"也不是完全剥夺官员尽孝的机会，也有通融之处，如官员可以着素服办事，让官员的副手代为打理丧事。丁忧遇到夺情则必须服从。一般情况下，只有担任中央朝廷要职的官员才会遇到夺情的情况。但在历史上，有些官员贪恋权位，向朝廷隐瞒丧亲事实；有些官员为了个人私欲，奔走官场，利用各种手段营求起复。为此，历代朝廷又出台对此种情况的惩治法律。如《明会典》卷十一载英宗正统十二年（1447）规定，大小官员丁忧者不许保奏夺情起复。明世宗朱厚熜也于正德十六年（1521）"命自今亲丧不得夺情，著为令"（《明史·世宗一》）。不但再次重申官员不得夺情，而且还将其制定成了法令。

明朝内阁首辅张居正夺情一事即是一个重要的历史事件。万历五年（1577），张居正的父亲去世，当时张居正官居内阁首辅，举足轻重，正推行其变法改革。按明朝的规矩，张居正必须丁忧，回乡为父亲守孝三年。一方面，张居正身居高位，首辅只有一个，他不愿意离开权力中心；另一方面明神宗离不开张居正。据史书记载，"张居正父丧讣至，上以手谕宣慰……然亦无意留之"，意思就是明神宗朱翊钧虽然下诏安慰，但此时却并没有明确表示让张居正夺情。（《明史纪事本末·江陵柄政》）张居正为了继续推进改革，便选择夺情，他"示意冯保，使勉留焉"，联合当时的司礼监宦官冯保里应外合，一边提交奏章申请丁忧，一边又让冯保暗中干预明神宗的决策，使得明神宗下诏"夺情"。（《明史纪事本末·江陵柄政》）当时的明神宗才十四岁，对张居正十分依赖，且很快就在冯保的干预下，给张居正发了一道诏书："朕冲年垂拱仰成，顷刻离卿不得，安能远待三年？"张居正的夺情一不符合"礼制"，是不孝；二不符合明朝"纲常"，是不忠。于是吴中行、赵用贤、艾穆、沈思孝、邹元标等"交章劾居正忘亲贪位"，弹劾张居正。明神宗为了保张居正留在朝廷，"以论张居正夺情，杖编修吴中行、检讨赵用贤、员外郎艾穆、主事沈思孝，罢黜谪戍有差"，利用皇权表示张居正务必夺情之后，张居正的"夺情"事件才算告一段落。（《明史·神宗一》）

本章中间部分讲父母去世以后孝子应做的六件事情，即入殓、供祭、哭送、卜墓安葬、入宗庙和春秋祭祀这些礼仪形式，就是所谓的送终之礼。邢昺《疏》云："此言送终之礼，及三年之后宗庙祭祀之事也。言孝子送终，须为棺椁衣衾也。大敛之时，则用衾而举尸内于棺中也。陈设簠簋之奠，而加哀戚。葬则男踊女擗，哭泣哀号以送之。亲既长依丘垄，故卜选宅兆之地而安置之。既葬之后，则为宗庙，以鬼神之礼享之。三年之后，感念于亲，春秋祭祀，以时思之也。"《古文孝经指解》范祖禹曰："死者人之大变也，为之棺椁者为使人勿恶也，擗踊哭泣为使人勿背也，措之宅兆为使人勿亵也，春秋祭祀为使人勿忘也，情文尽于此矣，所以常久而不废也。夫有生者必有死，有始者必有终，生事之以礼，死葬之以礼，祭之以礼，则可谓孝矣。事死如事生，事亡如事存者，孝之至也。"做好这一切事情，就尽到了孝子的责任和义务。项霦《孝经述注》注曰："外棺曰椁。簠簋，祭器。擗，手击胸。踊，足顿地。宅兆，坟茔也。孝子事亲，始终之道，爱敬侍养，所以奉其生也。棺衾敛葬，所以藏其魄也。陈奠哭恸，所以哀其亡也。宗庙祭祀，所以安其灵而永孝思也。凡养生送死奠祭之义，莫不因其本然自有之德性，以尽其终身孺慕诚孝之心而已矣。"项霦更阐明了孝子在父母去世后做好这一系列礼仪形式是出自人的本然德性，是对生前侍奉双亲孝行的延续，其中每一个环节都具有特定的意义。黄道周《孝经集传·丧亲章》注曰："若是者，皆质也。质者，尧、禹皇王所不能增，辛癸黎庶所不能减也。以六者送死，重隧埴袷（zhí xiá）不必有余，悬窆羔豚不必不足，其归于六物者则已矣。故天子、卿大夫、士、庶人等制不一，而各有以自致。不一者，谓之文。自致者，谓之质。文有损益，质无损益，而戎狄、释老必欲起而乱之，卒不能乱者，是先王之教以人性为之根柢也。"黄道周认为这六个方面是丧礼的"质"，不能增减；但具体献祭之物可以根据社会地位、经济能力而有差别，这就是丧礼的"文"。文有损益，质无损益，文质统一，不能混乱，就是先王以人性为根柢的礼教。

《吕氏春秋·节丧》云："古之人有藏于广野深山而安者矣，非珠玉国宝之谓也，葬不可不藏也。葬浅则狐狸抇（hú）之，深则及于水泉。故凡葬必于高陵之上，以避狐狸之患、水泉之湿。此则善矣，而忘奸邪、盗贼、寇乱之难，岂不惑哉？譬之若瞽师之避柱也，避柱而疾触杙（yì）也。狐狸、水泉、奸邪、盗贼、寇乱之患，此杙之大者也。慈亲孝子避之者，得葬之情矣。善棺椁，所以避蝼蚁、蛇虫也。"古代的人死后被埋葬在深山旷野而落得安静，不是有珠玉国宝的原因，是因为埋葬不可以不深藏。埋葬得浅了就会被狐狸挖到，埋葬得深了就会碰到地下的泉水。所以，凡是墓葬一定要选在高丘的上面，以避免狐狸挖掘、泉水弄湿的祸患。这样做好是好，但忘记了有歹徒、盗贼、匪寇的祸害，难道不是糊涂吗？就像盲乐师要避开柱子，却用力地撞到了木桩子上。狐狸、水泉这些就像柱子一样，而歹徒、盗贼、匪寇就像巨大的木桩子。慈爱的双亲、孝顺的子女能够避开这些祸患，就是懂得了安葬的意义。好的棺木，就可以用来避免蝼蚁、蛇虫的蛀蚀。《吕氏春秋·节丧》阐明了棺椁、墓穴、陪葬等的意义，不过主要讨论的是节葬问题。

本章最后"生事爱敬，死事哀戚，生民之本尽矣，死生之义备矣，孝子之事亲终矣"是总结，唐玄宗《御注》："爱敬哀戚，孝行之始终也。备陈死生之义，以尽孝子之情。"邢昺《疏》云："此合结生死之义。言亲生则孝子事之，尽于爱敬；亲死则孝子事之，尽于哀戚。生民之宗本尽矣，死生之义理备矣，孝子之事亲终矣。言十八章，具载有此义。"对于亲人，爱敬是孝行之始，哀戚是孝行之终，活着时要尽于爱敬，亡逝后要尽于哀戚，人的立身之道、死生之理都包含在这里了。《古文孝经指解》司马光曰："夫人之所以能胜物者，以其众也。所以众者，圣人以礼养之也。夫幼者，非壮则不长；老者，非少则不养；死者，非生则不藏。人之情莫不爱其亲，爱之笃者，莫若父子，故圣人因天之性，顺人之情而利导之，教父以慈，教子以孝，使幼者得长，老者得养，死者得藏。是以民不夭折、弃捐，而咸遂其生，日以繁息，而莫能伤。不然，民无爪牙、羽毛以自卫，其殄灭也，必为物先矣。故孝者，生民之本也。"人与动物不同的是人能合众而成群，组成社会，而社会需要礼义规范。抚幼养老，父慈子孝，人类得以繁衍生息，绵延不绝。在这个意义上说，孝乃生民之本。黄道周《孝经集传·丧亲章》注曰："孝子之事亲终，则先王之道德亦终矣。先王之道德终者，何也？天地之道，有终有始，鬼神之义，一屈一伸。神明之行始于东方而终于北方，礼乐之情发于忧乐而极于敬爱。庆赏刑威，先王贵之而有所用也。本生则末生，本尽则末尽。以爱敬而事生，天下之人皆有以事其生；以哀戚而事死，天下之人皆有以事其死。皆有以事其生，则铏羹、藜臭等于五鼎；皆有以事其死，则孺泣、号咷齐于七庙。故义者文也，本者质也，本尽则义备，质尽则文至。然且孝子皆有崇祀上配，富有享保之思，则是皆无有尽也。故圣人著其真质，以示其至要。曰：先王之所教顺底于无怨者，不过若此而已，使世之王者皆由其道以教民爱敬，感民哀戚，养生送死各致其质，则天下大治。"天地之道，有始有终，孝子事亲，亦有始有终。以爱敬事生，以哀戚事死，是孝行之本，体现了生死大义。先王以此为教，使人们都明白养生送死之道，就能使天下大治。

儒家历来十分重视为死者送终的丧礼，并特别重视丧礼所体现的内在精神。在《论语》中，《子罕》篇孔子说到人生的几件大事："出则事公卿，入则事父兄，丧事不敢不勉，不为酒困，何有于我哉？"丧事为其中大事之一。《为政》篇载孔子说："生，事之以礼；死，葬之以礼，祭之以礼。"父母活着时，要以礼侍奉；父母去世后，要按照礼仪为他们安葬和进行祭祀活动。《子张》篇曾子曰："吾闻诸夫子，人未有自致者也，必也亲丧乎。"父母之丧时，人子必极尽其哀戚之情。《孟子·离娄下》说："养生者不足以当大事，惟送死可以当大事。"《礼记·祭统》曰："孝子之事亲也，有三道焉：生则养，没则丧，丧毕则祭。养则观其顺也，丧则观其哀也，祭则观其敬而时也。尽此三道者，孝子之行也。"孝子侍奉父母不外乎三件事：头一件是生前好好供养，第二件是身后依礼服丧，第三件是服丧期满要按时祭祀。在供养这件事上可以看出做儿子的是否孝顺，在服丧这件事上可以看出他是否哀伤，在祭祀这件事上可以看出他是否虔敬和按时。这三件事都做得很好，才配称作孝子的行为。《孔子家语·五刑解》曰："不孝者生于不仁，不仁者生于丧祭之无礼，明丧祭之礼，所以教仁爱也。能教仁爱，则服丧思慕。祭祀不解人子馈养之道。丧祭之礼明，则民孝矣。"《荀子·礼论》篇曰："礼者，谨于治生死者也。生，人之始也；死，人之终也；终始俱善，人道毕矣。故君子敬始而慎终。终始如一，是君子之道，礼义之文也。"礼，对待生死是很严谨的。生，是人生的开端；死，是人生的终结；能够按礼正确对待生和死，那么为人之道也就完备了。所以，君子严谨地对待生与死，始终如一，这就是君子的原则，这是礼义的具体规定。《弟子规》也说："丧尽礼，祭尽诚，事死者，如事生。"这些都是对孔子思想的阐发，强调生之孝敬，死之丧礼，死后的祭礼是对父母孝道的善始善终，是君子应有的修养之道。

《论语·子张》篇子游曰："丧致乎哀而止。"居丧尚有悲哀之情，而不尚繁礼文饰。既已哀，则当止，不当过哀以至毁身灭性。《说苑·建本》云："处丧有礼矣，而哀为本。"丧礼最重要的是表达子女的哀戚之情，哀戚为丧礼之本。

《礼记·曲礼上》："居丧之礼：毁瘠不形，视听不衰，升降不由阼（zuò）阶，出入不当门隧。居丧之礼：头有创则沐，身有疡则浴，有疾则饮酒食肉，疾止复初。不胜丧，乃比于不慈不孝。五十不致毁，六十不毁，七十唯缞麻在身，饮酒食肉，处于内。"居丧之礼：虽因哀伤而消瘦，但不可至于形销骨立，并且视力听力亦可保持正常，这样才能应付丧事。唯在家里，上下不走家长常走的台阶，进出不经过当中的甬道，就像家长还活着的时候。居丧之礼：若头上生疮，可以洗头；身上生疮，可以洗澡。若害病，仍可以食肉饮酒，但到了病愈，就得恢复居丧之礼。如果承当不了丧事的哀痛而病倒了，那就是不慈不孝。年纪到了五十岁，可不必哀伤至毁；六十岁，可不因哀伤而消瘦；七十岁的人服丧，只要披麻戴孝，无须损及体力，照常饮酒食肉，而且住在屋里。

《大戴礼记·曾子大孝》云："父母既殁，以哀祀之加之，如此谓礼终矣。"父母去世，孝子悲哀地举行祭祀，这样就叫作事亲之礼的终结。《大戴礼记·曾子本孝》亦云："故孝之于亲也，生则有义以辅之，死则哀以莅焉，祭祀则莅之以敬。如此，而成于孝子也。"所以对父母行孝，父母在世的时候，用道义辅助他们不犯过错；父母去世以后，以哀痛之心情亲自为他们治丧，以恭敬的态度亲自祭祀他们。如果能够做到这些，就成为孝子了。

郭居敬《全相二十四孝诗》之"刻木事亲"讲述了孝子丁兰的孝行。"汉丁兰，幼丧父母，未得奉养，而思念劬劳之恩，刻木为像，事之如生。其妻久而不敬，以针戏刺其指，则出血。木像见兰，又眼中垂泪。兰问得其情，将妻出弃之。有诗为颂。诗曰：'刻木为父母，形容如在时。寄言诸子侄，各要孝亲帏。'"丁兰，相传为东汉时期河内（今河南黄河北）人，幼年父母双亡，他思念父母的养育之恩，于是用木头刻成双亲的雕像，事之如生，凡事均和木像商议，每日三餐敬过双亲后自己方才食用，出门前一定禀告，回家后一定面见，从不懈怠。久之，其妻对木像便不太恭敬了，竟好奇地用针刺木像的手指，而木像的手指居然有血流出。丁兰回家见木像眼中垂泪，问知实情，遂将妻子休弃。这个故事虽然不符合事实逻辑，但丁兰这样对木像尊敬，如同父母在世时一样，足以证明他的孝心，也体现了中华民族的传统美德。

结 语

一、《孝经》的历史作用与影响

《孝经》作为我国历史上第一部系统论述孝道的书，从汉代开始，由于其浓厚的人情味和广泛的群众性，在古代政治生活中受到了高度重视，对中国历史产生了深远影响，在规范社会伦理、维护社会秩序、促进社会和谐稳定中发挥了巨大作用。

汉代是对《孝经》及其孝道思想落实和发展完善的重要历史时期，朝廷不遗余力地倡导推行孝治，使孝道思想不断落实到社会政治实践中，同时也促进了孝道思想的发展完善。这方面在《孝治章》中已经有所介绍，这里再作些补充。

汉代循吏是具体落实以孝治天下的地方儒家士大夫，他们大都精通儒家经籍，善于把孝治运用到社会治理之中。韩延寿是其中最为典型、最值得称道的一位，《汉书·韩延寿传》载：韩延寿做颍川太守时，"上礼义，好古教化，所至必聘其贤士，以礼待用，广谋议，纳谏争；举行丧让财，表孝弟有行；修治学官，春秋乡射，陈钟鼓管弦，盛升降揖让，及都试讲武，设斧钺旌旗，习射御之事，治城郭，收赋租，先明布告其日，以期会为大事，吏民敬畏趋乡之。又置正、五长，相率以孝弟，不得舍奸人"。重视礼义教化，表彰孝悌，任用孝廉之人，使得他治下人们的道德素养很高。有一次，他外出办事，要上车的时候，有个骑吏迟到了，韩延寿很不高兴，打算治他的罪，等到韩延寿办完事回到府衙时，一个看门的小卒拦住了他，说："《孝经》里面说：'用侍奉父亲的态度去侍奉国君，尊敬的心是相同的。侍奉母亲采取亲爱之心，侍奉国君采取敬重之心，只有对待父亲是亲爱与敬重兼而有之的。'您今天一早就驾好了车，却迟迟没有出门，当时，骑吏的父亲恰好到府门口，又不敢进来，骑吏听说了，就跑出去谒见父亲，这个时候您正好登车。这名骑吏因为尊敬父亲而被罚，不是有伤教化吗？"韩延寿听罢，非常惭愧，急忙取消了对骑吏的处罚。当时一名不起眼的门吏都能够依据《孝经》来判断是非曲直，可见汉代"孝治"之一斑。

《后汉书·荀爽传》载，荀爽给汉桓帝上书陈述政见说："臣闻之于师曰：'汉为火德，火生于木，木盛于火，故其德为孝，其象在《周易》之《离》。'夫在地为火，在天为日。在天者用其精，在地者用其形。夏则火王，其精在天，温暖之气，养生百木，是其孝也。冬时则废，其形在地，酷烈之气，焚烧山林，是其不孝也。故汉制使天下诵《孝经》，选吏举孝廉。"荀爽借用他老师的话来阐明以火德为德运的汉朝所尊奉的德性应该是孝，所以汉朝定下制度，使天下人都诵读《孝经》，选官吏也是推举孝廉。

《孝经》不仅在汉代政治生活中受到了高度重视，历代统治者对它都非常重视并极力加以利用，加以传扬。《新唐书·选举志》载："凡《礼记》《春秋左氏传》为大经，《诗》《周礼》《仪礼》为中经，《易》《尚书》《春秋公羊传》《穀梁传》为小经。通二经者，大经、小经各一，若中经二。通三经者，大经、中经、小经各一。通五经者，大经皆通，余经各一，《孝经》《论语》皆兼通之。凡治《孝经》《论语》共限一岁。"唐代官学规定：除了有选择性地学习《周易》《诗经》《尚书》以及"三礼"、《春秋》"三传"外，必须兼通《孝经》和《论语》，也就是说《孝经》和《论语》就类似于今天的通识课，都要学习，因为《孝经》和《论语》是教人修身做人、为人处世的基本道理。《新唐书·选举志》又载："凡童子科，十岁以下能通一经及《孝经》《论语》，卷诵文十，通者予官；通七，予出身。凡进士，试时务策五道、帖一大经，经、策全通为甲第；策通四、帖过四以上为乙第。"就是说，童子科举考试要求十岁以下就能通一经，或是《论语》或是《孝经》。《孝经》作为通识课教材要会背诵，通晓义理。另，《唐会要》卷七十五记载：上元元年（674）十二月二十七日，武则天上表曰："……望请王公以下，内外百官，皆习老子《道德经》。其明经咸令习读，一准《孝经》《论语》。所司临时策试，请施行之。"唐高宗从之。这是明经考试中明确策试《孝经》的敕旨。《通典·选举三》记载：唐高宗调露二年（680），"考功员外郎刘思立始奏二科并加帖经。其后又加《老子》《孝经》，使兼通之"。仪凤三年（678）五月高宗下诏："自今已后，《道德经》《孝经》并为上经，贡举人皆须兼通。"（《通典》卷十五）这就把《孝经》上升为"上经"，此后唐代多以此为标准，科举考试题目也有《孝经》的内容。

由于《孝经》的教化作用，社会上形成尊老、敬老、养老之风。《孝经》所宣扬的孝道精神反映在中国人的衣食住行、年岁节令之中，渗透到日用生活的方方面面。过去中国的祠堂就是通过祭祀等活动教以孝道，祠堂大都上书"入孝"和"出悌"，门口还刻有"二十四孝"，时时刻刻对人们进行教化。这种长期教化就培养了中华民族讲究孝悌之道的优良传统，为中华传统美德中最重要的。《孝经》作为我国历史上第一部系统论述一种伦理道德的书，其中所蕴含的伦理思想已经成为传统伦理学的核心，被社会所普遍认同，凝结为一种牢不可破的社会关系，作为一种历史的道德惯性而存在。它所缔造的道德准则已经沉淀在中华民族性格的最底层，形成本民族特有的心理素质和强大凝聚力。并且，它还构成中国文化的基本价值观，作为伦理支柱而存在，从而成为区别他族的明显标志。《孝经》中提倡的养老、敬老、尊老、亲老、送老等思想，也反映了社会的文明与进步，对中华民族尊老敬老传统美德的形成，起到了重要作用，值得进一步提倡和发扬。基于此意义，《孝经》一书的出现是我国伦理制度和伦理思想发展史上的重要标志。它所塑造的"孝"文化与"仁、义、礼、智、信"一起揭开了伦理史上崭新的一页。[①]

《孝经》对道教、佛教的影响也很大。

受儒家孝道影响，产生于东汉末年的道教各种经典、戒律中提倡孝道的文句、言论数不胜数。如《太平经》卷四十七说："上善孝子之为行也，常守道不敢为父母致忧，居常善养，旦夕存其亲，从已生之后、有可知以来，未尝有重过罪名也，此为上孝子也。"上善孝子要坚守人生正道，不要做什么违背礼法的事让父母担惊受怕，还要善于奉养父母，尽可能与父母朝夕相处。卷一百七十又说："夫孝者，莫大存形，乃先人统也。扬名后世，此之谓善人谨民。天地爱之，五行功之，四时利之，百王任之，万民好之，鬼神佑之，五藏神留之。遇一得生，今且失之，离我神器，复为灰土，变化无常，复为万物矣。"这里"存形""扬名后世"与《孝经·开宗明义章》"身体发肤，受之父母，不敢毁伤""扬名于后世"相似，显然是吸收了《孝经》的思想。《老子想尔注》说："臣忠子孝，出自然至心"，"臣忠子孝，国则易治"。《抱朴子·对俗》也说："欲求仙者，要当以忠孝和顺仁信为本"，修仙要以忠孝和顺仁信道德为本，否则就难以修成仙道。《太上老君说报父母恩重经》一般被认为出于隋唐间，主要述说父母于子女恩重如山，每人的身体发肤，受之父母，养育之恩，昊天同极，子女托相，日苦父母，艰难苦恼，忧虑悲戚，悉从而起。父母恩深，乌可不报！是以孝与不孝，罪福所托。并指出行孝道者会得到神明保佑："若孝悌者，一家之中，老少安乐，天人钦仰，神明守护。"而不遵孝道者不仅会受到世俗的批评，死后更可能堕入地狱受苦。《文昌孝经》据明代少保大学士邱濬所著《文帝孝经原序》称出现时间在宋代，作者不详。该经托文昌帝君之口，劝导世人尽孝，全书分为六章，讲述"父母育子之劳，曲尽其心；人子体事之怀，精悉其义，纲维至性，经纪民物，达自一孝，唯诸万事。挚而加切，约而加详，广宣孝化，敷扬妙道，集众教之大成，而创千古之子则也"。《太上感应篇》也提倡"积

---

① 刘静：《〈孝经〉：先秦儒家的智慧结晶》，《求索》2004 年第 8 期。

德累功，慈心于物。忠孝友悌，正己化人"，反对"虚诬诈伪，攻讦宗亲"。南宋初年创立的净明道以"本心净明"为主旨，力主"行制贵在忠孝"（《玉真刘先生语录》，《净明忠孝全书》卷三），提出"八宝垂训"（忠、孝、廉、谨、宽、裕、容、忍）作为其教义的主要内容。全真道始祖王重阳认为修炼内丹时要以"忠君王，孝顺父母师资"为首要任务，在家修道者要恪尽伦常之道，"与六亲和睦，朋友圆方，宗祖灵祠祭飨，频行孝以序思量"（《重阳全真集》卷三）。《劝世归真》卷二曰："天心所慕者，忠孝二字。为臣尽忠，为子尽孝，则人事尽而天心亦顺矣。古语云，忠孝即神仙，诚哉是言也。"（《藏外道书》第 28 册）

佛教原本不重视孝道，初入中土与以儒家为主体的中国文化在思想观念上存在着诸多冲突。儒家的伦理，讲究父慈子孝，在家孝于亲，在国忠于君，而按照佛教的主张，就得抛弃父母妻子，也不能报效国家，违背以孝治天下和以儒道治理国家的思想。在佛教中国化的过程中，它不断吸收儒家忠孝伦理，与佛教教义结合起来。东晋名士孙绰信佛，所撰《喻道论》，称扬佛教僧尼出家修行是更高的孝行。他写道："父隆则子贵，子贵则父尊，故孝之为贵，贵能立身行道，永光厥亲。"（《弘明集》卷三）他认为孝行不限于养亲随侍，如能荣宗耀祖，为父母增光，就是无上孝行。僧尼离亲出家，给父母带来极大的尊严和荣耀，这也是"报父母恩"的一种体现。唐初传抄的《父母恩重经》，叙述父母的育恩和子女的孝养，强调知恩当报，提倡造像印经，烧香拜佛，供养三宝，斋僧布施，为父母造福。《法苑珠林》卷十五："凡夫生极乐国，当修三业：一孝养父母，事师不煞，修十善业。二受三归具足众戒，不犯威仪。三发菩提心深信因果。"其中首要的是孝养父母。宋代契嵩大师著《孝论》共十二章，总结了中国历代佛教高僧大德论孝的思想，是对佛教出家僧侣阐述释教孝道思想的专论，成为一部中国佛教关于孝道最有系统、最全面的论著。该书立基人道而申述佛法大义，其行文结构与思想，都与儒家的《孝经》相似。在《孝论·叙》中他说："夫孝，诸教皆尊之，而佛教殊尊也。……呜呼！生我，父母也；育我，父母也，吾母又成我之道也。昊天罔极，何以报其大德！"《孝论·明孝章》说："佛子情可正，而亲不可遗也。子亦闻吾先圣人，其始振也为大戒，即曰孝名为戒。盖以孝而为戒之端也，子与戒而欲亡孝，非戒也。夫孝也者，大戒之所先也。戒也者，众善之所以生也。为善微戒，善何生耶？为戒微孝，戒何自耶？故经曰：'使我疾成于无上正真之道者，由孝德也。'"就是说，出家人虽然出家，而不可遗忘双亲。出家人主要是修佛法，以守戒律为入门必修，而孝就是戒的开端。所以先要行孝，把孝德作为走上无上正真之道、成为佛教高僧的必要条件。明代佛教四大家之一的蕅益大师撰《孝闻说》《广孝序》等文，谓"世出世法，皆以孝顺为宗"。又说："儒以孝为百行之本，佛以孝为至道之宗。"（均见《灵峰宗论》）

在中国历史上，《孝经》不仅对汉族人有影响，而且还对一些少数民族如鲜卑、高昌、西夏、女真、蒙古等产生过影响。在这些少数民族建立的政权中，无论是官方学校还是上层社会，都传授过《孝经》。拓跋鲜卑入主中原建立的北魏政权，采取多种方式倡导孝道和孝行，以身作则积极学习、践行以《孝经》为代表的孝文化。孝文帝在普及推广《孝经》方面做出的最重要的措施之一是翻译出鲜卑语《孝经》。《隋书·经籍志》载："魏氏迁洛，未达华语，孝文帝命侯伏侯可悉陵，以夷言译《孝经》之旨，教于国人，谓之《国语孝经》。"鲜卑语版本《孝经》的正式颁发促使北魏社会上下掀起了学习《孝经》和践行孝道的高潮，对整个北魏社会产生了深远影响。

契丹族自辽太祖确立了"尊孔崇儒"的文教政策，大力学习中原王朝传统的孝悌行为和观念。他们通过统治者的率先垂范、诏令嘉奖，宣传汉儒伦理道德观念等诸多途径，全面推行孝道教育。因此，"于家存孝，于国尽忠"成一代之风气，巩固了辽朝社会的统治基础，终使辽代政权垂续二百余年。[①]辽国重视孝也反映在诸帝的谥号中多有"孝"字，如耶律德光谥号为"太宗孝武惠文皇帝"、耶律阮谥号为"世宗孝和庄宪皇帝"、耶律璟谥号为"穆宗

---

① 曹显征：《辽代的孝道教育》，《昭乌达蒙族师专学报》2000年第4期。

孝安敬正皇帝"、耶律贤谥号为"景宗孝成康靖皇帝"、耶律隆绪谥号为"圣宗文武大孝宣皇帝"、耶律宗真谥号为"兴宗神圣孝章皇帝"、耶律洪基谥号为"道宗仁圣大孝文皇帝"、耶律浚谥号为"顺宗大孝顺圣皇帝"。从这些谥号中可以看出，他们的谥法制度沿袭了汉制，也表明他们以孝治国的国策。

西夏党项皇亲宗室，崇儒尚文，钦慕汉族文化，用西夏文翻译儒家经籍如《孝经传》《论语全解》《孟子》等，供子弟学习。西夏仁宗时令各州县设立学校，让众家子弟上学，读孔孟儒家学说，请有学问的儒家老师上课，赏赐优秀学员。同时还建立"唱名法"，教诲鼓励子弟，立"贤德"，读《孝经》，宣传贤孝之道。

金国世宗尊崇儒学，诏立译经所，将许多汉文儒家经典译为女真文字，先后译出《周易》《尚书》《论语》《孟子》《春秋》《孝经》等十余种，这些译著被作为女真字学的教科书颁行全国各地。金世宗大定十四年（1174）四月，诫谕皇太子及亲王曰："人之行，莫大于孝弟，孝弟无不蒙天日之佑。汝等宜尽孝于父母，友于兄弟……汝等当以朕言常铭于心。"（《金史·世宗纪》）他对孝悌的认识达到了很高程度，显然是研读《孝经》的结果。

《孝经》在历史上也随着儒学传播到海外。儒学最早传播到朝鲜半岛，大概可以追溯到汉武帝时代。当时，中国在朝鲜设置了"汉四郡"，大致到"三国时代"，儒学传播到了当时的高丽、百济，然后传播到新罗。传入的儒学主要是《五经》《论语》《孝经》等经典。

越南黎朝（1428—1789）、阮朝（1803—1945）时期把儒家思想作为治国安邦的指导思想，使其不断发展壮大，甚至达到独尊的地位，对越南社会、政治、教育、文化等方面发挥了全面的作用。儒家的三纲五常、仁义、孝悌、节义观念得到统治者的大力宣扬，成为治国的根本。《大越史记全书》载黎圣宗（1442—1497）根据儒家道德标准而规定士子应试的资格："其不孝、不睦、不义、乱伦及教唆之类，虽有学问词章，不许入试。"黎圣宗于1485年颁布《敦礼义课农桑令》："……忠信孝悌之人，必用心嘉奖，民皆归厚，而革浇薄奸诡之风。"阮朝第一代皇帝阮福映在嘉隆三年（1804）发布的诏书中称："王者以孝治天下，而孝莫大于尊亲，追崇祖宗，所以致敬而达孝也。"

19世纪初，华人大量移民马来西亚当劳工。为了教育子女，华人就在会馆、宗祠、神庙或其他简陋的地方建立私塾，以方言传授《三字经》《百家姓》《千字文》《四书》《孝经》等儒家经典。1888年创立的槟城南华义学，可被视为马来西亚最早创办的华校。《南华义学条议十五条》第十三条说"来义学读书者，大半非为科名起见，如资质平常者，先读《孝经》，次读《四书》……"第十五条则说"每逢朔望日，业师需将圣谕十六条款，并忠君孝亲敬长诸事，明白宣讲，令其身体力行"[①]，从中可以看出当时的华人传承儒家忠君、孝亲、敬长的思想。马来西亚的民间信仰中还有德教，倡立"十章八则"作为德友修身养性、为人处世的准则。所谓"十章"，即"十大美德"：孝、悌、忠、信、礼、义、廉、耻、仁、智；"八则"即"八大良规"：不欺、不伪、不贪、不妄、不骄、不怠、不怨、不恶。

印度尼西亚华人孔教教义中有一个内容就是当自己父母、祖先就是天的代表，信奉孔教就是要信天拜天，行善行孝，祭祀祖先。印尼孔教的教规"八诚箴规"第五个就是"诚养孝思：立身行道，以显父命"，忠诚地提倡"孝顺"的观念。孩子对父母的责任是人生第一位的和最大的。孝顺不仅仅涉及孩子对父母的礼貌，而且是各种美德形成的基础。孔教会出版了各种资料（几乎全是印尼文）经典，包括《四书五经》《孝经》《二十四孝》等。

早期移民新加坡的华人在伦理道德观念上，仍然恪守儒家的道德信条，诸如忠、孝、信、义等。他们设立许多私塾，到20世纪80年代，又开设了许多书院。当时的私塾和书院都以《三字经》、《千字文》、《四书集注》和《孝经》为教材。如19世纪末华人创办的"萃英书院"教学内容为《孝经》、《四书》、《五经》、中国珠算、格致之学及以洒扫进退应对为主的儒家礼仪等，一般是先读《孝经》，次读《四书》。这使儒家思想成为新加坡华人的

① 陈以令：《东南亚孔教会的发展前途》，《文道》月刊第57期，第44页。

治国安邦之道和安身立命之本。20 世纪八九十年代掀起儒学伦理教育运动，李光耀认识到新加坡当时的道德危机，是由于东方优良传统和价值（如四维八德）的失落，使得现代新加坡人成为没有根，也即是没有文化的人。1993 年，由家庭委员会研究拟定五大家庭观念，即亲爱关怀、互敬互重、孝顺尊长、忠诚承诺以及和谐沟通。南洋孔教会经常举办孝道研讨会、"孝道征文比赛"。如 2011 年 5 月 22 日中华孝道论坛在新加坡召开，同时颁发孝道奖、开展孝道征文等比赛，希望发掘新加坡的孝义故事，从而整理出新加坡版的"二十四孝"故事。

《孝经》和孝道思想也传播到了西方，18、19 世纪西方传教士名下有四个译本。西方首见的《孝经》拉丁文译本是比利时耶稣会士卫方济翻译的，1711 年出版，他合并《孝经》、《小学》与《四书》为《中国六经》。1779 年，驻北京的耶稣会士韩国英重译并出版了法文版《孝经》。裨治文于 1835 年在《中国丛报》发表了英文世界首见的《孝经》翻译。1879 年理雅各应穆勒之约为东方圣书系列译著提供《孝经》英文译本，并详细注释经文内容。

二、孝道文化反思、批判与传承

时至今日，《孝经》已不再有经典的神圣光环，但它作为在历史上产生过巨大影响的儒家经籍，仍然值得我们加以重视和研究。这样做不仅有助于我们了解已经过去的时代，而且可以从中提炼积极的成分，用于发扬我们民族的传统美德。

由《孝经》所倡导的孝道文化后来逐渐发生了异化，出现了"天下无不是的父母，只有不是的子女"的愚孝思想，宣扬了一种无原则地对老者逆来顺受的愚孝行为。清代戴震认为"尊者，以理责卑；长者，以理责幼；贵者，以理责贱。虽失，谓之顺，卑者，幼者，贱者以理争之，虽得，谓之逆"。（戴震《孟子字义疏证》卷上《理》）。这样就把传统的孝道思想完全变成了维护封建统治秩序的工具，孝道不再以是否有理作为评判的标准，而是以是否以下犯上，是否维护贵贱、尊卑、长幼等级秩序为标准。特别是《孝经》所极力倡导的孝被统治者曲解为顺从和愚忠，人民对于孝的美好情操，被封建强权大大扭曲，被演绎成了"君要臣死，臣不得不死；父要子亡，子不得不亡"的愚孝愚忠思想。这些都是对忠孝的最大歪曲，统治者用以奴化百姓，以便于其统治，对人们毒害甚深，今天必须加以批判，其余毒必须肃清。其实，《孝经·谏诤章》中说："故当不义，则子不可以不争于父，臣不可不争于君"，其观点是鲜明的，绝无一味顺从之意。

统治者所倡导的愚忠愚孝对人的毒害甚深，以致历史上有些人以极端的形式来表现自己的孝。《二十四孝》①是对中国传统孝道文化影响很大的作品，大约从宋金时期开始，民间形成共识的孝子故事有二十四个，人称"二十四孝"。元代郭居敬将二十四个孝子孝行故事固定化，配以图画和五言绝句，编成通俗易懂、朗朗上口的《全相二十四孝诗选》，其内容有：孝感动天、亲尝汤药、啮指心痛、单衣顺母、负米养亲、卖身葬父、鹿乳奉亲、行佣供母、怀橘遗亲、乳姑不怠、恣蚊饱血、卧冰求鲤、为母埋儿、扼虎救父、弃官寻母、尝粪忧心、戏彩娱亲、拾桑供母、扇枕温衾、涌泉跃鲤、闻雷泣墓、刻木事亲、哭竹生笋、涤亲溺器，在社会上流传甚广。学术界通常认为，这正是明清以来，我国民间流传下来的二十四孝故事的最初蓝本。其中的恣蚊饱血、卧冰求鲤、为母埋儿、戏彩娱亲就属愚忠愚孝。"为母埋儿"云："汉郭巨，家贫。有子三岁，母尝减食与之。巨谓妻曰：'贫乏不能供母，子又分父母之食。盍埋此子。'及掘坑三尺，得黄金一釜。上云：'官不得取，

---

① 潘大为根据目前传世文献和考古证据所见，认为"二十四孝"提法首见于唐（敦煌写本《故圆鉴大师二十四孝押座文》，Stein No.7），题材大致定型不迟于宋元，在流传过程中，在各历史时期的中国及周边（日本和高丽）地区演变出多种系统，每个系统又衍生出众多版本。他关注和研究的"二十四孝"题材相关资料包括：元代郭居敬编撰的《全相二十四孝诗选》（以下简称"郭居敬本"）；《二十四孝日记故事》（以下简称"《日记故事》本"）；元末高丽人权溥、权准父子编撰的《孝行录》（以下简称"高丽本《孝行录》"）；王重民、王庆菽、向达等编的《敦煌变文集》卷八《孝子传》（以下简称"敦煌本《孝子传》"）。上述前三种为历史上在中国及周边地区流传较广的三个"二十四孝"文本系统。其中，高丽本《孝行录》在日本和朝鲜半岛广泛流传，据中、韩学者考证，很可能转录自北宋金元时期流行于中国北方地区的"二十四孝"版本；郭居敬本流行于明代；《日记故事》本自明代末期至近代广泛流传。（潘大为：《"二十四孝"中的病人、家庭与医生——一个患病相关行为的医学社会学考察》，《开放时代》2015年第1期）

民不得夺'。有诗为颂。诗曰：'郭巨思供亲，埋儿为母存。黄金天所赐，光彩照寒门。'"说的是汉代郭巨，家境十分贫寒，有个三岁的儿子，老母经常把饭让给孙子吃。郭巨见此，对妻子说："咱们家太穷了，养活母亲很难，这孩子又要从奶奶那里分一份饭，不如埋掉儿子，节省些粮食。"妻子不敢反对，就开始挖坑准备活埋儿子。当他们挖坑时，在地下二尺处忽见一坛黄金，上书"官不得取，民不得夺"，原来是上天赐给他们的。夫妻俩得到黄金，回家孝敬母亲，并得以兼养孩子。故事中郭巨埋儿尽管没有实现，但传达的意思是为了尽孝可以泯灭人性，残害生命，可以说是违背了"仁"，这就涉及"仁"与"孝"的关系问题。对此，方孝孺有《郭巨》一文，有分析批判："郭巨埋子，世传其孝，嗟乎！伯奇顺令，申生之恭，君子弗谓孝也。大杖不走，曾子不得辞其责。从父之令，然且不可。夫孝所以事亲也，苟不以礼，虽日用三牲之养，犹为不孝，况俾其亲以口体之养，杀无辜之幼子乎？且古之圣人，行一不义，杀一不辜而得天下，不忍为之。故禹思天下有溺者，犹己溺之；稷思天下有饥者，犹己饥之。放麑不忍，君子羡之，况子孙乎？巨陷亲于不义，罪莫大焉，而谓之孝，则天理几于泯灭矣。其孝可以训乎？不可以训，其圣人之法乎？或曰苟为不孝，天曷以赐之金？吁！设使不幸而不获金，死者不复生，则杀子之恶不可逃，以犯无后之大罪，又焉得为孝乎？俾其亲无恻隐之心则已，有则奚以安其生养？志者固若是欤！徼幸于偶耳。好事者遂美其非义之行，乱名教而不察，甚矣，人之好异哉！岂其然乎？或者天哀其子，而相之欤？不然则无辜之赤子，不复生矣。"该文对孝道有反思，也有匡正。文中体现了方孝孺以儒家恻隐之心为本，怜爱、尊重生命价值，又结合儒家"不孝有三，无后为大"，认为郭巨之行是本末倒置，宣扬郭巨的所谓孝之行是乱名教。至于郭巨之所以能够得金，在方孝孺看来，是一种侥幸的偶然，或是上天对于无辜幼儿的垂怜，而绝不是对这种"孝行"的推崇。"戏彩娱亲"云："周，老莱子至性孝，奉养二亲，备极甘脆。行年七十，言不称老，常着五彩斑斓之衣，为婴儿戏于亲侧。又常取水上堂，诈跌卧地，作婴儿啼以娱亲。有诗为颂。诗曰：'戏舞学骄痴，春风动彩衣。双亲开口笑，喜气满庭帏。'"为了逗乐父母，年过七十的老莱子假装摔倒在地，学稚童哭泣，以逗笑二老。有谁七十岁还能如此这般，似乎有点作秀之嫌，被鲁迅批为将"肉麻当作有趣"，"以不情为伦纪，诬蔑了古人，教坏了后人"①。

从《二十四孝》的内容来看，有的并不符合传统孝道的本来观念，主要强调的是对父母愚昧地甚至奴隶一般地服从和奉献、牺牲，不能代表孝道的真精神，是伪孝、愚孝。如《孝经》强调的是重视生命，保护父母给予的自然之体，《开宗明义章》说："身体发肤，受之父母，不敢毁伤，孝之始也。"人应珍视生命，而那些卧冰、恣蚊、割肝的行为是在伤残生命，显然与孝道精神相背离。孝道重视亲情，本于中庸之道，追求成德之教，提倡谏净，但《二十四孝》中一些不近人情、不合人性的行为，统治者还要予以表彰，竭力推广，其目的当然是维护其统治，毒害人民。所以，对封建统治者所推崇的愚忠愚孝是必须加以批判的，其余毒必须肃清。

上述问题在历史上已经被统治者意识到，并做了调整。朱元璋欲"以孝治天下"，推广孝道碰到了一个棘手的问题：元代以来郭居敬的"二十四孝故事"在民间广泛流传，致使明初民间出现了不少极端的孝子孝行。据《明史·孝义传》记载：

> 沈德四，直隶华亭人。祖母疾，刲股疗之愈。已而祖父疾，又刲肝作汤进之，亦愈。洪武二十六年被旌。寻授太常赞礼郎。上元姚金玉、昌平王德儿亦以刲肝愈母疾，与德四同旌。
>
> 至二十七年九月，山东守臣言："日照民江伯儿，母疾，割胁肉以疗，不愈。祷岱岳神，母疾瘳，愿杀子以祀。已果瘳，竟杀其三岁儿。"帝大怒曰："父子天伦至重。《礼》父服长子三年。今小民无知，灭伦害理，亟宜治罪。"遂逮伯儿，杖之百，遣戍海南。因命

① 鲁迅：《二十四孝图》，《鲁迅全集》第二卷，人民文学出版社 1981 年版，第 366 页。

议旌表例。

礼臣议曰："人子事亲，居则致其敬，养则致其乐，有疾则医药吁祷，迫切之情，人子所得为也。至卧冰割股，上古未闻。倘父母止有一子，或割肝而丧生，或卧冰而致死，使父母无依，宗祀永绝，反为不孝之大。皆由愚昧之徒，尚诡异，骇愚俗，希旌表，规避里徭。割股不已，至于割肝，割肝不已，至于杀子。违道伤生，莫此为甚。自今父母有疾，疗治罔功，不得已而卧冰割股，亦听其所为，不在旌表例。"制曰："可。"

朱元璋制止了受元代《二十四孝》的消极影响在民间产生的割肝疗亲、杀子救母等违背人性人伦的所谓孝行，挽回儒家的仁爱伦理。朱棣当上皇帝后，继续弘扬孝道。他命儒臣"辑录古今载籍所纪孝顺之事可以垂教者为书"，并每事"亲制论断及诗，名《孝顺事实》。又亲制序冠之"。《孝顺事实》全书共十卷，收录孝行卓然可述者二百零七人。永乐十八年（1420），朱棣将此书颁发给文武群臣、两京国子监和天下学校，让他们学习并传播到全国。

近代以来，特别是新文化运动批判传统文化、封建礼教，也大批特批孝道，这本来是有其历史合理合情之处的，但又矫枉过正，走到了另一个极端。新文化运动代表人物有陈独秀、蔡元培、吴虞、胡适、李大钊、吴稚晖、鲁迅等，他们围绕《新青年》杂志组成了自由主义者、早期马克思主义者和无政府主义者的统一战线，破天荒地喊出了"打倒孔家店"的口号，并很快为当时的中国人特别是青年知识分子所接受，发展成为一种具有文化革命性质的社会运动，受冲击最厉害的是儒家的政治思想和伦理学说。陈独秀对封建道德进行了总体性批判，指出：忠、孝、节，"皆非推己及人之主人道德，而为以己属人之奴隶道德也"[1]。"忠孝者，宗法社会封建时代之道德，半开

---

① 陈独秀：《一九一六年》，《独秀文存》，安徽人民出版社 1987 年版，第 34—35 页。

化东洋民族一贯之精神也。自古忠孝美谈，未尝无可泣可歌之事，然律以今日文明社会之组织，宗法制度之恶果，盖有四焉：一曰损坏个人独立自尊之人格；一曰窒碍个人意思之自由；一曰剥夺个人法律上平等之权利（如尊长卑幼同罪异罚之类）；一曰养成依赖性，戕贼个人之生产力。"[①]李大钊指出："总观孔门的伦理道德……于父子关系只用一个'孝'字，使子的一方完全牺牲于父……孔门的伦理是使子弟完全牺牲自己以奉其尊上的伦理；孔门的道德是予治者以绝对的权利，责被治者以片面的义务的道德。"[②]鲁迅揭露传统孝道思想的虚伪本质，"就实际上说，中国旧理想的家族关系、父子关系之类，其实早已崩溃。历来都竭力表彰'五世同堂'，便足见实际上同居的为难；拼命的劝孝，也足见事实上孝子的缺少。而其原因，便全在一意提倡虚伪道德，蔑视了真的人情"[③]。鲁迅在《我们现在怎样做父亲》一文中指出："汉有举孝，唐有孝悌力田科，清末也还有孝廉方正，能换到官做。父恩谕之于先，皇恩施之于后，然而割股的人物，究属寥寥。足可证明中国的旧学说旧手段，实在从古以来，并无良效，无非使坏人增长些虚伪，好人无端的多受些人我都无利益的苦痛罢了。"[④]

吴虞是清末民初反旧礼教和旧文化的著名人物。吴虞从日本学成归国，回到成都，对儒家主张的礼、忠、孝等观念作了激烈的批判，尤其是对"忠""孝"攻击最力："详考孔子之学说，既以孝为百行之本，故其立教，莫不以孝为起点，所以'教'字从孝。""凡人未仕在家，则以事亲为孝；出仕在朝，则以事君为孝。能事亲、事君，乃可谓之为能立身，然后可以扬名于世。由事父推之事君事长，皆能忠顺，则既可扬名，又可保持禄位。……家族制度之与专制政治，遂胶固而不可以分析。""他们教孝，所以教忠，也就是教一般人恭恭顺顺地听他们一干在上的人的愚弄，不要犯上作乱，把中

① 陈独秀：《东西民族根本思想之差异》，《独秀文存》，安徽人民出版社1987年版，第29页。
② 《李大钊选集》，人民出版社1959年版，第296页。
③ 《鲁迅全集》（第1卷），人民文学出版社1981年版，第138页。
④ 《鲁迅全集》（第1卷），人民文学出版社1981年版，第137页。

国弄成一个'制造顺民的大工厂'"[①]，以遂君主、家长的"专制私心"，并历数古代由孝而生发出的"活埋其子""自割其身""大悖人道"之事的荒谬残忍，把纳妾制度、男尊女卑、专制婚姻以及国民的愚昧都归因于"孝"。

可自相矛盾的是，吴虞自己行事极为专制，他跟父亲的关系不好，以至于成为仇敌。他在日记中把父亲称为"魔鬼"，父子二人以打官司来争夺家产，当吴虞胜诉后，他在日记中发泄说："大吉大利，老魔迁出，月给二十元。""余愤且悲，余祖宗何不幸而有此子孙也！"吴虞父亲死后，他写信给住宿学校的两个女儿，"告以老魔径赴阴司告状去矣！"

吴虞的为人和言论在当时的成都受到不少人侧目和抵制，教育界诸多人士联名宣言攻击他，将他视为"士林败类""名教罪人"。但此时的吴虞已在全国影响甚广，危难之际，北京大学向他伸出援助之手，邀请他到北大任教，跟胡适、钱玄同、周作人等人交往，但他显然跟那个新鲜的、充满朝气的人际圈子格格不入。他的自私、专制、封建守旧性格开始暴露。

吴虞父女的矛盾，就像当年他跟父亲的矛盾一样不可调和。在家庭纠纷面前，吴虞总是抱怨别人不为他着想。他在日记中说自己的女儿："玉方不甚解事，字尤恶劣，以此程度来京留学，将来未知何如，恐徒累老人耳。"他对骨肉亲情的认知是："当自觉悟，宁我负人，毋人负我，不仅曹孟德为然，恐世上骨肉亦多不免。"吴虞在北京的生活极为优裕，月薪二百大洋，还有田产，但他拒绝出钱供女儿读书，以至于女儿要革他的命。吴虞自己则过着荒淫无耻的生活。他跟年轻人一起多次逛妓院，恬不知耻到一边给亲友写信调查他妻子是否"出门应酬"，一边服壮阳药逛妓院。他有妻有妾，除了两个女儿外，未生一子，求子心切的吴虞不仅求巫问卜，留须求子，还在五十九岁时纳了一个十六岁的小妾，此举令吴虞身份尽失，新老人物都对他大肆攻击，社会上流言四起；再加上吴虞家庭专制，女儿也看不起他，父女关系极僵。

---

① 吴虞：《说孝》，《吴虞集》，四川人民出版社 1985 年版，第 311 页。

在新文化运动新派人物批评传统文化、批判封建礼教的同时，也有很多有识之士重视传统文化。孙中山对孝道特别推崇。他曾说："讲到孝字，我们中国尤为特长，尤其比各国进步得多。《孝经》所讲孝字，几乎无所不包，无所不至。现在世界中最文明的国家讲到孝字，还没有像中国讲到这么完全。所以孝字更是不能不要的。"①"讲伦理道德，国家才能长治久安。孝是无所不适的道德，不能没有孝。"②孙中山对"忠"也作了新解释，剔除传统的忠君内容，注入新的民主观念。他说："以为从前讲忠字是对于君的，所谓忠君；现在民国没有君主，忠字便可以不用，……实在是误解。……我们做一件事，总要始终不渝，做到成功，如果做不成功，就是把性命去牺牲亦所不惜，这便是忠。……我们在民国之内，照道理上说，还是要尽忠，不忠于君，要忠于国，要忠于民，要为四万万人去效忠。为四万万人效忠，比较为一人效忠，自然是高尚得多。故忠字的好道德还是要保存。"③孙中山对"忠"的观念加以改造，对"忠"的内涵加以新的阐释，是具有时代意义的，是他的独创。

中华人民共和国成立初期，孝道受到党和政府乃至整个社会的普遍尊奉。毛泽东在母亲逝世后三天内，怀着沉痛的心情写下至性流露、沉郁平实、深情切切的《祭母文》，高度赞扬母亲的高尚品德："吾母高风，首推博爱。远近亲疏，一皆覆载。恺恻慈祥，感动庶汇。爱力所及，原本真诚。不作诳言，不存欺心。"最后还真诚地表达了自己的感恩之情："养育深恩，春晖朝霭。报之何时？精禽大海。鸣呼吾母！母终未死。躯壳虽隳，灵则万古。有生一日，皆报恩时……"他对革命干部孝道方面也很重视，说："要孝敬父母。连父母都不肯孝敬的人，还肯为别人服务吗？不孝敬父母，天理难容。"④意思是对生身父母视同路人又怎能善待老百姓呢？毛泽东在革命胜

① 《孙中山全集》第 9 卷，中华书局 1986 年版，第 244 页。
② 《孙中山选集》，人民出版社 1981 年版，第 679 页。
③ 《孙中山全集》第 9 卷，中华书局 1986 年版，第 244 页。
④ 陈淀国：《毛泽东和他的〈祭母文〉》，《椰城》2008 年第 6 期。

利后，返回故乡，特意在父母坟墓前献上一束松枝，深深地鞠躬，轻声说道："前人辛苦，后人幸福！"

朱德在《回忆我的母亲》一文中，字字句句回忆了母亲平凡伟大的一生，并深情地写道："我爱我母亲，特别是她勤劳一生，很多事情是值得我永远回忆的。"[①]1965年一位意大利记者向朱德提问："一生中最大的遗憾是什么？"朱德脱口而出："我没能侍奉老母，在她离开人间时，我没能端一碗水给她喝。"革命领导人在为祖国的前途、人类的命运操劳时，也没有忘记父母、长辈的养育之恩。

但到了20世纪60年代中后期，随着批判孔孟之风的兴起，特别是70年代批林批孔，孔子孝道被当作"四旧"（旧思想、旧文化、旧风俗、旧习惯）批判，那个年代成长起来的人，对孝道已经很淡漠。有的农村还保留着一些传统丧葬礼仪，知道老人过世了，子女们"穿白戴孝"才叫尽孝心，殊不知这些只是孝道礼仪外在的形式，人们对孝道的深刻内涵已经不甚了了，在现实中也就谈不到尽孝了，导致的是整整几代人敬老、养老、助老、爱老的意识淡化，孝风江河日下。当今，国家推行殡葬改革，有些地方的做法很极端。从多年前沸沸扬扬的"平坟运动"，到近几年一浪高过一浪的"殡葬改革"，有的地方发布限时火葬令，一些老人为了赶在火葬推行之前入土为安而自杀；为了实现百分之百的火化率，有个别地方收缴焚烧棺材、强行起棺泼汽油烧尸体；对丧葬礼仪强制压缩、简化，像处理垃圾一样草草了事、早早完事。诸如此类，引发社会争议，致使人心惶惑，使每况愈下的道德礼义雪上加霜，与弘扬中华优秀传统文化、弘扬中华传统美德背道而驰。

三、《孝经》的普世价值与现实意义

孝道是人类世代繁衍过程中家庭养老抚幼自然功能的反映，同时又是人

---

① 中共中央文献研究室朱德研究组编：《朱德谈人生》，中国青年出版社1998年版，第53页。

类社会秩序与和谐的人道基础，具有超越时空的普世价值。《大戴礼记·曾子大孝》云："夫孝者，天下之大经也。夫孝，置之而塞于天地，衡之而衡于四海，施诸后世，而无朝夕，推而放诸东海而准，推而放诸西海而准，推而放诸南海而准，推而放诸北海而准。《诗》云：'自西自东，自南自北，无思不服'，此之谓也。"所谓孝，乃是普天之下的常道。竖起来可以顶天立地，横着放可以覆盖四海，在时间维度，把它延续到后世便始终一贯，没有一朝一夕不存在；在空间维度，可以推广到四海，把它推行到哪都能够成为道德准则。《诗经》上说："从西到东，从南到北，没有人想不遵从。"说的就是这种情况。就是说，孝是天下常道，放之四海而准，是具有超越时空、超越阶级、超越国界的普世伦理价值观，必然与人类存在共始终，它不会因时空条件的改变而被否定。因为孝亲是人的自然本性，无论你是什么肤色、什么民族、什么文化背景，只要是人，都是父母所生，都有孝亲的根苗，只是其他文化当中不如我们中国文化这么强调罢了。罗素说："孝道并不是中国人独有，它是某个文化阶段全世界共有的现象。奇怪的是，中国文化已达到了极高的程度，而这个旧习惯依然保存。古代罗马人、希腊人也同中国一样注意孝道，但随着文明程度的增加，家族关系便逐渐淡漠。而中国却不是这样。"[1] 孝道是中华民族的传统美德，是中华文化的精髓，它维系家庭的和睦、完整，促进社会和谐、国家发展，作出了重要贡献；现今社会里，孝道文化遗失，人们不能体认孝道真义，不能实践孝道，造成家庭伦理颠倒、背乱，家庭破裂，单亲家庭激增，青少年问题层出不穷。因此，当务之急就是如何让大家重新深刻体认孝道的价值，重建家庭伦理。

今天我们研读、传播《孝经》仍然有重要的现实意义。

《孝经》强调敬老养老，重视血缘亲情。这对规范人伦秩序、调节人际关系、促进家庭和谐、维持社会稳定有极其重要的作用，在今天我们建设富强民主文明和谐美丽的社会主义现代化强国的过程中，仍然有着重要的现实

---

① ［英］罗素：《中国问题》，秦悦译，学林出版社1996年版，第30页。

意义。

孝道是确保家庭和睦的最纯粹的情感基础和最基本的道德准则，直接关乎家庭的和谐稳定，而家庭又是社会的细胞，家庭和谐稳定是良好社会秩序的基石。虽然我们现在进入了以工商为基础的现代社会，但是家庭仍然是社会的细胞，奉养父母对于家庭的和谐稳定是非常重要的，它不仅能够使父母安度晚年，而且成年人孝敬父母对未成年人是最好的言传身教，对子女的成长很有好处，有利于子女在家庭中得到社会化的学习训练，使他们成为合格的社会成员。儒家提倡修身齐家治国平天下，让孝道成为家风家教，成为随着血脉延绵长久的道德传承。

20世纪以来，由于持续不断的政治斗争与激烈地批判传统文化、封建礼教，中国传统几代同堂的大家庭越来越少，核心家庭逐渐成为主流，出现了许多令人忧虑的家庭伦理问题，老人赡养、子女教育、夫妻不和以及越来越高的离婚率，已经严重影响到了社会的和谐稳定。因为家庭是社会的细胞，家庭和谐稳定是社会和谐稳定的基础，只有每家每户的和睦才会有整个社会、整个国家的稳定，这必须引起我们足够的重视。这方面亚洲"四小龙"之一的新加坡的经验值得学习借鉴。新加坡曾经在现代化进程中出现了严重的道德危机，反映出两大根本问题，一是东方优良传统和价值的失落，犯罪、吸毒、色情、嬉皮、离婚、堕胎等社会问题日趋严重；二是追求西方的生活方式和个人主义价值观，怕吃苦，怕脏怕累，不赡养老人，年轻夫妻不想生孩子，等等。传统的大家庭在逐渐解体，东方传统中最根本的孝道精神正在衰落。家庭既是社会的基本单位，三代同堂大家庭的消失，动摇了社会稳定的基础，新的社会问题接踵而至。新加坡领导人意识到问题的严重性，在李光耀等领导人的大力倡导下，新加坡政府于70年代末发动了一场自上而下的全国"文化再生运动"，极力倡导东方的文化价值观，尤其是儒家的精神遗产，其内容包括礼貌运动、敬老周运动，推广华语运动以及提出道德教育改革方案，在全国推行儒家伦理教育，一度形成了盛况空前的儒学复兴局面，对新加坡现代化的良性发展起到了积极作用。

不仅如此，讲究孝道，子女奉养父母，也解决了老人的赡养问题，可以减轻老龄化社会的压力，这也是对社会的贡献。目前，随着改革开放的深入发展，中国社会的全面现代化，个人独立意识增强，出现了个人主义、享乐主义和拜金主义，很多人的孝道意识越来越淡薄，独生子女的孝亲状况尤其令人担忧，造成了人们伦理道德意识丧失，不孝顺父母、不赡养父母、无视老年人权益等不道德思想滋长，传统孝道观极力推崇的尊老、敬老、养老观念在当代社会日渐淡化。有了不敬不养的心理，在行动上就体现为自私自利。近年来，核心家庭大量出现，逐渐代替了传统的几代同堂的大家庭，家庭纽带在现代生活中不断变得松弛。老年人信奉的那一套伦理观念被年轻人摒弃，两代人鸿沟拉开，与父母疏远，致使养老尽孝观念淡化，"空巢老人"成为社会的焦点，家底越来越厚，生活越来越好，但老人们感觉内心越来越孤独、亲情的温度越来越低。由于这些原因，在农村，不赡养老人，虐待老人的现象日益突出，其主要表现在以下几个方面。一是拒付赡养费。主要是老人与子女存在种种矛盾，长期无法解决，致使子女对老人产生怨气，心中产生了不弄清是非就不给赡养费的想法。二是虐待老人。被赡养人因无经济来源，又无劳动能力，一切衣食住行全靠子女来照顾，久而久之，子女把老人当成了负担，但迫于舆论压力，对老人欲撵不能、欲留不愿，于是经常指桑骂槐，故意惹老人生气。三是子女间互相推诿。有的子女嫌弃老人，宁愿掏赡养费也不愿接纳、侍奉老人，推来推去，无人接收，便将老人撵出门，不承担赡养老人的责任和义务。《孝经》说："非孝者无亲，大乱之道也"，道出了孝与社会治乱的关系。养老育幼，是中华民族的传统美德，属于应继承和发扬的优秀传统，而"孝"则是这一传统美德的核心，应该继承、发扬、光大。

"百善孝为先"，"夫孝者，德之本"，《大学》中说："君子先慎乎德。有德此有人，有人此有土，有土此有财，有财此有用。德者，本也。财者，末也。"一个人无论做什么事，都要以德为本，而孝又是德之本，根本之根本。中华民族自古以来以孝作为道德的根本，所有善行的基础。孝产生于自然亲情，萌发自内心的道德情感，一切德行都从孝心生发出来，成为人成长过程中最大的德行。树有根，水有源，祖先父母是我们的生命源泉和根本。我们对父母有孝心，爱敬父母，才能老吾老以及人之老，把这种仁爱之心推广到普天下，才能为社会作出更大贡献，人生之路才能越走越宽。2017年1月25日，中共中央办公厅、国务院办公厅印发了《关于实施中华优秀传统文化传承发展工程的意见》，提出了实施中华优秀传统文化传承发展工程的主要内容：核心思想理念、中华传统美德、中华人文精神。其中中华传统美德突出了孝悌、孝老、爱亲等内容。因此，在今天中华民族伟大复兴的过程中，我们需要复兴以孝道为代表的传统美德，"国无德不兴，人无德不立"，一个人想要做大事情，担当大使命，成为报国利民的栋梁之材，就要从孝这个德本做起，努力培养自己的品德，提升自己的道德人格。如果道德文明出现短板，个人将无法立足于社会，国家也难以自立于世界民族之林。所以，希望我们重新拿起《孝经》，认真研读和躬行实践，从我做起，从小事做起，使《孝经》及其孝道思想为当今社会的文明进步、人民幸福安康发挥积极作用。

附录 《孝经》的古注与研究参考资料

自汉初《孝经》重现后，文人纷纷对它进行研究，使《孝经》成为学问研究的一个热点，"孝经学"也因此而产生。"孝经学"涉及的问题很多，而且几乎在每一个问题上都有不同意见。从汉代到民国，有关《孝经》的研究性著作多达四百余种，其影响可见一斑。《四库全书·经部·〈孝经〉类》总计收书十一种：

（一）《古文孝经孔氏传》一卷，西汉孔安国传，日本太宰纯音。

（二）《孝经正义》三卷，唐玄宗明皇帝御注，北宋邢昺疏。

（三）《古文孝经指解》一卷，北宋司马光指解，北宋范祖禹说。

（四）《孝经刊误》一卷，南宋朱熹撰。

（五）《孝经大义》一卷，元董鼎撰。

（六）《孝经定本》一卷，元吴澄撰。

（七）《孝经述注》一卷，明项霦撰。

（八）《孝经集传》四卷，明黄道周撰。

（九）《御注孝经》一卷，清世祖爱新觉罗·福临御定，蒋赫德纂。

（十）《御纂孝经集注》一卷，清世宗爱新觉罗·胤禛御定。

（十一）《孝经问》一卷，清毛奇龄撰。

其中，"（二）《孝经正义》"收入"儒家十三经"之中，影响较大。它采用的今文《孝经》十八章奠定了《今文孝经》一统天下的局面，宜读。"（八）《孝经集传》"，朱熹在《孝经刊误》后序中说："欲掇取他书之言可发此经之旨者别为外传，顾未敢耳。"黄道周说此书实本朱子之志而作，引《仪礼》、二戴《礼记》、子思、孟子之言，推阐演绎极为精微，自作之注又峻朗明快，有周秦古风，为古来阐发《孝经》大义著作之冠。宜精读。"（十）《御篡孝经集注》"，此书平整规范，虽无甚发明之处，然其体例完备，语言平实，颇便初学，宜读。其他八种书，初学可以不读，非研究者亦可以不读。

总之，欲深入研究《孝经》，上述十一种书都是必读的。此外，还应参阅《汉书·艺文志》《隋书·经籍志》《经义考》《四库提要叙》等书的相关内容，全面了解其学术大旨与传授情况。

现代人研究《孝经》的代表性著作

陈铁凡：《敦煌本孝经考略》，《东海学报》第 19 卷，1978 年。

陈铁凡：《孝经学源流》，台北"国立编译馆"1986 年版。

黄得时：《孝经今注今译》，天津古籍出版社 1988 年版。

胡平生：《孝经译注》，中华书局 1996 年版。

汪受宽：《孝经译注》，上海古籍出版社 1998 年版。

吕友仁、吕咏梅译注：《孝经全译》（与《礼记全译》合为一书），贵州人民出版社 1998 年版。

肖群忠：《孝与中国文化》，人民出版社 2001 年版。

东方桥：《孝经现代读》，上海书店出版社 2002 年版。

刘学林、关会民主编：《十三经辞典·孝经卷》，陕西人民出版社 2002 年版。

骆承烈：《中国古代孝道资料选编》，山东大学出版社 2003 年版。

臧知非：《〈孝经〉与中国文化》，河南大学出版社 2005 年版。

王玉德：《〈孝经〉与孝文化研究》，崇文书局 2009 年版。

［美］罗思文、安乐哲：《生民之本——〈孝经〉的哲学诠释及英译》（海

外中国哲学丛书），何金俐译，北京大学出版社 2010 年版。

舒大刚：《〈孝经〉研习报告》，中国华侨出版社 2010 年版。

舒大刚：《中国孝经学史》，福建人民出版社 2013 年版。

陈壁生：《孝经学史》，华东师范大学出版社 2015 年版。

韩星：《孝经曾子论孝读本》，中国人民大学出版社 2016 年版。

代表性论文

罗新慧：《曾子与〈孝经〉》，《史学月刊》1996 年第 5 期。

张涛：《〈孝经〉的作者与成书年代考》，《中国史研究》1996 年第 1 期。

彭林：《子思作〈孝经〉说新论》，《中国哲学史》2000 年第 3 期。

舒大刚：《今传〈古文孝经指解〉并非司马光本考》，《中华文化论坛》2002 年第 2 期。

舒大刚：《司光指解本〈古文孝经〉的源流与演变》，《烟台师范学院学报》2003 年第 1 期。

舒大刚：《试论大足石刻范祖禹书古文孝经的重要价值》，《四川大学学报》2003 年第 1 期。

黄开国：《先秦儒家孝论的发展与〈孝经〉的成书》，《东岳论丛》2005 年第 3 期。

舒大刚：《〈孝经〉名义考——兼论〈孝经〉的成书时代》，《西华大学学报》2004 年第 1 期。

顾永新：《日本传本〈古文孝经〉回传中国考》，《北京大学学报》2004 年第 2 期。

周海春：《从〈论语〉和〈孝经〉看孔子"孝"思想的可能意蕴》，《安徽大学学报》2006 年第 2 期。

舒大刚：《谈谈〈孝经〉的现代价值》，《寻根》2006 年第 4 期。

杨玲：《〈孝经〉学谱》，硕士学位论文，四川大学，2006 年。

张晓松：《"移孝作忠"——〈孝经〉思想的继承、发展及影响》，《孔子研究》2006 年第 6 期。

张国强、梅柳：《〈孝经〉道德教化思想探析》，《湖南工程学院学报（社会科学版）》2007 年第 2 期。

史少博：《〈孝经〉的现代意义阐释》，《兰州学刊》2008 年第 1 期。

陈一风：《论刘向对〈孝经〉文本的整理》，《宁夏大学学报》2009 年第 1 期。

杨振华：《浅析〈孝经〉与〈孝论〉不同的孝亲观》，《安阳师范学院学报》2009 年第 3 期。

焦庆艳：《〈论语〉〈曾子〉〈孝经〉三家论孝》，《牡丹江大学学报》2009 年第 9 期。

舒大刚：《邢昺〈孝经注疏〉杂考》，《宋代文化研究》2010 年。

刘兆伟、刘北芦：《孝的三层次与〈孝经〉的解读》，《沈阳师范大学学报》2010 年第 1 期。

王长坤、魏宇：《〈孝经〉：先秦儒家孝道思想理论化、系统化的总结之作》，《孝感学院学报》2010 年第 5 期。

兰辉耀：《〈孝经〉的伦理精神与生命教育》，《大庆师范学院学报》2010 年第 5 期。

杨志刚：《对〈孝经〉诉求儒家理想道德人格之考量——基于儒家理想道德人格视角剖析〈孝经〉的当代价值》，《社会科学论坛》2010 年第 24 期。

李滢：《中国传统孝文化及其当代反思——以〈孝经〉〈二十四孝〉为例》，硕士学位论文，郑州大学，2010 年。

刘春香：《浅析〈孝经〉中的"庶人之孝"》，《安阳师范学院学报》2011 年第 1 期。

刘娜：《〈孝经〉论孝对〈论语〉的传承与发展》，《科教导刊》（中旬刊）2011 年第 1 期。

杨志刚、史少博：《〈孝经〉义理辨析》，《学习与探索》2011 年第 2 期。

杨志刚、史少博：《〈孝经·开宗明义章〉义理刍议》，《北方论丛》2011年第2期。

杨志刚、赵楠：《〈孝经〉内蕴图解》，《学术交流》2011年第4期。

王贞：《〈孝经〉"以孝治国"理想政治模式论略》，《华中科技大学学报》（社会科学版）2011年第4期。

伍敏敏：《〈孝经〉孝道思想研究》，硕士学位论文，中南大学，2011年。

李启：《〈孝经〉思想及其现代价值》，硕士学位论文，山东师范大学，2011年。

周益民：《唐玄宗〈御注孝经〉思想研究》，硕士学位论文，湘潭大学，2011年。

兰辉耀：《〈孝经〉的孝道思想及其现代意义研究》，硕士学位论文，江西师范大学，2011年。

袁玉霞：《〈孝经〉的思想及其背景与特点》，硕士学位论文，上海师范大学，2011年。

贾立霞：《〈孝经纬〉述论》，《文教资料》2011年第13期。

兰辉耀：《〈孝经〉的孝道思想探析》，《孝感学院学报》2012年第1期。

庄振华：《〈孝经〉初探——以〈孝经刊误〉为参照》，《云南大学学报》2012年第1期。

方磊：《论〈孝经〉之孝道观在伦理社会的正面意义》，《中华文化论坛》2012年第4期。

戴木茅：《孝：从家庭伦理到政治义务——基于〈孝经〉的分析》，《求是学刊》2012年第6期。

陈仲庚：《百善孝为先——〈孝经〉解读》，《湖南科技学院学报》2013年第11期。

曹小现：《从〈孝经〉到古今〈二十四孝〉——浅谈儒家孝道思想的继承和创新》，《才智》2013年第34期。

张践：《〈孝经〉的形成及其历史意义》，《意林文汇》2016年第20期。

陈居渊:《吕维祺〈孝经大全〉的学术思想特色》,《中国哲学史》2017年第3期。

陈壁生:《追寻六经之本——曹元弼的〈孝经〉学》,《云南大学学报》2017年第4期。

朱然:《〈孝经〉孝道思想及现代意义》,硕士学位论文,苏州大学,2017年。

刘炳宇:《〈孝经〉孝道思想研究》,硕士学位论文,河北大学,2017年。

伏亮:《孝的传承与重建——以〈孝经〉为中心的考察》,硕士学位论文,云南师范大学,2017年。

霍怡霏:《李隆基〈孝经注〉研究》,硕士学位论文,四川师范大学,2017年。

王英博:《敦煌本〈孝经〉整理研究》,硕士学位论文,曲阜师范大学,2018年。

舒大刚、尤潇潇:《日本〈古文孝经孔传〉真伪再考察》,《济南大学学报》2018年第4期。

蔡杰:《"移孝作忠"的概念申说——以〈孝经〉诠释史为中心》,《湖北工程学院学报》2018年第4期。

许卉:《论黄道周对儒家传统孝道观的重建与拓展——以〈孝经集传〉为核心》,《燕山大学学报》2018年第5期。

安会茹:《〈孝经〉中孝的义理分析》,《理论界》2018年第10期。

方朝晖:《孝治与社会自治——以〈孝经〉为例》,《哲学研究》2018年第11期。

马铁浩:《〈古文孝经孔传〉在隋代出现的历史契机——以刘炫〈孝经述议〉为中心》,《殷都学刊》2019年第1期。

陈青:《〈孝经〉中孝道思想及其现代价值研究》,硕士学位论文,中国矿业大学,2019年。

陈支平:《〈孝经〉释义及其变迁》,《中国高校社会科学》2019年第6期。

王艳芳:《以孝入教:〈孝经〉中孝道教化的教育哲学阐释》,硕士学位论文,湖南师范大学,2020 年。

施亚男:《〈孝经〉道德教化思想研究》,硕士学位论文,西北师范大学,2020 年。

宋丽静:《〈孝经〉阐释研究》,硕士学位论文,哈尔滨师范大学,2020 年。

戴茂堂、冯朝阳:《〈孝经〉的道德旨趣:以家庭伦理为视域》,《湖北工程学院学报》2020 年第 1 期。

宋丽静:《浅析今古文〈孝经〉差异》,《文化学刊》2020 年第 4 期。

曹婉丰:《从"孝悌"到"举孝廉"——略论汉代政治与伦理的同构》,《现代哲学》2020 年第 6 期。

田丰:《论仁孝二本》,《哲学研究》2020 年第 11 期。

王梦圆:《从〈孝经〉的忠孝之道谈文化建构》,《汉字文化》2020 年第 23 期。

俞可平:《孝忠一体与家国同构——从丁忧看传统中国的政治形态》,《天津社会科学》2021 年第 5 期。

陈壁生:《从家国结构论孝的公共性》,《船山学刊》2021 年第 2 期。

祁志祥:《〈孝经〉研究:以孝道"立身"与"治天下"——重写先秦思想史系列之一》,《东方哲学与文化》2020 年第 2 期。

丁鼎:《〈孝经〉在儒家经典体系中的地位变迁——以两汉魏晋南北朝时期为讨论中心》,《管子学刊》2021 年第 4 期。

祝浩涵:《〈孝经大义〉与〈孝经刊误〉——马一浮〈孝经〉学发微》,《衡水学院学报》2021 年第 3 期。

杨安然:《〈孝经〉视角下"生孝"与"死孝"问题辨析》,《文化学刊》2021 年第 8 期。

申静思:《曾子孝道思想研究》,硕士学位论文,河北大学,2021 年。